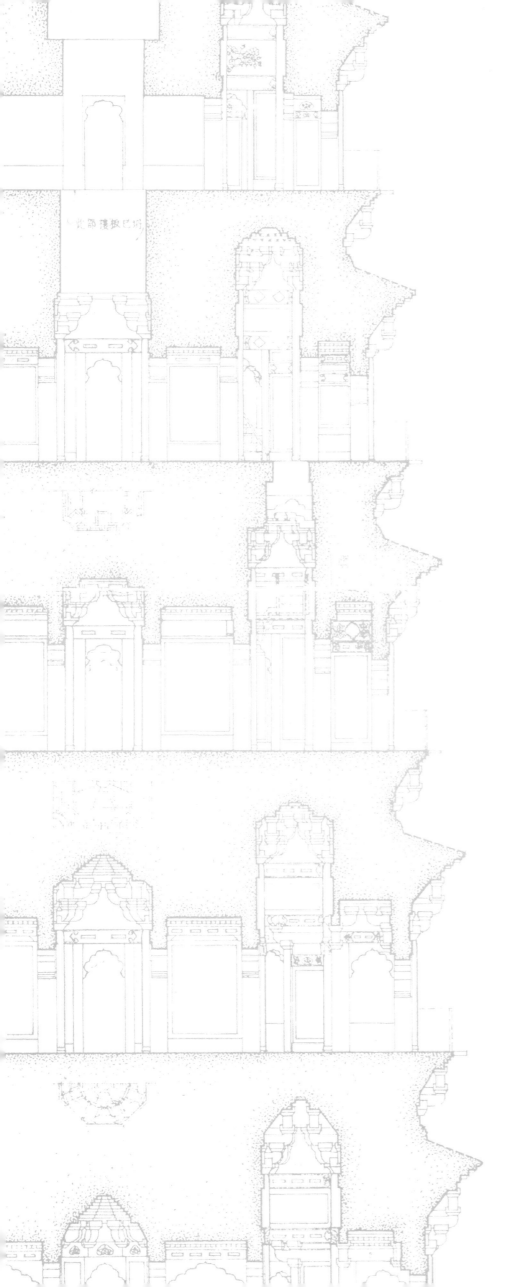

苏州云岩寺塔

维修加固工程报告

陈嵘 主编

文物出版社

SuZhouYunYanSiTaWeiXiuJiaGuGongChengBaoGao

顾　　问：罗哲文

主　　编：陈　嵘

副 主 编：尹占群、汤坤明

编　　委（按姓氏笔划排列）：

马振暐、尹占群、王仁宇、王嘉明、印　铭、宁方勇、
汤坤明、朱　威、陈　嵘、陈瑞近、钱玉成

图纸整理：马振暐

苏州市计成文物建筑研究设计院有限公司

图书在版编目（CIP）数据

苏州云岩寺塔维修加固工程报告／陈嵘主编．北京：文物出版社，2008.6

ISBN 978-7-5010-2212-0

Ⅰ．苏…　Ⅱ．陈…　Ⅲ．①佛塔－维修－研究报告－苏州市②佛塔－加固－
研究报告－苏州市　Ⅳ．TU252

中国版本图书馆 CIP 数据核字（2007）第 072132 号

封面设计：周小玮

责任印制：陆　联

责任编辑：肖大桂

苏州云岩寺塔维修加固工程报告

编　　者　陈嵘　主编

出版发行　文 物 出 版 社

地　　址　北京市东直门内北小街 2 号楼

　　　　　100007

　　　　　http：//www. wenwu. com

　　　　　E-mail：web@ wenwu. com

印　　刷　北京达利天成印刷有限公司

经　　销　新 华 书 店 经 销

版　　次　2008 年 6 月第 1 版第 1 次印刷

开　　本　787×1092　1/8

印　　张　39.5

ISBN 978-7-5010-2212-0

定　　价　430.00 元

序

苏州云岩寺塔（虎丘塔），不仅是千余年来苏州这一历史文化名城"人间天堂"的重要标志之一，而且以其重大的历史、艺术、科学价值载入了许多建筑史、科技史、文化艺术史的著作，因而在 1961 年就被国务院公布为第一批全国重点文物保护单位。在重点文物古建筑的抢险维修工程上，也是新中国成立之后早期进行的重点工程之一。两次抢险加固维修工程延续时间之长，投入专家科技力量之多，在全国古建保护维修工程中，也是罕见的。

匆匆五十年，弹指一挥间。苏州云岩寺塔维修加固工程，经历了两代著名专家学者刘敦桢、陈从周、郑孝燮、陶逸钟等等和中央、省市领导郑振铎、惠浴宇等的关心支持，自 1955 年开始到 1986 年两次维修抢险加固工程竣工验收，到现在又已经 20 年过去了。根据 20 年的监测观察，证明了此塔虽然经受了长期的阴晴暑热，多次的暴风急雨和地震等自然侵袭的考验，但依然巍巍屹立，未动分毫，说明了此塔的维修加固工程是高质量的，是成功的。

我有幸参加了这一重要古建筑文物保护维修加固工程的工作，特别是自 1978 年起的第二次彻底维修加固工程，自始至终都参加了工作，目睹了从险情勘测、方案拟制评审、问题研讨、设计施工等工作。许多情景记忆犹新。当年曾为这一工程的考察研究、设计施工做出重大贡献的刘敦桢、陶逸钟、陈从周、傅连兴、凤光莹等同志，虽然已经离开了我们，但他们的功绩必将与虎丘塔永世长存，同放光彩。也是我时刻难忘的。

我一直在不断呼吁，并向领导建言，所有的古建维修工程都要有一个工程的总结报告，积累经验，改进工作，并为这一文物保护单位积累历史档案资料，流传后世。特别是重大的工程还应当出版专书，记载维修的过程，勘察设计、方案研讨、设计施工的情况。这也是我国历代营造、土木之功的优良传统。这一建议已得到领导的支持，同道们的共识，已有如西藏布达拉宫、山西朔州崇福寺弥陀殿、晋祠圣母殿等等修缮工程报告专书出版。还有许多重大维修工程报告正在编写出版中。

像苏州云岩寺塔这样重大的抢险维修加固工程报告，无论如何是必须要有的。但是由于完工时间较长，人事的变迁、任务安排等等原因未能早日编写完成，每每引为憾事。

非常高兴的是得到现苏州市文物行政部门的重视，在很短的时间内就完成了这一重大文物保护工程报告的编辑工作。闻之不胜之喜。

苏州市文物局的陈嵘同志知道我半个世纪来不断为名城保护、古建维修、遗产申报等等之事奔走在这一人间天堂姑苏大地之间，与苏州结下了深厚的情缘，尤其是虎丘塔工程从头至尾的参与，特嘱我为序。于是写了以上几句简短情况和感言，权以充之，并借以为这一报告出版之祝贺。也希望这一维修加固工程报告作为这一古塔的珍贵历史档案资料与云岩寺虎丘塔一起发挥重要的作用。

罗哲文

2005 年 8 月 25 日

编者按

1953 年，虎丘塔底层发生局部坍塌，苏州市政府旋即组织相关勘查，并开始了以刘敦桢先生为主的抢修加固方案研究。工程于 1957 年 9 月结束，此次抢救工程对加固塔身、防止开裂，以至虎丘塔延续至今起到了不可替代的重要作用，同时发现了越窑青瓷莲花碗等一批珍贵文物。

因该维修工程是从当时塔体面临崩溃的情况下所作的应急举措，对于塔基未作处理，同时塔身自重大为增加，造成沉降、倾斜加剧。1977 年，虎丘塔再次出现危情。

虎丘塔的第二次维修加固于 1978 年至 1986 年间进行，工程分前期准备和地基加固两个阶段。前期准备中包括临时加固、地质勘探、塔体复测等多项工作，主要集中在 1978 年至 1981 年；地基加固施工时间自 1981 年 12 月至 1986 年 8 月，工程可分为围桩工程、钻孔灌浆、壳体工程、塔墩换砖四项工程。在整个施工前后，进行了较为精密和系统的监测。

工程竣工后经过近 20 年的观察，虎丘塔基本未发生明显倾斜和位移。

目　　录

附图目录

图版目录

苏州云岩寺塔

刘敦桢

一、塔的建造年代

云岩寺塔八角七层，砖造，因位于虎丘山上，一般称为虎丘塔。它的建造年代，最容易和隋仁寿舍利塔混为一谈，但杨坚（文帝）建塔诏书，与杨雄等庆舍利感应表，以及后来幽州悯忠寺重藏舍利记，很明白地告诉我们，仁寿元年所建舍利塔三十处，全是"有司造样送往当州"的木塔。按照当时木塔式样，塔的平面应该是方形，和现在云岩寺塔根本不合。据现存遗迹，盛唐以前还没有八角塔，盛唐以后到五代初年，也只有两个单檐八角塔，就是河南登封县会善寺天宝五年（公元746年）建造的净藏禅师塔，和山东历城县唐末建造的九塔寺塔，因此我们可以说，隋仁寿间在虎丘建塔，文献上虽确凿有据，但绝不是现在的云岩寺塔。

唐代此寺在山下剑池附近，因避李虎（太祖）的讳称武邱报恩寺。唐末会昌五年毁佛后，寺迁至山上，到北宋至道间才改名云岩。一九三六年我调查此塔，以会昌毁佛前报恩寺不在山上，与此塔采用八角多层木塔式样，疑心它建于五代北宋间，可是文献方面一直没有找到确实证据。去年秋天苏南文管会拟修理此塔，发现塔上的砖有"武丘山"、"弥陀塔"、"己未建造"数种文字，于是过去认为不能解决的问题，现在却有了一线曙光。不过五代时苏州属钱镠的版图，钱氏仍避唐讳，故武丘山三字到五代末年还在使用。因此启示我们，此塔因毁佛与迁寺种种原因，不可能建于会昌五年以前，也不可能建于钱弘俶降服北宋以后。在此期间，只有唐李晔（昭宗）光化二年（公元899年）和钱弘俶十三年（即周显德六年，公元九五九年）两个己未。我们可以从当时社会环境和塔的式样结构，来研究哪个己未比较适当。

唐末黄巢起义后，大小军阀乘机割据，钱镠即其中之一。镠据杭越两镇，包括今浙江与江苏的东南部，但旧五代史杨行密传和新五代史吴越二世家，载唐李儇（僖宗）光启三年（公元887年），六合镇将徐约曾一度攻取苏州，其后李晔龙纪元年（公元889年）杨行密又夺苏常润等州；到光化元年（公元898年），苏州才复为镠所有，在这十余年内，镠南与董昌交攻，西与田頵争浙西，北与杨行密混战于苏常一带，尤其是光化二年己未，镠收复苏州不过一年，有无足够的财力营建此塔，实是一个疑问。天复三年（公元903年），镠将许再思叛，引田頵围杭州，危而复安，自此以后，战争渐稀，史称镠广城郭，起台榭，疑指天复以后二十年而言。镠死后，他的儿子元瓘更好营建，元瓘子弘俶曾铸舍利塔八万四千具，而现存保俶灵隐诸塔幢，烟霞石屋龙泓诸洞石刻，以及一九一九年倒塌的雷峰塔，都建于五代中叶以后至北宋初年。可见钱氏祖孙先营宫室，供享乐，然后提倡宗教，麻痹人民，藉以巩固政权，正是一般封建统治阶级的常态，如谓云岩寺塔建于戎马倥偬的光化二年，则与政治环境不相吻合，恐非事实所应有。

其次，就塔的形制来说，从北魏到五代中叶，虽有不少木塔式样的多层砖石塔，可是各层腰檐上都没有平坐，如日本盗去的北魏天安元年（公元466年）千佛塔，与云冈石窟内的支提塔，唐西安大雁塔，玄奘法师塔，洛阳孙八娘墓塔，五代吴延爽等开凿的杭州烟霞洞石塔等，莫不如此。但日本奈良时期的药师寺东塔系三层木塔，腰檐上都有斗拱平坐勾栏，这塔的式样无疑地是由中国传去的，由此可证唐代多檐砖石塔并非亦步亦趋地模仿多层木塔的式样。可是五代中叶以后，出现两种比较道地的木塔式样的多层砖石塔，把北魏以来的传统作风，推进了一步。第一种是杭州雷峰塔和保椒塔，在砖造的塔身外面，再加木构腰檐数层。第二种塔身腰檐平坐勾栏等全部用砖造或石造，可以钱氏末期建造的杭州灵隐寺双石塔，和周显德元年（公元954年）建造的开封相国寺繁塔，北宋乾德间（公元963年至967年）建造的开封祐国寺铁塔，作为代表作品。在式样上，云岩寺塔属于第二种类型，而外檐斗拱用砖木混合结构，又表示与第一种塔具有相当关系，所以无论从结构或外观来说，它应是这时期的产物。

以上各种推测假使没有错误，则云岩寺塔应建于钱弘俶十三年己未，也就是五代最末一年，而全部完成可能在北宋初期。

二、塔的修理纪录

此塔修理记录残缺不全，如南宋建炎间金兀术蹂躏平江，可能受到若干损失，但文献上无只字记载，真相不明。其后经元至正和明永乐正统数次重修，到明末崇祯间又改建第七层，关于改建这件事，去年十月我应苏南文管会的邀约调查此塔，见塔身已向西北偏斜，按理第七层地位最高，应当偏斜最厉害，但事实上它仅微微倾侧，而此层位置略偏于东南，所用的砖比其他六层稍大，砖面上拼有福禄寿三字，与塔东侧已毁坏的明崇祯十一年所建大殿的砖完全一样。因为这些原因，我推想此塔在明末以前，已向西北倾斜。崇祯间因在塔的东西二面营建殿堂，为安全起见，将第七层移向东南少许，藉以改变重心，纠正塔的偏斜。不过第七层既然重建，当时应是垂直状态，现在却略呈偏斜，可见最近三百年内，塔身仍继续向西北走动。乾隆间在寺西南一带建造行宫，此塔可能又修理一次，咸丰十年全寺被焚，沦为废墟，到清末才恢复一部分。此塔从那时逐渐颓毁，未加修治，以致成为今日岌岌可危的情状。

三、塔的概状

1. 平面：云岩寺塔平面八角形，由内外壁回廊与塔心三部分组合而成。外壁每面各辟一门，门内有走道一段，导至内部回廊。廊以内即是塔心。其次，在塔心的东西南北四面各设一门，复经走道一段，进至塔中央的方形小室，不过第二第七两层，此室平面改为八角形。就整个平面来说，北宋以前还未发现塔心与外壁分开的例子，不过全国的塔尚未调查完毕，不能说这种方法就是云岩寺塔所创始的。

登临用的木梯原设在回廊内，但现在都已毁坏。据残存痕迹，知各层扶梯并非逐层掉换，其位置如次。

层数	扶梯位置	扶梯井位置
第一层至第二层	西北面至北面	第二层北面
第二层至第三层	东南面至南面	第三层南面
第三层至第四层	东北面至东面	第四层东面
第四层至第五层	西北面至北面	第五层北面
第五层至第六层	西北面至西面	第六层西面
第六层至第七层	东北面至北面	第七层北面

2. 外观：此塔上部的刹已经倒塌，原来高度无法知道，就现存砖造部分言，它的总高度约为第一层直径的三倍半，全体比例尚为肥瘦适度。可是各层高度不是有规律地减低，而第六层反比第五层高20厘米，最为奇特。不过塔的直径都逐层向内收进，塔的轮廓仍成微微鼓出的曲线。塔身外部在各层转角处砌有圆倚柱，每面又以槏柱为三间，完全模仿木塔形状。中央一间设门，上部做成壶门式样。左右二间原都隐起直棂窗，但被后代涂抹石灰已非原状。倚柱上端隐起直阑额一层，无普拍枋。其上以斗拱承托腰檐。再上为平坐，仍施斗拱，不过平坐上有栏杆萦绕，现已遗失。

第一层腰檐下的斗拱用五铺作双抄，偷心造，除转角铺作外，每面又置补间铺作二朵，前者用石制的圆栌斗，后者多为方形砖制栌斗，角上刻有海棠纹，但也有少数圆角的。华拱出跳比例较一般稍短，有拱身较高，故斗拱的总高超过柱高二分之一，外观异常雄健。拱端用三瓣卷刹，并在拱内掺杂木骨，补助它的应张力。正心缝只用单拱素枋，其上为向上斜出的遮椽版，表面隐起写生花，但据剥落处所示，知原来遮椽版之下，用砖隐起支条，涂上红色，写生花乃后代重修时所塑的。再上，在令拱和撩檐枋上面，仅用版檐砖与菱角牙子各二层，证以当地双塔寺宋太平兴国七年（公元982年）所建双塔，则腰檐挑出长度不应如此短促，当是年久残破，或迭经修理，已非原来形状。屋角是否反翘，亦不明了。

以上是第一层腰檐斗拱的结构概况，从第二层到第四层腰檐下的斗拱，虽和第一层一样，可是第五、第六两层减为四铺作单抄。第七层斗拱已不存在；据壁面上留下的空洞，显然表示不是砖制而是木构。

各层平坐仍用砖砌成倚柱阑额与普拍枋。其上斗拱，依一般常例，应较下部腰檐减一跳，可是此塔第二层平坐仍用五铺作双抄，乃不常见的例子。从第三层到第六层改为四铺作单抄，每面补间铺作依然用二朵，唯第七层减为一朵。平坐表面的砖已大部分凋毁，仅存转角处石条，知原来挑出颇长。

3. 内部结构：此塔内部在外壁的走道两侧，隐起壶口。走道上面，以斗拱承托叠涩和菱角牙子构成的长方形天花，但第四层起，因为高度减低，未用斗拱。

回廊两侧，在转角处都砌有圆倚柱，并在靠外壁一面，用槏柱划分为三间，可是靠塔心一面，仅在门的两侧用槏柱，其余四面都省去。前述圆倚柱之间，在壁面上隐起额枋二层：下层位于门上，上层则与倚柱上端相交。除倚柱上施转角铺作外，在上层额枋的中点又置补间铺作一朵，其上施平棊枋，承托廊顶的叠涩和菱角牙子等等。不过从第三层起，塔身渐小，靠塔心一面因地位不够，未用补间铺作。

回廊的斗拱结构，第一第二层用五铺作双抄，偷心造。第三第四两层改为四铺作单抄，而第三层跳头上置连珠斗，尚属初见，可说在宋营造法式上昂制度以外，增加一个新例。第五层只在正心缝上用重拱素枋，第六层易为单拱素枋，都未出跳。第七层经明末改建，虽在转角倚柱上出拱一跳，但形制比例和下部诸层迥然不同，足证第一层至第六层斗拱应是五代旧物。

塔心内的走道，与前述外壁走道同一结构，只是天花下未用斗拱。

塔心小室的顶部结构颇富于变化，自第一层至第三层用斗拱承托叠涩构成的藻井，不过藻井平面随室的平面而异，就是第一第三两层为方形，第二层为八角形。第四层至第六层虽是方形，但第四层属于斗拱上覆以木板，第五第六两层空无所有，疑是木板年久毁坏。第七层用砖造的尖形穹窿，系明代所建。

4. 毁坏情形：此塔毁坏情形十分严重，据初步了解，可能有下列几种原因：

外在原因：可分为地质与气候二项。地质方面，此塔建在虎丘山的西北角上，据探掘结果，它的基础颇残，并且直接建在黏土层上，可是西北二面地势局促，山的坡度相当陡峻，可能因基床泥土走动，引起塔的倾斜。气候方面，由咸丰十年此寺被焚到现在已九十多年，此塔未曾修理一次，致塔顶与各层腰檐受气候剥蚀相当厉害，尤以塔上原来安设刹柱的地点，因刹柱腐烂，变成一大空洞，雨雪由此下灌，使塔内各部分受到很大影响。

内在原因：由于塔的结构具有许多严重缺点。第一，此塔基础由上下二部分组合而成。下层从地平线往下铺1.75米厚的碎石层，如与整个塔身比较，显然太浅。上层竟利用台基部分做0.7米厚碎砖黄泥三合土，据肉眼观察，三合土内似未掺拌石灰，硬度不大，而且位于地平线以上，很不妥当。第二，外壁与塔心下部未曾放宽，便直接砌于碎砖三合土之上，致重量分布不广，可引起不平均下沉。第三，外壁与塔心下部，以及外壁与外壁下部，均成独立状态，没有任何联系。第四，外壁的门和走道太多，而各层的门走道回廊等，不但上下重叠，其上部都用叠涩做成，是结构上很大的缺点。第五，砌砖的泥浆内几乎没有石灰，影响塔的强度。第六，各层扶梯井的位置，东南西三面各一处，而北面墙增为三处，分布很不均匀。

就现状言，此塔向西北的偏斜度虽未达到失去重心程度，可是：（一）它的西北面外壁已沉陷尺余，而东南面沉陷较少，表示系不平均下沉。（二）由于不平均下沉，各层回廊的地面发生裂缝，高低不平，也就是外壁与塔心业已分裂。（三）塔身除倾斜外，中部数层并向西北弯曲。（四）各层外壁壶门上发生不少裂缝，尤以西面的门，自下往上，有贯通裂缝，最为严重。（五）第七层外壁的转角处有长裂缝数处，致一部分外壁成孤立状态，而北侧外壁已倒毁一段。所有这些现象，表示此塔已接近崩溃阶段，如不设法抢修，恐有倒塌危险。

四、内部装饰

如前所述，此塔模仿木塔式样，在内部壁面平顶等处，隐起柱枋斗拱天花藻井等等。可是砖面上不能采用和木建筑同样的装饰彩画；于是以石灰粉出各种花纹，并用红白黑三色做成简单明快的刷饰。无疑地这是一种卓越的创作。由此可以看出古代匠师们处理新材料和新做法的艺术才能。这些装饰虽经后代多次修理，仍有一部分保存宋代作风。因此，除了它本身的历史价值和艺术价值以外，对今后砖石水泥建筑的装饰，也可给予若干启示。兹分额枋、斗拱、天花、藻井、壁面等项介绍如后：

额枋 内部额枋上的装饰共有六种：

第一种在额枋表面粉出微微凹下的长方块六个，额枋表面刷土红色，凹下部分刷白色，全体色调颇为鲜明朴素，给人很好的印象。不过白的数目，比宋营造法式彩画作制度丹粉刷饰所载的七朱八白少两个。但是比魏中叶开凿的云冈石窟中部第五洞外室东壁上部的阑额，只雕凹下的长方形四个，此塔外壁道内的额枋则仅有二个，塔心走道的内额又增为四个，可见白的数目，可依额枋长短，随宜增减，八白的名称也许是指最大数字而言，此种刷饰又见云南安宁县元代建造的曹溪寺大殿，似乎宋元时期还相当普遍，只可惜明以后便已失传。

第二种在额枋的上下缘各粉凸起的边框一道，延至两端做成如意头，再在内部做凹下的长方块六个。边框和如意头刷白色，边框内刷土红色，但凹下的长方块仍为白色。

第三种用交叉的椀花代替如意头，内部再置凹下的长方块两个。按宋营造法式五彩装与碾玉装豹脚诸图也绘有栱花，不过此塔的栱花是浮雕性质，构图比较简单，颜色与前二种同。

第四种额枋表面所粉外框与栱花和上述第三种相同，但框内隐起壶门一个，它的内部再塑交叉的栱花。此种壶门曾见江苏省江宁县栖霞寺唐上元三年（公元 676 年）明徵君碑的碑侧下部，和南宋绍兴二十六年（公元 1156 年）杭州六和塔内部的砖制须弥座，知是唐宋间江浙一带常用的装饰题材。

第五种用栱花和罗纹配合，就是额枋表面没有上下边框，仅在两端隐起栱花各一组，其间施微微凹下的罗纹四个，但也有额枋中段再加栱花的。

第六种也没有边框，只在额枋上隐起壶门一排，内部再塑交叉的栱花。

以上各种花纹虽见于宋营造法式及唐宋遗物中，但壶门的轮廓与栱花的构图描线，和杭州六和塔砖刻十分接近，不像建塔当时遗留下来的。不过是否南宋重修作品，须待证物续出，互相比较，才能决定。

斗拱　斗拱的刷饰经多次修理，有些竟全部刷白，但另外一部分还保存红白相间或红黑相间的方法。例如第一层回廊上的栌斗虽都涂土红色，但华拱与泥道拱的拱身拱端拱底等却红白相间，就是泥道拱的拱身如涂土红色，拱端拱底涂白色，则邻接一朵的泥道拱拱身涂白色，拱端与拱底涂土红色。不但拱的左右方面互相掉换颜色，上下方面也是如此。又如令拱的交互斗如涂土红色，两侧的散斗就涂白色，邻侧的令拱则交互斗涂白色，散斗涂土红色。至于斗拱的轮廓未阑界缘道，虽与宋营造法所载不合，可是北宋初年建造的敦煌石窟第四二七窟的外廊，用绿色的斗，而元明二代重修的大同华严寺薄伽教藏殿内的教藏彩画，齐心斗和散斗全部涂金，可证斗拱用单色不算特殊的例子，柱头枋与平棊枋都涂土红色。拱眼壁内隐起如意头，凹下部分涂土红色，其余白色。

第二层回廊上的栌斗采取红黑相间的色彩，可是各层的拱，不问红身黑端黑底，或为黑身红端红底，只是上下相邻的拱掉换颜色，左右方面并不掉换，和第一层不同。又此层的交互斗和散斗在黑缘道内涂土红色，而第三层的散斗则在黑缘道内涂白色。这种混杂现象，正说明此塔经过多次修理，其中阑界缘道的斗拱刷饰数量最少，可能是年代较早的一种。

天花　此塔外壁和塔心的走道上，用叠涩与菱角牙子承托长方形天花一块。天花内的花纹，有如意头毯纹栱花罗纹团科五种，不过罗纹的轮廓又有方形与菱形二种，而团科的排列也有疏密不同的区别，其中较疏的一种，每隔一个团科，再加罗纹外框，所以仔细分析共有七种之多。这些花纹的色彩，叠涩和菱角牙子一般采用红白相间的方法，但线脚过多时，则用红白黑三种颜色互相间杂。其中菱角牙子都涂白色，其上叠涩的底面涂土红色，自下仰视，前者的轮廓显得特别清楚。天花内的毡纹都涂土红色，凹下部分涂白色，很鲜明夺目，其余凸起的栱花与罗纹都涂土红色，地涂白色，仍是同一原则。不过较密的小团科在白地上用红白相间的色彩，而较大的团科则地与团科用红白掉换的方法。

藻井　塔心小室的藻井结构分三种：

（一）第一层此室平面正方形，在四隅砌倚柱，柱上置栌斗，各出平面四十五度的华拱二跳，第一跳偷心，第二跳施令拱与平棊枋，构成方形井框，再在内部用叠涩做成简单的八角形藻井。

（二）第二层此室平面改为八角形，没有倚柱，仅在额枋转角处各置栌斗一个，斗上出华拱一跳，直接承托起平面八角形的平棊枋与藻井。

（三）第三层到第六层此室平面又改为正方形，但因面积缩小，四角倚柱上的华拱只出一跳。至于平棊枋以内部分，仅第三层用砖叠涩，第四层用木板，第五第六层木板已毁。

壁面　第二层塔心西南东北二面壁上，在倚柱与倚柱之间，隐起格子门各二扇。每扇的宽与高，约为三与七的比例。除格子与障水版外，未施腰华版。格子与障水版的高约为七比三，就比例言，其格子部分较清式隔扇的花心略为增高。桯与腰串都未起线条，即营造法式所载秦通混做法。上部毯纹格子周围附有子桯。毯纹与子桯腰串等概涂土红色，毯纹间凹下部分涂白色。全体形制与营造法式卷三十二挑白毯纹格眼一图十分类似，可能是宋代遗物。

各层回廊壁面上下额枋之间，以及斗拱间的遮椽版，都隐起写生花，可是枝叶构图与外檐的写生花如出一手，很像明代作品，唯第五层塔心壁面上，塑太湖石一块，绕以六角形勾栏，据勾栏形制，它的年代也许较早，不过正确年代尚难确定。

此外，回廊的倚柱与下层额枋相交处，往往饰以椀花壶门，而外壁走道内的柱头枋和上部壁画，粉有如意头毬纹椀花壶门等等。因构图与前述额枋天花没有多大差别，不再赘述。

（原载《文物参考资料》1954 年 7 期）

第一次塔体抢修工程

工程地质勘测报告书（1956）

建筑工程部华东工业建筑设计院

一、绪言

苏州市虎丘塔兴建到现在，已有一千年的历史，传闻明代已向东北倾斜，估计有数百年，现在发展更甚，已倾斜约 1.82 米。苏州市园林修整委员会委托本院探查塔基下受压土层及岩层情况，以供考虑修理方案时的参考。

为了了解塔基附近地质情况，在塔的倾斜方向布置钻孔二个，在南面布置钻孔一个，离塔均为 15 米，预备先挖探井，至相当深度再用小螺丝钻钻探。当再次到现场了解时发现，该处岩层高差很大，大块石很多，手摇钻不易钻下，于是改变了原来的布置，决定布置探井十个，位置如平面图所示（附图 1）。

经室研究决定：由主任工程师徐春荣同志担任工程负责人，外协工作由地质队方向勤小组担任，记录由杨万里担任。自 1955 年 12 月 22 日开始工作，至 1956 年 11 月 11 日完成。

塔基周围都是人工填土，已经了解塔基是砌置在岩层上面，故无做土壤试验。

二、外部损坏及倾斜

塔高约 54 米，分七级成八角形，对边相距 13.4 米，全部为砖结构。每级有走廊，因迭经火灾，仅余外壳，外部粉刷，已全部剥落，最高三层，系明代修筑，不甚倾斜，三层以下，向东北倾斜约 2°余。全塔除正南和东南两面无显著之裂缝外，其余各面均有，东西两面更甚，由顶至脚，有宽约 3 厘米至 8 厘米的裂缝，正在塔门上下面部——结构的最弱部分。

塔顶西北角，有一大洞，雨水已能灌入，塔的内部，暂由木柱支撑，维持现状，全塔由砖料用纯黏土砌成，中间并无石灰成分，其原因各专家意见不同。裂缝之发生，可能与黏土胶结力薄弱有一定的关系。整个塔身岌岌可危，有随时分裂之可能。

三、地形及地质

根据所挖探井，最上层为0.5米至1.5米之人工土，其中含有大量的碎砖瓦砾，系原有佛殿等建筑物塌毁后累积所成，其下大方砖，为原有佛殿之地坪，其下为深黄色砂质黏土，系人工土，厚度自1.5米至0.8米，其下人工土中含大块石，此项大块石分布并不平均。塔的南部1、6、5、4四孔都无此项块石，而北部7、8、9、3四孔填土中，含量很多，因石质和原有岩层同样，可以推定南部为山的高峰，地势较高已受不同程度的风化，在建塔时剥去高峰的风化岩层，整平表面，以为塔基，将剥去之风化大块石填在北部较低部分，以便扩大佛殿之建筑面积。岩层表面之土层情况大概如此。

1、2、4、5、6、10六个孔在标高8.74～6.46处，均已挖到岩层，表面部分为风化岩，其厚度未经详细调查暂难肯定，其最上一层为黄色，风化程度很深，轻碰即散落，厚约二、三厘米，再下亦为黄色石块，用手指可折断，存约二、三厘米，再下为黄色石块，用手可以折开，厚约四、五厘米，再下为紫红色岩石，用锤子方能搞开，风化程度较浅，其下全部为紫红色之岩层，和千人岩一带的石质完全一样，岩层走向东北，倾斜度9°（千人岩走向北偏东70°倾斜度10°～12°），和塔的倾斜方向大致相符。

由探井所看到的风化岩层表面，均有半厘米至一厘米之裂缝，分布在垂直的纵横两个方向，很有规律，有的裂缝很深，有的尚不显著（图一），一号孔风化层有移离断裂状态（图二），由剑池看到的露出

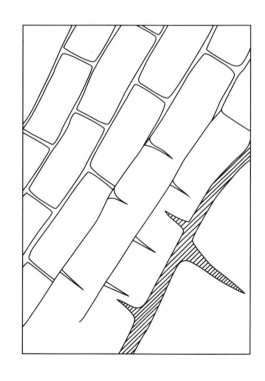

图一

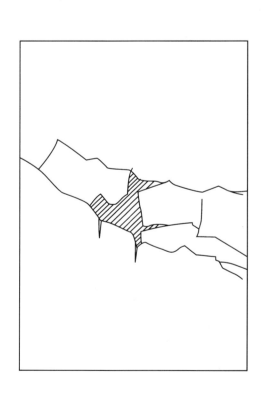

图二

岩层，有很显著的水平裂缝，分层很为显著，还有方形的柱状裂隙，可以推定塔基附近的岩层，亦有同样情况。

四、塔基下面的情况和塔身倾斜的原因

塔基下面情况，因塔身倾斜，裂缝很多，处在危险状态，在钻探时，距离塔基不能太近，因此极难得到正确的资料。我们在南面所挖的1、2、4、5、6五个探井，离塔15米左右，很快就达到岩层，但北面3、7、8、9四个探井，离塔亦仅15米，挖到4米还不能达到岩层，为了避免损坏塔基，委托单位同意不再下挖。

我们可以推断：塔基下面的岩层是南面高而北面低，我们在南面离塔约3米处挖了一个10号井，亦挖到岩层，其标高和南面的1、2、4、5、6五个探井所挖到的岩层标高相差不多。2号为8.74米，10号为7.96米，因为塔基周围有条石砌保护墙。探井未接近塔基，因10号井岩层高地表面只有2.2米，可以判定塔基是建筑在岩层上面，而且在塔基的小范围内，是用人工削平的基础面。

由探井所看到的岩层表面很厚的风化岩和很多的裂隙，说明岩石内部的连系已经改变，这种改变，使岩石的坚固性发生变化，同时由于北面的岩层暴露在表面，所受风化程度较之南面的岩层要深，因而使南北两面的岩层的压缩性和抗剪强度发生不均衡的改变。更由于岩层表面是南面高而北面低，这些受风化有裂隙的岩层很自然地随着岩层走向发生向东北移离现象。

我们认为：上述情况是塔身倾斜的基本原因。一千年以来，宝塔向东北偏斜只有2°～3°，塔顶离开塔底中心仅2米，重心离开底部中心1米，平均每年1毫米，可以说明岩石风化的速度是缓慢的。

五、结论和建议

关于塔基如不重做，是否可以耐重的问题。根据这次探查的资料，可以得出结论，确定塔基是建筑在岩层上面，经过整整一千年，仅仅偏斜2°左右，已可以证明下层基础和岩层可以耐重，基础不需重做，但需设法加固和防止岩层继续风化和移离，使塔身恢复稳定。

上层结构已到了破裂的阶段，应首先抢修防止崩溃。

关于防止岩层的继续风化，有下列几点建议：

（1）岩石有了很多裂缝，雨水渗透岩层内部，使岩石进一步风化分裂，这是危及塔的稳定性的主要原因，在加固上层结构以后，须用水泥浆贯入塔周岩层的裂隙。

（2）岩层表面已经风化的岩石应尽量剥去，并在新的岩层表面，用5厘米厚沥青或混凝土等覆盖材料，防止岩层的继续风化。

（3）塔周填土应加以整理成适当的坡度，使地面水不至停留而渗入岩层。

（4）多植树木，防止阳光辐射所引起的温度剧烈改变。

（5）塔基方面亦应采取直接加固的措施。

地质勘测图见附图 1～附图 4。

室主任　　　　　　王焕

主任工程师

工程负责人　　　徐春荣

一九五六年一月十一日

虎丘云岩寺塔加固计划草案及补充意见（1956 年）

俞子明

一、虎丘云岩寺塔加固计划草案

（一）塔身倾斜裂缝的情况：塔身西南与北面同一夹缝高低差49 厘米，为直径的3.6%，依比例推算与垂直偏差亦相符合。

（二）基础及基底土壤的检查情况——另详。

（三）塔身加固办法：

（1）加固的可能性：从目前勘测资料来看塔身本身的倾斜度为 2°54′，重心尚未超过塔基直径的 1/6。从整体来说，还不至于立刻倾倒。主要的问题在于裂缝，裂缝逐渐发展的结果，必然是同杭州的雷峰塔一样的向外崩溃，查原来砖的质量不好，夹缝又厚，又是黄土而非有黏结性的灰浆，故整体性很差，但外壁极厚，下层中央亦是砖砌的塔心，故发展的速度并不太快。在现代的技术条件上将整个塔身分层联结起来使之不至崩溃是完全可能的。

（2）加固的初步意见：塔身是八角形，每边都有圆状的突出部分，就原来的结构形式可以每层加箍三道，加固的方法是：

①在突出部分的砖缝间，先用水泥砂浆填实，然后在每一角上包以钢材，钢材之外，用圆钢箍住，圆钢接头处用花篮螺丝收紧。

②钢材位置稳固后将其与圆柱间的空隙用水泥喷浆法完全填实，待其凝固坚硬之后，将螺丝渐渐收紧，然后用混凝土或喷浆法将全部钢材及螺丝等包没，这样塔身八角及壁身就被钢筋混凝土的箍箍住了。每层三道，七层共计二十一道，是可以保证不再崩溃的。

③箍好之后裂缝间可以加以冲洗后用水泥喷浆灌足。

④在外围加箍的同时可以就实际地位绕塔门内加十字拉条，将加箍拉住，结合一起，同样用混凝土包裹以防锈蚀。

⑤塔顶修理不用木料，可采用钢筋混凝土结构，外面保持原状。

⑥塔身外壁砖缝全部出清，用喷浆嵌满喷面以免雨水侵入。损坏处保持原状不必改做。

⑦外面色泽或在水泥浆中掺入适当的不同的颜色或在喷浆完成之后另加一层薄的颜色浆，颜色应取深暗，色泽不必一律，因为用喷的方法颜色可以用互相搭近逐渐转变的方法并无界线，做时应先做试样，研究色调。

⑧实际需用钢材及螺丝等尺寸另行详细计算设计。

⑨施工时连同搭脚手自下而上层层加箍，不宜一次收紧，应加箍到顶之后，再自上而下逐层收紧，以免吃力不匀局部突然膨胀，发生危险。

二、关于虎丘云岩寺塔加固工程的补充意见

关于虎丘云岩寺塔塔身加固工程的具体计划，于一月三十日中国科学研究院所聘苏联专家麦德维捷夫来苏调查参观时曾提请研究，专家的意见归纳为如下几点：

（一）据测量结果及查勘情况，如果能保持整体的话，可以不至全部倾斜，这一点与我们大多数意见相同。

（二）关于基础下面的结构实况建议进一步挖掘，如果外墙可能发生危险，可以在塔心中央钻挖。同时也同意在北面试钻到下面岩层及地位，以便今后作加固处理措施。

（三）完全同意围着外墙加箍的原则，但对于外形处理上有如下的建议：

（1）最好保持外貌形态不变。

（2）加箍及混凝土宜嵌在墙内不使突出。

（3）外墙在处理喷浆前可拆去一皮砖，待加箍及喷浆之后仍用旧砖照旧用水泥浆补砌一皮。原来粉剥落部分保持原状，使群众对古塔外貌认识上不至发生改变，以为重建了一个新塔。理无重建新塔之必要。

（4）上层扭曲与下部塔不在一直线上，最好能照目前外形改建，使之在同一轴上倾斜，就能更为美观。

（四）其他内部裂缝喷浆等，均同意原来初步计划。

苏联专家以上的意见，我们认为非常可贵，比原计划在外表色泽上有所改变的要好得多，故特再提出希予研究。

俞子明
一九五六年二月一日

苏州云岩寺塔修理工程施工方法说明书

苏州市建设局

本工程修理方案是防止原塔因损坏而坍塌仅以加固为主不加以任何装饰，但必须保持该塔现有的古面目，加固办法主要以用钢板及钢条螺栓打箍逐层夹紧，并相对拉住原塔墙身内壁所有裂缝以及整个内墙内顶均用喷枪以 1:2 水泥砂浆喷实喷满，使之整片凝固，兹将施工细则逐项说明如文（整个内墙内顶所有浮雕壁画的古迹文物上面不予喷浆）：

1. 本工程之设计图纸仅表示加固部分之结构详图，对原塔之所有一切尺寸均须于施工中实际勘量决定。

2. 施工的第一步是搭设竹脚手架，所用竹子必须坚韧，大小用 20 及 30 之规格，每步搭设高度必须凑每层塔高相适应以便施工安装铁件之便利，该架子须离塔壁一定间隙，每两层塔高均需在四方用铁丝索拉固，防止风力影响竹架倾斜以策安全。

3. 在搭设竹架同时必须随着塔层高度及时地量出每层必要的施工尺寸，及早地提供钢材，正确加工，保证尽快地从下而上的加固安装进行喷浆。

4. 在每层尺寸决定之后即可着手将规定加固部位之塔身外壁进行拆卸，同时镶修塔身里壁破损部分，并得注意外壁拆卸务使原砖尽量完整用在最后外壁复形所需，此项工程亦从下而上逐层开始。

5. 除每层镶补拆卸外，每层内壁之原有粉刷必须全部铲除并同时将所有灰缝剔进 3 厘米，以利喷浆喷嵌坚实（包括塔层内顶在内），为了保护古代文物，对内壁内顶所有浮塑和壁画在施工时应给予遮盖加以保护以防喷浆喷射损坏喷糊，但须由文管会方面提出其喷射界限。

6. 钢材加固按照图纸结构于每层加箍三道全部用花篮螺丝旋牢，但不能过分旋紧，每道箍于每层塔角处均有捧角铁板捧住，钢箍在铁板外面，铁板与塔壁之接触面均要窝一层水泥砂浆，每道箍的螺栓杆处必须加以铅丝套以便打箍、凹进处用喷浆喷满砼不致裂缝。

7. 喷枪喷浆：一、每道钢箍凹进处全用喷浆喷实。
   二、所有塔身内壁裂缝剔清处均需用喷浆喷实。
   三、全部塔身内墙内顶均整体喷浆一层厚度在 2 厘米左右，灰缝剔清处均须喷实喷满（浮壁与壁画处不予喷浆）。
   四、所有喷浆处在喷浆前必须用清水洗刷一遍，但严禁大量冲水以防原泥土灰缝因水溶化发生危险。

8. 复形：在塔身外壁包角打箍喷浆后其加固部位处均需用原拆下之塔砖砌复原状，用 1:3 水泥砂浆，灰缝缩进 2 厘米以上（包括墙角圆柱及线脚）。

9. 每层地坪均在原有地坪上以 15 厘米厚煤渣砼地上加 1:2 粉面将每层地坪上的对拉钢杆螺丝捣埋在内。

10. 全部内壁内顶喷浆面均刷纯石灰水一层。

11. 塔顶处理在架子搭建到顶后详细查勘决定。

12. 在有些事前未考虑到的本说明和图纸上未包括者，施工不能擅自决定必须通过有关人员研究决定，但严禁过分考虑修饰装潢，有碍投资。

13. 施工中严禁破坏塔中的斗拱浮雕等古物文化遗产，但倘与施工有碍，得以事先提出，同意后施工。

14. 塔身外壁为了考虑其原有粉刷剥落处经受风雨吹打致使黄泥灰缝脱落影响灰缝沉陷，使塔身加大倾斜（特别西北面），故现采用1：2水泥砂浆在外壁原粉刷剥落处的灰缝中嵌实，深度为1.5厘米，其色泽最好与原塔相仿以免影响原来外观。

关于苏州云岩寺塔基、塔身加固等问题的意见

刘敦桢

苏州市文物保管委员会：

奉接本月二日大函、仅复如下：

一、关于塔基的问题

1. 此次华东工业建筑设计院的地质勘测报告，证明虎丘塔下部的岩层大体向东北方向倾斜是很重要的收获，但可惜探测的地点不多，不能了解岩层的详细情况，颇为美中不足。

2. 一九五三年十月我室（中国建筑研究室）张步骞、朱鸣泉、傅高杰三同志曾试掘此塔东南角基础，发现外壁下部仅有上层砖，共厚20厘米，未向外放宽，其下即为碎砖三合土。而在塔外3.35米处，发现此碎砖三合土至地面下90厘米处为止，基下为1.75米厚的石层，再向下便是泥土。又试掘塔内东侧走道，证明塔心下部也只有四层砖，未向外放大，与外壁下部无任何联系，但其下仍铺碎砖三合土。当时此项试掘曾引起许多人的不安，故不敢再往下掘，同时也未向其他地点试探，无法了解塔基的深度，和它是否直接建于岩床上抑泥土上，以及岩床是否凿平。但此问题如果不弄清楚，则塔身倾斜原因不明，以后是否再继续倾斜无法判断，修理计划亦将无法谈起。因此，一九五五年春天，本人向江苏省文化局建议调查基础与地质情况。

3. 此次华东工业建筑设计院的地质勘测未经塔心往下探查，仅经塔外几点推测塔基的深度约为3米余，而且直接建于凿平的岩床上，我认为这种推测是证据不充分的。在这种情况下，再推断此塔倾斜原因并提出基地保固办法，当然不能为精确可靠。关于这点，我完全同意同济大学俞调梅教授的看法。

4. 我现在还主张精密调查塔基结构和岩床情况，作为一切工作的依据。苏联专家麦德维捷夫主张经塔心和塔的北面挖探，我想也是这个意思。

二、关于塔身加固问题

1. 目前此塔发生倾斜、弯曲和无数裂缝，情状十分严重。当然发生这些情况的正确原因尚待仔细研

究，但据我的初步看法，主要由于塔基不平均压缩与此塔结构上许多缺点所引起的。其次则自咸丰兵变后，塔顶与各层腰檐、平座次第毁坏、雨雪不断侵入，以致形成今天岌岌可危的情形。不过这种提法不一定可靠，必须经过精密调查，找出真正原因，然后拟订修理计划，方不至浪费人力物力。

2. 据我所知道的一些例子，砖塔虽然偏斜，不一定弯曲或发生很多裂缝。但虎丘塔则兼此三种情况，不仅十分严重，而且十分复杂。因我不是研究结构的人，对俞副局长与王工程师提出的铁箍加固办法不敢妄置一词，请另觅专家提供意见。但希望仔细分析毁坏情形、先经理论上找出加固的根据，然后用料大小与施工方法，自然迎刃而决。

3. 修理石建筑与修理砖建筑是有很大差别的。例如希腊罗马许多古代石建筑，不管残垣败堵或仅存一两根柱子，只要使用防止石质风化的涂剂，就可达到保存目的，可是砖建筑除了风化以外，因吸水量较大，可增加本身重量，如果它的结构存着各种缺点，问题便复杂起来。虎丘塔的结构缺点，我已经初步介绍过，此处不必再提。至于雨雪侵入问题，经咸丰兵变后，原来塔顶与腰檐的瓦次第毁坏，塔身不断吸收水分，增加重量，而门与走道上部未用拱券，再加基础压缩，所以内外上下发生无数裂缝，并且逐年增加。我们只将 1920 年前后日本出版的支那佛教史迹与 1936 年本人所摄照片，和最近情形比较一下，便知此三四十年内因气候侵蚀所产生的影响何等严重了。因此我希望讨论塔身加固时，不仅要保存古色古香的外表，而且应该注意如何防止雨雪侵入问题。

此致

敬礼

刘敦桢

一九五六年三月八日

同济大学对苏州云岩寺塔的保养计划意见

你市园林修整委员会1956年1月16日园修字第6号及你会2月6日市苏文管字第7号两函并附件均收悉。虎丘塔加固计划草案我局已分别请刘敦桢教授和同济大学结构专家审查，并将刘教授的意见寄你市文物保管委员会，兹再将同济大学对该计划的意见抄致你市。现在专家们意见已经大体一致，即可抓紧时间进行抢修。请根据这些意见修正计划，争取早日动工为荷。

江苏省文化局：

你局社字第01号函已悉。我校教师提出如下的意见供参考：

一、土壤及结构勘查未能彻底了解，尚未寻出原因，是项计划仅可作临时加固之用，希望施工时慎重细致，以后还须加以长期观察。

二、花篮螺丝每一箍用八个，四个是不够的，因为四个可能使塔身扭转。

三、可否改为下式。

四、钢条收紧时必须控制力不超过某一限度，此应力应根据结构计算加以确定，可以薄一点。

五、基础问题上次报告不够详细，建议先挖坑用钢钎（或旧钢仇）打下，全面测出未风化岩石的顶面情形。

六、未了解当时基础情形，对基础做法如何，还须细细考虑，然后得出结论，提出具体方案，希望能广泛征求意见（刘敦桢先生详细了解）。

七、打钢板桩是否确当，大家有不同意见的：①土中碎石头太多，恐怕打不下去；②有人怕打板桩时会把塔震倒；③建议分段打下，打好一段就填土。

八、钢箍可否建议在倚柱外的一道穿过倚柱（砖砌柱的半圆柱）将倚柱拆去几皮砖，将钢箍箍上收紧后将砖砌好似较牢固。

一九五六年三月六日

关于苏州云岩寺塔修建时应注意事项信

苏州市文物保管委员会：

本月五日大函奉悉一切。苏州虎丘塔的年代，虽砖上有五代最末一年的题记，但根据工程巨大，应完工于北宋初期（见拙稿），今发现建隆二年经匣，证明从前观测并无错误，不胜欣慰。唯据本人所见宋元塔往往塔身内藏有佛像或泥制小塔，希望工程队多多留意为盼。此塔各层腰檐与塔顶之瓦久已凋落，雨雪侵入可增加塔身重量，而塔身结构又缺点增多，虽加铁箍，仍须注意防水工作。又明代改建的第七层，外壁较薄，现已四分五裂，有些已为孤立的屏风，施工时盼特别注意。我因日内即赴北京开会，恐下月末才能来苏，届时再当请益。

此致

敬礼

刘敦桢
一九五七年四月九日

第二次维修加固工程

给市革委会汇报塔情和维修函（1978 年）

市革委会：

自从四月十六日起虎丘云岩寺塔（简称虎丘塔，下同）不断出现险情，五月八日向市委宣传部张部长汇报，当晚下了一夜大雨，九日上午断续下大雨。市委费书记、王副主任、张部长由有关局、处领导同志陪同去虎丘塔视察险情。十日，市革委会向省革委会、国家文物局发出紧急报告。十三日，市委贾书记在有关局、处领导同志陪同下，去虎丘塔视察，并开了现场会议。同时派专人去南京向省文化局、省文管会、省基建局汇报险情。省革委会接到我市关于虎丘塔险情报告后，十分重视，汪冰石副主任作了两次批示，并亲自来苏州视察了虎丘塔的情况。五月二十二日，省基建局组织了有关部门人员来苏州，对塔身进行了详细了解，提出了排险、勘探的初步方案。

六月五日国家文物局罗哲文工程师、国家建委建筑科研院陶逸钟总工程师等六人，由省文化局周郴局长等陪同到苏州，详细听取了省建筑设计院对塔身险情的分析和排险、勘探、加固的初步设想，亲临现场作了细致的勘测。在此期间我们还邀请了南京大学、南京工学院、上海同济大学的几位专家共同会商修塔方案。会商会议贯彻"双百"方针，从六月五日起到九日，采取边看边议的方式，对塔身倾斜的原因、塔身底层两个砖墩产生裂缝的原因、基础和地基问题、排水沟问题、基础勘探问题、测量和观察问题以及资料的搜集整理等问题，展开了热烈讨论。这次会议在以下几问题上取得了比较一致的认识：

（一）国家文物局代表罗哲文工程师阐述了古建筑修整的政策和原则：一是恢复原貌，一是保持现状。在修整时迫不得已要改变现状，也要求尽可能改变得少一些。省设计院李工程师设计的塔心加固方案，对现状有所改变。经过讨论，提了些修改意见，改为临时性加固，决定由李工程师将原方案修改后报省文管会，转报国家文物局正式批准后施工。

（二）会议一致认为对塔的基础和地基了解得还不够清楚，必须及早进行勘探。不过，对古建筑的基础勘探不同于新建筑，要求根据古建筑的特点，布置探坑、探槽位置，采取考古发掘的方法，制订方案进行勘察（方案另报）。

（三）塔周围排水沟的渗水问题，会议认为必须立即解决，因为雨季已来临，雨水渗入地下，对基础危害很大。对塔周围地面的排水问题，也要妥善处理。

（四）由于长期以来对虎丘塔的历史资料和历年观察资料缺乏整理分析，给当前修塔工程带来了许多困难。会议一致认为要立即加强这方面的工作。

（五）关于经费问题，省文化局和国家文物局表示要等有关方案批准后，造好预算上报审批。考虑到原有五万元经费不够，可先由市财政部门垫支一部分待预算批下后再由省拨款。

这次会议解决了一些实际问题，使与会同志提高了对文物政策的认识，了解到古建筑的修整要求是很严格的。初步商定了当前急需要做的几件工作。但由于对基础情况还未取得完整的第一手资料，历年观察资料不全，因此对塔的险情估计存在较大分歧，有待将来实地勘探后才能进一步解决。

六月九日会议正式结束。十日向市修塔领导小组组长费铭钊同志作了汇报，讨论了工程指挥部的组织机构、人员配备、办公地点和今后任务等问题。工程指挥部目前已着手从各方面开展工作。

苏州市虎丘塔修塔领导小组
一九七八年六月十七日

苏州云岩寺塔基础加固施工措施（1978 年）

一、虎丘塔的基础加固工程与其他建筑工程不同。主要将塔基围牢。采用挖竖井坑形式，要精耕细作，在严格保证质量的前提下进行施工。首先混凝土坑壁的 200 级砼要做各种水灰比。坑壁浇好混凝土后，在 14 小时内发展强度不能低于 100 级，或在混凝土中渗早强剂。

二、塔的北部，上面有 3 米块石垫层，底下面有亚黏土垫层。黏土要增加强度采用在黏土中顶进钢管，以增加黏土的密实度。但先要做试验，取得黏土强度提高多少和顶管可起多少作用的数据。钢管芯内提前灌入混凝土，凝固后坑下用油压千斤顶顶进黏土中。顶进时速率要慢要稳，严禁强顶快顶。钢管的焊接要用破口焊接，不得高于钢管壁。钢管接头，严格做到钢管与钢管要垂直，不能游屈。根据塔的形状，放出足尺大样，事先把顶管的位置画在塔的护坡上面，使顶管方向不会有偏差。放出塔身及井坑的大样板足尺的 1/4 样板。

三、南面 22 只井坑，坑壁与坑壁用钢筋联接。北面井坑，坑与坑之间留空 4～5 厘米。

四、挖坑之前，先挖塔身外面四只角，摸清原始地坪的标高，作为正式挖坑的标高依据。

五、挖坑时要注意大小尺寸和垂直度。垂直线之外的土或石头要注意，不得随便松动。在坑中整块石搬去，凸出部分不超过 10 厘米者不动。超过的用细凿的方法，不得作力过猛而影响其周围的土石。

六、挖的深度，每节不得超过 80 厘米。每只坑挖土挖到上述规定，当天必须浇好护壁混凝土，不得中途停顿。

七、底层岩石凿孔凿好后，开始顶钢管，每只竖坑顶进钢管二皮（采取扇形顶入），每皮顶三根钢管。

八、顶管完毕后，下钢筋管加毛石砼（150 级）回填密实，井口要冒出钢筋头子和圈梁接触。

九、拌砼前，先检查进材料是否清洁。黄沙必须筛过后使用。所有黄沙石子都要过磅称。

十、拌砼时必须控制水灰比及用水量。加水由专人负责。

十一、挖坑的防雨措施。塔的四周搭设大雨棚一只。考虑山上风大，接搭竹架子，上摊流动油布。

虎丘塔基础加固与底层临时加固草图说明（1980 年）

苏州市虎丘塔修塔工程指挥部

1980 年 3 月召开的 "虎丘塔加固工程方案会议" 上，专家们根据勘察资料，认为基础情况已基本摸清，主要矛盾已经抓住；明确了塔身倾斜是不均匀沉陷引起的，而不均匀沉陷的矛盾是因下卧层亚黏土软弱。

现按照会议总的设想：基础与塔身均须加固，并顾及主客观条件，条件成熟的先搞。其程序如下：

第一道工序

首先对塔身底层北面的六只砖墩进行临时加固。目的是阻止砖墩裂缝继续扩展。

情况：塔身底层北面的六只砖墩有严重裂缝。

措施：1. 临时用金属加固。

　　　2. 外面半圆砖柱内原有的钢板加以利用，另加角铁圆钢等；接触之间则用电焊和花篮螺丝绞紧。加固以后再用环氧树脂灌缝。

附注：施工中在必要时可能改变砖墩一些原貌。

第二道工序

钢筋砼连续桩竖坑 40 只加固基础（是重点工程）。

情况：塔身倾斜主要原因是基础不均匀沉陷。

　　　1. 塔身底部碎砖碎石黏土垫层高约 60 厘米，下面块石黏土垫层南面到岩石层。

　　　2. 北面块石黏土垫层高约 2.5 米左右。

　　　3. 北面块石黏土垫层下的亚黏土垫层，厚度约 2.5 米左右。

　　　4. 亚黏土下面岩石层。北面岩石层越出越陡，亚黏土越向北挤出。

措施：1. 按照原三号探井的技术挖浇钢筋砼连续桩。完成一只连续做第二只。

　　　2. 北面 20 只坑挖好一只坑就在下卧层亚黏土层顶入扇形交叉钢管，以加强土的承载能力，并将土围牢使它不再向北挤出。

　　　3. 南面圆桩紧密连接，不让雨水渗入塔底。北面圆桩之间略留空隙以利排水。

第三道工序

改造护坡，保持塔基干燥，防止雨水浸入。

措施：1. 塔内塔外护坡改为双皮钢筋砼底板。约 40 厘米厚。

　　　2. 地平标高，根据塔外塔内的原有标高一律不动。

　　　3. 塔身外护自由泄水。

　　　4. 圈探内钢筋砼护坡板约 30～40 厘米厚。

　　　5. 用 200 号低砂粒高强度砼。塔内塔外底板做成整体。

　　　6. 根据塔外八角形外仓，做八块砼。钢筋要连接；伸缩缝用沥青砂灌缝。

附注：壶门也要加固，使荷载直接落在砼底板上。

第四道工序

壶门加固。

情况：塔身底层北面六只磕墩的严重裂缝是超载引起的。

措施：1. 必须将壶门用钢筋砼加固，并与底板连结，使其担负砖墩垂直荷载的一部分。

2. 在浇灌壶门上部时，砼中增加铝粉。

第五道工序

回廊塔身底层加固。

措施：柱与柱之间做砼框架墙，用以稳定底层塔身的倾斜。

附注：此项工程对原貌有所改变，但风格可以协调统一。

挖竖坑注意事项

1. 每只竖抗开挖前，一定要做好防雨棚，严格防止雨水浸入坑内。

2. 竖坑支撑系统，一定要保证牢固，确保安全。

3. 在挖坑中，按照原 3 号井的练兵技术和经验教训，精益求精用人工考古方式挖掘，直到新鲜基岩顶面；并再往下挖到新鲜基岩面以下 1 米左右。

4. 挖坑工作必须做到安全、迅速、连续施工。在野外工作期间，每天对塔的倾斜、沉降差异、地面沉降、地面水平位移、裂缝等做好精密测量与观察，严密监视其动静。

5. 现场技术负责人要根据三号井的资料，密切注意测量与观察数据的变动情况，认真分析这些数据，判断对塔身是否会发生危险。如发现异象立即暂停施工，急电国家文物局研究处理。

6. 挖坑工作要做好现场记录，不可疏漏。整个工作要有专人负责。

7. 在竖坑挖土时如发现块石阻挡，是把整个块石搬去还是把它部分凿去，则以把振动减低到最低程度而定。

8. 整个竖坑，用块石、混凝土、钢筋笼封填密实。

苏州市虎丘塔修塔工程指挥部

1980 年 6 月

塔体变形观测报告 （1981.1.25～1981.11.28）

陈龙飞

一、大多数塔脚沉降观测点高程在观测误差范围之内（±0.2mm）变动，可以认为在本观测期间塔脚标高无显著变化。

二、经分析表明塔体上各观测点向北位移与时间的相关性很好（对于 E2－E7 各点相关系数 R＞0.9），说明各观测点按各自速率大致匀速地向北偏移。E 点位移量与时间的相关系数较小（－0.7），这是因为位移量较小，相比之下，观测误差较大。分析时后者影响较大。所以仍可以认为它以较小的速率大致向北偏移。

三、按此十个月的观测数据推算在 38.4 米高度处向北位移的速度约为 3mm/年，推算至塔顶的位移速度约为 3.6mm/年。

四、观测点向北位移的速率不同，下小、上大，把各点位移量与高度进行相关分析表明：

（1）各点位移值与高度有明显的相关性（相关系数 R＞0.97）即塔体倾斜在继续发展中。

（2）把塔体以 E3 点分段，则可看到 E1－E3 段（下段）倾斜速率约为 6″/10 月≈7″/年；E3－E7 段（上段）倾斜速率约为 23″/10 月≈27″/年，上段倾斜速率明显大于下段，塔体有弯曲。

（3）考虑到塔基的高程无明显的差异变化，可以认为塔顶部的位移值中相当大一部分是由塔体弯曲引起的。

五、假设于 1020 年以前建塔时塔顶与底层中心在同一铅垂线上，塔基基面是水平的。

至今塔顶偏北 2.3 米，折算平均速率为 2.25mm/年，塔高约 47 米，因此塔基面倾斜平均速率约为 9.9″/年。同时塔基南北的高差约 0.48 米，折算平均速率为 0.47mm/年，塔基宽约 13 米，因此塔基面倾斜平均速率约为 7.5″/年。塔基面倾斜速率明显小于塔竖轴倾斜速率，这与上述塔身有弯曲的推测是一致的。1981 年 2 月 1 日的报告中也提到这一现象。

六、分析表明塔身东西向位移量与时间的相关性不明显（相关系数小于 0.5）。

塔身似乎有东西摆动的现象。也可能因南站观测条件较差，观测误差稍大。

七、1981.7.20～1981.8.24 上海特种基础研究所试钻期间的观测资料表明，一个月中塔基沉降点高程无显著的变化，这一个月的位移速率（向北）与年平均速率基本相同，略为偏大一些，但在观测误差范围之内。

钻孔对塔体无显著的影响。

江苏陈龙飞
一九八一年十二月六日

苏州云岩寺塔地基加固围桩工程竣工报告（1986 年）

凤光莹、匡正娟

一、简况

苏州云岩寺塔坐落于苏州虎丘山上。故俗称虎丘塔。始建于五代末期后周显德六年，建成于北宋初建隆二年（公元 959～961 年），距今已一千零二十多年。它的建筑艺术许多地方表现了唐宋建筑手法的过渡风格。1957 年大修时，在塔内出土了五代精瓷莲花碗等一批珍贵文物，该塔在建筑艺术、考古、科研上都有很高的价值。1961 年 3 月 4 日由国务院公布为全国第一批重点文物保护单位。

虎丘塔是一座七层八角形仿木结构楼阁式砖塔，每层均施以腰檐平座，塔刹塔檐早已毁坏，由外墩 8 个、内墩 4 个两部分组合而成，为套筒式回廊结构，每层有内外壶门 12 个，全塔共有壶门 84 个。各层以砖砌叠涩楼面连成整体。内墩之间有十字通道与回廊沟通。各层均设有塔心室，现塔高 47.68 米，塔身重量 6100 吨（包括 1957 年加固增加的重量），是江南现存最古老的大型砖塔。虎丘塔历代曾作过多次整修，曾屡遭火灾，九次维修。但对塔基的不均匀沉降和塔体倾斜的发展未予解决。解放初塔身已残破不堪，塔身一、二层裂缝宽达 18 厘米，千疮百孔，岌岌可危。1956～1957 年再次大修，未能取得持久稳定。1965 年检查又发现塔身底层至四层产生较多裂缝。到 1978 年四五月份以来，北部的两个塔心墩连续发生水泥喷浆面（1957 年加固喷上的）大面积爆裂，外鼓脱壳，大块大块自动剥落，北部外墩壶门两侧壁面裂缝增多增大，塔身位移速率加快，险情发展迅速加剧。

苏州市政府和国家文物局在 1978 年邀请北京、上海、南京、苏州等地有关专家进行"会诊"。由于资料不全，数据不足，对塔基是否落于基岩，有无砖基以及地质情况无确切勘探资料；对塔身倾斜，不均匀沉降变形的测量也差异较大，有的前后还有矛盾；对塔重、塔高数据也不一致，所以一时难以作出妥善加固方案。因此，从 1978 年 6 月以后，做了大量的前期准备工作。在 1978 年立即对东北、西北险情大的两个内塔墩采取抢险作临时加固设施以防不测。同时，着重对塔的地基、基础进行大量细致的勘探工作，开挖一号、二号探槽、三号探井以及用手摇钻钢钎在塔内外附近钻探，摸清塔基的地质构造情况，以及钻孔注浆试验，同时对塔体作复测描绘检查。

二、围桩方案的确定

经勘察虎丘塔是建造在南高北低的山坡上，塔下及其周围是厚薄不均的人工填层，北面厚、南面薄。因此其填土层的可压缩性不同。由于不均匀厚度的压缩变形，造成塔体的不均匀沉降，导致塔体的倾斜。由于偏心应力的增加。使塔体本身也有不均匀的变形压缩。形成恶性循环，使塔身倾斜持续发展。1981年塔顶向北东倾斜已达 2.30 米以上，塔底层南北高低差已达 40 多厘米。

同时，古代对塔基又未能作妥善处理，因大量雨水渗入地基，由南向北汇积冲刷等因素，使塔北人工垫土层下部（主要是块石黏土层）产生较多孔隙。塔北土壤的湿度也较大，容易软化地基，为此决定，先作地基加固。在地基勘探挖掘 3 号探井成功的基础上，决定距塔身四周应力扩散范围内，建造一圈围桩，再在围桩范围内进行压力注浆。

三、围桩工程施工

围桩工程是对地基加固的第一项工程。设计方案于 1981 年 2 月报经国家文物局批准后，在 1981 年 12 月 18 日开工，到 1982 年 8 月竣工，历时八个多月。围桩，是从塔中心半径 9.57 米周围，建造 44 根直径 1.4 米密集式围桩。围箍地基，控制地基加固范围和隔断地下水流制止土壤继续被潜水流失；并结合下一步工程，因围桩的约束使基内土壤能起三向应力作用，达到提高地基能力的效果。围桩边距塔的对边外壁 2.9 米（距塔八角形对角最近部位 2.5 米左右）周围建桩 44 根，围成一圈。单桩直径因考虑人工开挖故确定为 1.4 米（其中护壁厚 15 厘米，桩净直径 1.1 米）。桩底穿透风化岩层插入基岩 50 厘米左右。对风化岩层很厚的部位则挖到基岩（开挖直观：风化岩层北部厚、南部薄，北半部厚度达 3～5 米，南半部 0.9～1.8 米左右）。在桩顶再浇筑 40 厘米高的砼围梁，把桩联为整体。

施工措施：

1. 为了避免机械震动，采用人工开挖，并在精密仪器的监测下，严格按设计顺序，采取跳档，南北交叉、深浅交叉开挖成桩，限制北部同时开挖的数量，北部原则上每次开挖一只。

2. 为防止土体变形，采取从上而下逐段开挖，每挖 0.8 米支圆形模板沿壁用 200 号速凝土浇制砼护壁，待到达一定强度后，再挖下段，再筑护壁，直到基岩。然后绑扎钢筋骨架，灌浇 150 号砼成桩。在围桩顶部再浇筑砼围梁。

3. 桩孔内由于作业面小，一般只能容一人以短柄工具操作，挖出的土石也从桩孔口吊出。遇有大块石，在桩孔内由人工凿碎。坑内空气又比较稀薄，冬季施工上下温差较大，施工比较艰难。花时较长，所以采取轮班作业。一根 8 米左右的桩，一般需 12 至 15 天左右。遇有较大块石要花 20 天左右，个别难度大的要近 30 天。

四、围桩工程量

共成桩 44 根，浇制砼护壁 215 段，挖桩总深度 312.01 米，平均桩深 7.09 米，北深南浅，北部深度 8 ~ 10 米左右，最深部位 10.68 米。南面深度 3.7 ~ 5 米左右，最浅的桩 3.65 米。共浇砼 480 立方米（包括桩、围梁、护壁及渗入土内的砼量），共挖出土石方近 500 立方米。

工程质量达到设计要求，钢筋绑扎、搭接、砼土配比都符合要求。共做砼试块 67 组。试压平均强度为：桩 150 号砼，试块试压平均强度 281kg/cm^2，围梁及护壁 200 号砼，试块试压平均强度 339kg/cm^2。通过围桩开挖，证实了塔是建造在南高北低的斜坡上，在岩石上面的人工垫层是南薄北厚。同时，对塔下周围地质作了一次直观的验证，取得了比较直接的资料。为下一步加固工程提供更多的具体数据。整个施工过程，土体变形较小。但毕竟开挖面较大、又深，对地基有所搅动。对位移、沉降产生一定影响。从位移、沉降、裂缝三项监测数据看：在开工头三个月比较稳定，第四个月一度追求进度、增加同时开挖数量，以及工程的滞后效应，测量数据有一些明显反映，经过立即采取措施，放缓进度，减少同时挖桩数量，测量数据渐趋缓和。围桩工程施工阶段（从 1981 年 12 月 24 日 ~ 1982 年 10 月 10 日，即从开工到竣工完成后的两个月）的测量数据：累计平均增加沉降值 1.6 毫米左右，向北增加移值（E7—第七层）11.8 毫米，分析其中施工影响约 8 毫米左右。在施工结束后的第三个月起渐趋稳定（即从 1982 年 10 月 10 日 ~ 1982 年底两个月内 E7 增加的位移值 0.1 毫米），在以后的壳体工程施工时直观检验：围桩无露筋现象，桩与桩之间联结密实。工程质量达到预期要求。

苏州市修塔办公室：凤光莹　匡正娟
一九八六年一月

苏州云岩寺塔地基加固钻孔注浆树根桩
工程竣工报告（1983 年）

上海市特种基础工程研究所

一、工程概况

虎丘塔（原名云岩寺塔），具有一千余年的历史，是一座七级八角形仿木结构的砖塔，底直径 13.66 米，高 47.5 米，重 6300 余吨，支承在 12 个砖墩上面（外墩 8 个，内墩 4 个），虎丘塔是全国的重点文物保护单位。

虎丘塔坐落在虎丘山顶上，塔下的下卧基岩西南高、东北低，其上是人工填土层（即亚黏土和块石混合填筑的），由于塔下的压缩层厚度不一样，使塔产生倾斜。而且塔的周围地面，亦是西南高，东北低，长年累月大气降水，形成向东北方向的径流，水流渗到土层中，带走了填土层中的细颗粒，致使土体孔隙愈来愈大，有些地方完全像石块垫层一样。土体的流失，使塔体倾斜逐年发展，至 1978 年倾斜已达 2.3 米之多，塔体东北方向的砌体应力（包括偏心应力）已达极限强度状态。

1981 年 6 月，在国家文物局和苏州市人民政府的领导下，多次召开专家会议，确定对虎丘塔先做地基加固，分为二期：一期是在塔周围施工桩排式地下连续墙工程，防止塔下基土的变形和流失，改变土体的受力状态，提高地基的承载力；二期是在桩排式地下连续墙内（包括塔内）进行钻孔注浆和树根桩施工，加固地基土的密实性、整体性，同时为承担三期工程塔体结构加固所增加的荷载。国家文物局和苏州市人民政府修塔领导小组，委托上海市特种基础工程研究所承担二期工程的方案制定和施工任务。根据历次专家会议的精神，分析塔体结构及地基的状态，认为塔体年久失修，砖砌体风化严重，且砖缝中均是黄土填充，塔的一、二层结构砌体多处发生竖向裂缝和横向裂缝，因此塔体的整体性差，要求地基加固时，施工机械设备运转不能有振动；在钻孔施工时不能有用水等液体介质冷却钻头和清除岩屑，以防土体流失和软化地基。

上海市特种基础工程研究所的科技人员对 XJ100—1 型工程地质钻进行改装以减少振动和适应于塔内小空间的作业。同时又采用了干钻孔的施工方法，满足施工要求。

二、工程地质情况

历年对虎丘塔的工程地质勘测，由于塔体的倾斜危险和风化破损严重，地质勘察钻孔均布置在离塔二三十米之外的地方，其后虽在塔内亦做小直径螺旋钻孔和打入钢钎等方法，但始终没有获得较完整系统的地质资料。在塔周围施工桩排式地下连续墙后，才获得塔周围地质资料。本次在桩排式地下连续墙内，塔壶门和回廊内等钻孔施工又进一步获得塔下的地质资料。如附图48、49、50所示。

地质资料分析大体如下：

（一）亚黏土夹块石层（包括近代碎砖瓦片填土层，0～1米），块石多为黄色凝灰岩和紫红色晶屑流纹岩，质地坚硬。最大的粒径达1200毫米，一些粒径20～500毫米块石填充其间，部分区域黏土颗粒流失，形成孔隙很大，下部亚黏土层较密实，含水量18%～25%，呈软塑状态，有时里面夹有小块石的岩核，透水性较差，底标高-2.2米至-6.2米。

（二）风化岩土层（-2.2米至-3.2米，和-6.2米至-9.8米），属基岩上层部分，多为黄色凝灰岩的强风化层，少数为紫红色晶屑流纹岩风化层，土质干燥而且较密实。钻出的岩屑为砾砂和粗砂状。

（三）基岩（-3.2米至-6.2，和-9.8米以下）上部是节理裂纹，下部为凝灰岩和晶屑流纹岩成层状节理，质地坚硬如花岗岩。

三、钻孔注浆施工工艺

（一）钻孔注浆的总平面布置

根据虎丘塔的倾斜情况、地质情况，钻孔注浆以塔的北半部为主，在南边桩排式地下连续墙附近，由于它的开挖施工土体亦发生松动，故沿桩排式地下连续墙附近亦布置钻孔注浆。在塔内考虑塔体结构加固所增加的荷载，在塔墩基础下，壶门内和回廊内用静力注浆成桩方法施工了树根桩，其钻孔注浆和树根桩布置如附图53所示。

钻孔注浆的顺序

1. 先注东北及北边的靠近桩排式地下连续墙内侧（因为这部分土体，上面部分是孔隙很大的碎砖瓦、块石的堆积层，较松散，在千余年的塔体倾斜荷载作用下，连续发生变形，在桩排式地下连续墙施工时，又产生了扰动，所以要先把这部分土体加固住）。

2. 从桩排式地下连续墙内边沿向中心推进，先塔外后塔内，先竖直孔，后斜孔，以梅花形布孔，钻孔间距为1.15～1.5米（这是根据1981年试验结果而确定的）。

3. 本次注浆在桩排式地下连续墙之内进行的，是加固这部分土体使之成为整体以提高地基承载力，在施工中，钻孔时深入基岩约10厘米。

4. 塔外钻孔注浆采用三序式注浆工艺。二序钻孔是对一序钻孔注浆的检查，三序钻孔是对一、二序钻孔注浆的检查。

（二）钻孔施工工艺

根据地基加固的钻孔注浆顺序平面图的要求，钻机就位，按予放套管的直径，接上合金钻头和岩芯管，接通压缩空气，进行干钻开孔，深约60厘米，放入套管（直径108毫米）以防钻机工具碰压损坏孔口，再用成孔直径（90毫米）的合金钻头钻进。开始钻进时，由于不用水冷却、钻头与土体摩擦发热，土中水分蒸发，结硬的土体堵塞在钻头处，而影响钻进，故必须多提钻，清除岩芯后，才能继续钻进。因发热，不宜用高转速钻进。

对于钻进亚黏土夹杂碎砖、瓦片时，土体较干燥，应用压缩空气（压力2～3kg/cm²），通入钻孔内，使之冷却钻头和把切削的岩屑吹出孔口之外；对于含水量大于塑限的黏性土钻进时，不能用压缩空气，只能用较长的岩芯管，钻进时把土体压入岩芯管之内，在压满之后，由于钻头的旋转和土体摩擦发热，水分蒸发硬堵塞钻头，这时就应提钻。岩芯管的岩芯清除方法，采用气压推压法。

在风化岩土层中钻进时，这层土中较干燥，含水量小于10%，使用外嵌合金钻头，再接入压缩空气冷却钻头和清渣。这样切削的岩屑，均成为砾砂和粗砂状态，这时需供应足够的风量，以前曾用一台 $0.6m^3$/分的空气压缩机，风量感到不足，岩屑的粗颗粒吹不到孔口就落到孔底，甚至细颗粒的岩屑易被潮湿的孔壁所吸附，容易产生卡钻现象。在试验时，一孔曾三次发生卡钻现象。这次施工采用了二台 $0.6m^3$/分的空压机，效果显著地改善，其后又换了一台 $0.9m^3$/分和一台 $0.6m^3$/分，这样完全满足了施工的要求，同时使钻进速度大大加快了。台班钻进达20米。

在大块石和基岩中钻进时，使用了钢砂钻头，钢砂呈圆柱形，直径2～2.5mm，并适量供应压缩空气，使钢砂和岩石磨削，以加快进度。在施工中，有一次遇到花岗岩，应用合金钻头3小时只钻进1.5厘米，钻头磨损严重，后改用钢砂钻头用1小时钻进13厘米，效率提高20倍。

钻孔穿过风化岩土层深入基岩10厘米。

每钻完一孔之后，用行灯入孔内，检查孔壁的完整和光洁情况。同时亦测定钻孔的垂直度和倾斜度。本次施工所钻的孔，放入行灯，均可以从孔口看到孔底。

钻孔的施工现场布置，根据塔体结构目前的破损程度，要求现场布置的辅助设备尽量离塔远些，以免各种设备运转的振动波传到塔体，严重的叠加振动效果，危及塔的安全。为此布置2台空压机离塔距离在35米之外。压浆机亦在塔外3米处。钻机是随钻孔位置而移动。为了减振，XJ100—1型工程地质钻机除了改装之外，在钻机底座还设置了减振器。钻机运转时对塔体的影响详见下表（表1、表2）：

表1 本次施工98号钻孔时对塔体一、四、七层面中心的振动影响（钻机底座下加减振装置时测定值）

层面	方向	最大值		最小值		平均值	
		位移 mm	加速度 g	位移 mm	加速度 g	位移 mm	加速度 g
底层	东北向	0.055	0.0083	0.009	0.0018	0.024	0.0035
	西北向	0.074	0.0053	0.011	0.001	0.028	0.0031
	垂直向	0.08	0.0046	0.009	0.0013	0.024	0.0021
四层	东北向	0.015	0.0004	0	0	0.0093	0.0001
七层	东北向	0.047	0.0011	0.009	0	0.027	0.00015

表2 1981年9月刮六级偏西的大风对塔七层中心点的振动影响（同济大学物理系方启文工程师测定）

数 测量项目值 测向垂直	加速度（y）		位移（mm）		速度（mm/s）	
	峰－峰值	有效值	峰－峰值	有效值	峰－峰值	有率值
	8×10^{-4}	1.8×10^{-4}	4×10^{-3}	2×10^{-3}	4.5×10^{-3}	1.7×10^{-3}
水平东西向	7×10^{-3}	1.2×10^{-3}	5×10^{-2}	2×10^{-2}	6×10^{-1}	1×10^{-1}
水平南北向	1×10^{-2}	1.4×10^{-3}	3.1×10^{-2}	1×10^{-2}	5×10^{-2}	1.5×10^{-2}

（三）注浆施工工艺

根据地质条件和地基加固的要求，钻孔的间距为1.15～1.5米（这是1981年现场试验，经开挖而确定的），钻孔布置成梅花形，采用三序式钻孔注浆方法，塔内施工由于布孔较少，场地空间狭小，未按三序式钻孔注浆方法施工。

在施工中静力注浆采用两种方法：其一，根据钻孔取出的岩芯，决定地层孔隙大的情况，采用压浆机注浆。其二，在地层中土体较密实的情况，由于浆液渗透量少，就采用气压注浆。

在每钻完一孔之后，立即连续进行注浆施工（但一次注浆量不准超过规定的数量，以防地基土的软化），钻成之孔不准暴露过夜。

在钻孔处插入同孔径的注浆套管，对于黏性土的地面，挖成"V"形坑，用快硬性水泥封住套管，接通输浆管（或输气管），进行静力注浆。注浆压力以注浆管上端的压力表读值为准。

注浆采用全孔一次注浆法。

停止注浆的标准，凡符合下列一条者须停止注浆。

（1）压力超过规定值（塔外 $3kg/cm^2$，塔内 $1.5kg/cm^2$）。

（2）浆液从孔口及其他地方冒出时。

（3）经现场工程负责人研究认为，有必要停止注浆的时候。

注浆材料的选择和配合比。根据地质资料，塔体的北边及东北边的地层，上部是碎砖、瓦和块石夹少量的亚黏土构成的，因为地面渗水的侵蚀作用，空隙中的细颗粒土流失现象严重，因此形成了很大的空隙，有些地方孔隙达 15 厘米宽，故注浆材料以选择大宗的水泥为主。在注浆时，为了更好地适应压浆机的机械性能和在管路中的流畅性，又能提高浆液的渗透效果，在浆液中掺入水泥重量的 2.5% 膨润土。在施工开始时，为了提高浆液的早期强度，加注硅酸钠（40 波美度）的措施，配比如下表（表3）：

表3

数量 \ 配比号 材料名称	配比 1	配比 2	配比 3	配比 4
硅酸盐水泥（500#）	100	100	100	100
水	55	55	60	65
膨润土	2.5	2.5	2.5	2.5
硅酸钠（40 波美度）	0	3	0	0
黄砂（$\phi < 0.2mm$）	0	0	30	50

施工中，对于可灌性好的大孔隙地层，可选用配比 3：4，施工初期，为了防止浆液注入过量软化地基土体范围过大，影响塔体稳定，曾用配比 2，加注硅酸钠使浆液速凝，结果浆液在钻孔中尚未向土体孔隙里渗透就凝固了。使注浆量大为减少。最后放弃这一配比。对于土体较密实又夹杂块石的土层，多用配比 1，即单泵液注浆。这样注浆效果显著。

控制注浆量的计算，以下式为参考控制量：

$$V = \pi (r_1^2 h_1^e + r_2^2 h_2)$$

式中：

r_1：试验注浆量的渗透半径，$r_1 = 0.75$ 米；对于塔墩下斜孔的注浆量渗透半径，采用计算

$r_1 = 0.545$ 米。

h_1：亚黏土夹块石层的厚度（或块石夹少量亚黏土地层的厚度），米。

r_2：钻孔直径　　$r_2 = 0.045$ 米

h_2：不渗透浆液地层的厚度，米。

e：可灌的孔隙比，常取 $0.25 \sim 0.5$

注浆压力的控制，按以往常用的计算公式，是以注浆深度和注浆压力成正比的关系，然而在虎丘塔地基加固的静力注浆是全孔一次性注浆，注浆套管在地面以下仅 $50 \sim 70$ 厘米，浆液渗透压力在套管下端就达到施加的压力，如果地面有裂缝或者地表下孔隙较发育的话，往往会使地面隆起造成冒浆，这时压力不能再提高了。

另外，在近塔墩附近（或在塔墩下）钻孔注浆时，塔墩体如果有竖向裂缝，注浆压力通常要小于其他部位的注浆力，以防止浆液渗透到裂缝中，产生侧向压力，破坏塔体，施工中，注浆压力约控制为其他部位注浆压力的一半。

树根桩施工，为了承担塔体结构加固所增加的荷载，在塔内及塔墩砌体下，施工了注浆成桩。在钻孔完成之后，根据孔的深度制备钢筋笼，$3\phi16$，$16M_n$ 螺纹钢筋，箍筋 $\phi8$，间距为 100 厘米。在壶门内及回廊内，主筋的长度受到空间的限制，钢筋笼是分段放入的，搭接长度为 16 厘米，用电焊搭接。然后进行压力注浆成桩。其压力与静力注浆同。详见钻孔注浆一览表（附表一）。

四、钻孔注浆机械设备及其他设备

根据虎丘塔的结构特性。砖结构自重大，年久失修，风化破损严重，在一、二层塔体出现了多处裂缝，而且砖缝之间是以黄泥胶结。整个塔体的整体性极差，地基上的附加应力在 $10 \sim 14 kg/cm^2$ 左右。按国家文物局对文物保护的要求，由于塔体的不均匀沉降和塔体裂缝的发展，在施工期间绝对不能超出正常的发展速率。在这样条件的要求下，对机械设备要求无振动减少振动。在钻孔时，不能使用液体介质冷却钻头和除渣。同时钻进时，又能适应黏性土、黏性土夹块石、碎石、块石、风化岩土和坚硬基岩。钻机的外形尺寸要适应在塔壶门内的狭窄空间（$1.3 \times 1.8 \times 2.4m$）施工。为此，我们对机械做了改装，钻头做了革新，钻孔工艺做了创新，大胆地使用了干钻孔施工方法（不用水等介质冷却钻头和除渣的方法）。

（一）钻机

对 XJ100—1 型工程地质钻机进行改装。拆除钻机上 10 匹马力柴油机和水泵，改用 8 极 11 千瓦的电动机作为钻机的动力，用 B 型三角皮带带动，由于电动机转速（750 转/分）是柴油机转速的一半，钻机转速由每分钟 142 转、285 转和 570 转，分别变为 71 转、142 转和 285 转，转速减慢后，增加了钻进的矩，有利钻较大直径的孔。

为了适应壶门中的狭窄空间施工，钻机三脚架和底盘做了改装，钻机外形尺寸 $1.05 \times 1.5 \times 2.2$ 米，而且 2.2 米三脚架可以伸长至 3.4 米。

在斜孔钻进时，钻机回转器倾斜到要求的角度，施工角度 60°至 70°，在三脚架上绑扎一倾斜钢管提升天车，又加斜撑，获得较好的效果。

为了减少钻机运转时的振动，除了在钻机动力源的改装之外，在钻机的底盘下增加了减振器。

（二）钻头

对于钻进人工填土的杂填土、块石垫层、风化岩土和基岩等不同的地层，采用不同的钻头，一般常用合金钻头，它是无缝钢管加工的，在钻进切削的刃口上，镶嵌上 YG_8 和 YG_6 的钨钢刃块而成，根据不同的地质条件，镶嵌上四角棱柱和八角棱柱合金块，不同直径的钻头镶嵌的数目亦不同，在刃口合金块之间留有水口，以利通压缩空气时，把岩屑带出孔口。

（1）合金钻头：应用于黏性土、杂填土（包括碎砖、瓦片中夹杂黏性土及小块石等），在遇到小块石时，即块石粒径小于钻头内径时，应用钢丝合金钻头提取岩芯。钢丝合金钻头是在合金钻头上径向镶嵌钢丝 4~5 而成的。

（2）钢砂钻头：应用于砼、大块石和基岩的钻进，钻进时加入一些钢砂，磨削岩石，同时辅以适量适压的压缩空气。

（3）外嵌合金钻头：应用于风化岩土地层及干燥的松散性小颗粒的地层钻进，辅经压缩空气冷却钻头和除屑，效果显著。

（三）空气压缩机

空气压缩机是在钻机钻孔时用压缩空气冷却钻头和清除岩屑，在此工程上选用供气量 $0.6m^3$/分各一台、两台并连向 $2.5m^3$ 气包供气，由气包向钻机供气。本次施工使用最高气压为 $4.5kg/cm^2$，压缩空气还是压力注浆和清除岩芯管中岩芯的动力。

（四）压浆机

压浆机是进行静力注浆的主要设备，它是单缸柱塞式，最高压力 $7kg/cm^2$，流量 100 升/分，应用回浆管调节压力。

（五）其他设备如下表：

表4

序号	名称	规格	单位	数量	备注
1	电焊机	交流 22KW	台	1	
2	乙炔发生器	$1.5kg/cm^2$	台	1	
3	台钻	$\phi12mm$	台	1	
4	砂轮机	$\phi350$	台	1	
5	钳工工具		套	1	

五、钻孔注浆地基加固工作量

本次施工共完成 161 个钻孔注浆和树根桩施工任务。钻孔直径为 90 毫米，总钻深为 944.65 米，平均孔深为 5.87 米，钻孔体积 6609.58 立方米，总注浆量为 26637.5 立方米，平均注浆量和钻孔体积之比为 4.03 倍。

塔外，桩排式地下连续墙之间北半部的地基加固所增加的密实度为 6.32%（注浆量和加固土的体积之比，下同）。

塔内，北半部地基密实度为 0.86%。

塔外，桩排式地下连续墙之间南半部的地基加固增加的密实度为 1.21%。

塔内，南半部地基增加密实度 0.386%。

虎丘塔地基加固钻孔注浆施工任务详见一览表（略）。

六、钻孔注浆地基加固的效果

本次施工在桩排式地下连续墙内，采用直径 90 毫米钻头，钻孔 161 个，注浆 26637m^3（约含水泥 619 吨），在塔外北半部施工，由于地层孔隙大，经常出现钻孔之间互相连通的现象，如钻 8 号孔时，通入的压缩空气就在 7 号孔溢出，9 号孔和 8 号孔亦串通，7 号孔第三次注浆时，发现浆液流入 8 号和 9 号孔内，亦发现在 7 号孔有气溢出。在钻孔中采用三序式方法，经常钻出固化的水泥浆，说明在桩排式地下连续墙内采用钻孔注浆施工方法，增加地基土体的密实度，提高地基的承载力，是很正确的。

（一）塔基不均匀沉降的观测

通过钻孔注浆施工，塔体的沉降得到控制，1981 年 10 月 10 日至 1983 年 8 月 2 日塔体水准标高最大沉降值为 0.7mm。而且从 1983 年 1 月 26 日就出现了 0.6 毫米，到 1983 年 8 月 2 日只增加 0.1 毫米（亦属测量误差之内的数值）。这期间经历了 4 月 28 日的龙卷风和黄梅雨季节的考验，详见附图 55 中的塔体不均匀沉降 s-t 曲线。

（二）塔体水平位移观测

经 1982 年 11 月 9 日至 1983 年 7 月 19 日对塔体每层的测量，采用 T3—29783 和 T3—41199 前后两台经纬仪观测，E1（塔的东面一层水平位移观测点）没有发生位移，所发生位移是在 E2 以上的塔体部分，说明塔体地基加固是起到了效果，而塔体结构未加固，使之变形和位移，所以确定对塔体结构加固的决定是必要的。详见附图 56、57 虎丘塔塔体层面位移曲线（δ-t）。

（三）施工期间塔体裂缝开展观测

在施工期间对塔倾斜向的东北塔心墩、东北壶门内裂缝，进行裂缝观测，采用手持式应变仪，精度为 0.001 毫米，测得如下表（表 5）：

表 5-1　　　　　　塔北边壶门钻 95 号至 102 号孔裂缝开展值（1983 年 4 月 6 日至 4 月 22 日）

测点	I-15 东北壶门内	I-14 东北壶门内	I 东北塔心墩
观测值	0.015mm	0.003mm	0.05mm

表 5-2　　　　　　塔内回廊钻 103 号至 112 号孔裂缝开展值（1983 年 4 月 23 日至 5 月 12 日）

测点	I-15 东北壶门内	I-14 东北壶门内	I 东北塔心墩
观测值	0.008mm	0.014mm	-0.001mm

从表 5-1、表 5-2 观测值，可以看出裂缝开展甚微，钻孔注浆施工对塔体稳定和裂缝开展基本没有影响。

图纸见附图 48~57。

参加施工人员：

杨永浩、席风波、章小兴、何剑秋、陈达宏、盛锡勇、杨国懋、姜鸿发、曹连生、王世杰、王小其、章永祥、陈国华、张国平、程成其、赵恒庆。

苏州云岩寺塔壳体及防水工程
竣工报告（1985 年）

苏州市修塔办公室

一、工程概况

这次对虎丘塔作壳体和地基防水工程，是在 1982～1983 年先后完成地基加固的两期工程之后进行的。壳体工程方案是在进一步了解塔基现状，在观察、分析、探索的基础上制订的。

1. 造塔时没有为这座 6000 多吨重，47 米高的大型砖塔建造基础，是直接砌筑在山顶人工填土地基上面的，既没有把塔墩埋入地基之中，塔墩底部砖砌体也没有做大方脚。由于不均匀沉降而沉陷下去的塔墩底部砌体已遭严重破坏，已经难以起到"基础"的作用，必须加固；而且，需要有一个相应的塔基来分担古塔的荷载。以扩散塔体对地基的压应力。

2. 直接承载古塔荷载的持力层（黄泥填层）还没有得到加固。塔墩下面是一层 0.8 米左右厚的黄泥填层（不是杂填土），湿度大，北部更为潮湿，呈可塑性；又容易渗水软化，是可压缩性很大的一层。

3. 防止地基渗水，影响地基软化，这是一个长期以来所需要解决的问题。

壳体及防水工程方案是经国家文物局和苏州市修塔办有关专家、技术人员和同志们多次讨论后才确定的。由苏州市修塔领导组设计组设计，修塔办组织施工。于 1984 年 4 月确定方案，5 月完成施工设计，6 月 23 日开始作试点施工，1985 年 5 月竣工，5 月以后到 9 月塔墩底脚局部搞好。

这次壳体是把设置防水板和基础板相结合的在塔下建造一个钢筋混凝土"壳体"。"壳体"的顶部与各个塔墩底部相结合，并伸进各塔墩四周，脱换一部分已经严重损坏的"砖砌体"；"壳体"下部则与"地下围桩"相联结。

此项工程是一项施工难度极大，技术要求高，又在塔体险情依然存在的情况下施工。为了确保古塔安全，防止盲目施工，保证工程质量，设计、施工、监测、后勤等各方面都能密切配合，严格施工程序和操作工艺，到施工结束，没有发生塌方、塌砖以及责任事故，使本次工程获得成功。

二、钢筋混凝土壳体的构造与作用

1. 钢筋混凝土壳体的构造

壳体是一个底边直径 19.5 米，上边直径 14.8 米，厚 45～65 厘米，环向受力的圆形覆盆状钢筋混凝土构筑物。由底板（塔内底板）、上环（A）、下环（B）吊口板等几部分构成。

2. 钢筋混凝土壳体的作用

整个钢筋混凝土壳体工程扩大塔体与地基的接触面，扩散了地基直接持力层的压应力，达到扩大基础的效果。又起到防水作用。由于底板与上环（A）凡与塔墩接触部分均伸入塔墩内 25～30 多厘米，倚柱、横柱部位伸进 40～70 厘米，脱换了塔墩底部四周已遭严重损坏的砖砌体（尤其北半部），脱换面积达塔墩总面积的 40%。箍紧了塔墩底部的砖砌体及黄泥填层，提高了墩底砌体和这段黄泥填层的承载力，塔墩砌体底部也得到了加固。同时，也解决了防止雨水侵入地基使基土软化、压缩，造成不均匀沉降的问题。

三、壳体工程施工

本项工程，施工难度极大，也有一定的风险，因工程要求开挖深度深，又要伸入各塔墩底部 25～30 厘米，塔墩压应力平均为近 $100t/m^2$，北半部塔墩由于偏心受压，压应力高达 $140t/m^2$ 以上，均在塔的直接压应力范围内施工，塔墩底段砖砌体由于千年来超荷载受压，风霜雨雪的侵蚀，损坏已极严重，为了保证古塔及施工安全，对施工步骤、范围、施工技术措施、安全措施等都作了仔细研究和充分准备。在组织、材料、机具、人员等方面都作了具体交底、落实。

1. 采取先试点后动工和小面积的快速施工。严格控制了每次施工作业面，对危险部分一般控制在 3.5 平方米左右，尽量缩短开挖面的暴露时间。在北半部每次施工都采取连续作业，从开挖到浇灌混凝土均每天一次完成，整个壳体工程共分成 33 次施工，其中塔内底板分 20 次，上环分 3 次，下环分 7 次，吊口板 3 次，每次施工都间隔一定的保养期。

根据塔体目前损坏程度，防止机械振动产生不利影响，所以本项工程采用人工开挖。

2. 施工程序：先北后南，先（塔）内后（塔）外。目的是为了先稳住北半部，步步为营。具体施工流程是：①塔内底板，②上环，③下环，④吊口板，⑤防水板。

3. 施工缝处理：为了保证小块施工，最后又要联成整体，保证工程质量，故在钢筋制作和施工缝处理上作了如下措施：

钢筋制作时尽量保证主筋的完整，没有接头，非接不可留出连接钢筋头（绑接 35d，点焊 35d，单面满焊 10d），但要控制开挖面，所以把连接钢筋钉入下一次开挖施工范围内的土层中，或弯向模板面，保证钢筋搭接长度，"壳体"直径 25 主筋，单面点焊，每段焊缝平均 5～8 厘米，搭接长度均在 1 米左右。施工缝都采取了凹凸缝交接，每次施工都认真清理上次施工砼面。

4. BM 设置：本项工程的 ±0.00 是以塔东外壶门老地坪方砖面，黄海标高 +32.20 米为准的。工程竣工后塔壶门口条石面标高是 +0.07 米。

5. 基槽处理：在施工面开挖深度达到要求后，将底部黄泥刨平、压实，清除浮土，用 5 厘米略干性 100# 细石砼找平拍实。

6. 壳体直径 25 环向主筋的制作采用现场手工制作。用加粗的副筋（直径 25）固定上下两端，然后用电焊把主筋逐根逐点固定，弯弧，这样保证了主筋的间距和弧度。壳体的主筋基本用电焊联接。

7. 砼配比：碎石 383kg，黄沙 182kg，425# 水泥 100kg，水：晴天 52kg，雨天 48kg。

本项工程共做砼试块 31 组，平均强度达 322.16#，均达到设计要求，仅二组较低（169#、163#）也达到了设计强度的 80% 以上。

8. 养护：夏季施工均在塔内，无烈日照晒。冬季施工在浇好的砼面覆盖薄膜塑料和二层草包，保温养护较好。

本次施工共挖出土方近 300 立方米，浇灌砼 305 立方米。

四 、施 工 监 测

为了防止盲目施工，保证古塔安全，了解施工对塔体影响的规律。施工过程采用 T3 经纬仪、精密水准仪、裂缝应变仪、千分表等仪器监测塔体变化，指导施工，并采取连续监测。基本上掌握了施工对塔体影响及变化规律，也是使施工获得成功的关键之一。

1. 因有测量数据作分析，每次施工前做到心中有数，施工后又进行分析研究，总结施工情况。

2. 本次工程到施工结束，塔体没有增加向北位移，累计向南返回（E7）7 毫米，向西返回（S）25 毫米，由于微量向南返回，对塔体没有产生裂缝等影响。

3. 施工对塔体影响规律分析（以监测数据分析）：

①在北半部施工，对塔体的沉降、位移、裂缝有影响，反应敏感，最大沉降值达 1 ~ 1.5 毫米左右，位移 0.3 ~ 5 毫米左右。最大值单次 1 厘米左右。沉降一般是当天较多，两三天后渐停，位移也相应发生，但施工天位移量较小，四五天后逐渐稳定，沉降值与位移值的比例约 1∶3.5 左右，与塔底直径与塔高的比近似。

②一次性位移移值较大时（大约 4 ~ 5 毫米左右），底层塔墩喷浆面将会产生裂缝、脱壳现象。而向南返回则未出现有裂缝产生。

③为了调正南、北沉降和位移量，采取的措施：稳住北部后，在南半部施工时，每次有意适当扩大一些开挖面和延长开挖面的暴露时间，利用南半部塔体自重，增加南半部的沉降量，结果，南半部沉降略多于北部，从而微量向南返回了一些。另外，在南半部外、内塔墩的最下一层砖下面 6 ~ 8 厘米处，按比例、有控制地用手提煤电钻（直径 5 厘米钻杆）横向打洞取土，进行浅层定量掏土法。洞的排列南密向北渐稀，共打洞 108 个（洞深 0.8 ~ 1.2 米，平均每洞出土 2.75kg，占洞体积 63% 左右，共出土 300kg左右）。开始效果并不明显，到开挖施工时才同时发生作用（空洞已结合工程用 30% 干石灰粉，20% 沙，50% 干黄泥拌和，人工填实）。

五 、防 水 工 程

1. 在壳体顶面再浇上 25 厘米砼面（对壳体三角槽用硬骨料填实）。

2. 在围桩外围，塔台基四周设置了一条八角环形排水沟。并挖去塔周围 0.7 米深的瓦屑堆土，恢复到古代塔外地坪标高，也相当于原来的塔台座高度。

六、工程效果

由于本次施工准备工作充分，各方面高度负责，又采取了一些施工技术措施，使本项工程获得成功。至施工结束未发生施工事故及责任事故。

1. 采用壳体加固古塔基础是有效果的。还因为壳体上部底板都伸入了各塔墩底部的四周，并脱换了一部分已经严重损坏的"砖砌体"（实际上是由于不均匀沉降陷入地基中的塔墩底部），提高了塔墩底段的强度和填层的承载力，并扩散了塔墩直接承压的面积，扩散了压应力，达到扩大塔基的效果。

2. 解决了塔基的防水，防止了因地基渗水软化造成塔的不均匀沉降。

3. 经测量，基础加固工程完成后，塔基的不均匀沉降得到控制。裂缝发展也渐趋稳定。

4. 结合施工，适当向南作微量纠偏，取得成功，这是在掌握施工对塔体影响规律的基础上试验的。本次施工没有使塔体增加向北移位；反而向南返回 7 毫米，向西返回 25 毫米。

附注：

壳体工程开挖基槽时对地基加固工程的实地观察结果：

1. 开挖壳体基槽时（围桩顶面下去 1.5 米左右）桩与桩之间未见缝隙，桩柱壁面是凹凸的 30 厘米左右；砼强度高，无露筋现象。

2. 在地面以下 1.5 米左右，也就是在黄泥填层及杂填土层中，见钻孔注浆工程的注浆孔内浆液不扩散，呈一光滑水泥浆柱；在块石黏土层中空隙处浆液扩散，充满空隙。

苏州市修塔办公室
一九八五年九月

苏州云岩寺塔塔墩加固竣工报告（1986 年）

沈忠人　　凤光莹

一、险象检查

1957 年整修加固以后，到 1965 年，由于塔体的不均匀沉降，及塔身位移的发展，1965 年已发现塔底层塔墩壁面产生较多竖向裂缝。1976～1978 年裂缝发展较快，塔底层东北、西北两个塔心墩壁面竖向裂缝明显，壁面连续发现大面积爆裂、凸肚、脱壳、剥离，砖面大块掉落。北半部外壶门两侧壁面，裂缝增大、增多，裂缝位置对称，有贯通之势，裂缝长度 2 米左右，其他竖向裂缝长度也达 1.3 米以上。

1978 年，经专家会议讨论，国家文物局批准，为防止古塔发生突变，对东北西北两个内塔墩及四个内塔墩上段，作了抢险临时加固。采用木枋、钢箍、转角包钢板、硬橡皮，上下一共用 22 道直径 18 毫米圆钢、松紧螺丝绞紧。

在进行塔基础加固和西北塔心墩试点加固时，对塔墩进一步作了详细检查，发现：

1. 东北、西北两个塔心墩，高 1.8 米～2 米以下，砖墩外圈一砖深（32 厘米）范围内砖块绝大部分已经破坏，90% 左右砖块已呈龟裂状，有的已完全酥碎，丁砖几乎全部折断（深 16 厘米处），砖砌体内外拉开，错位，缝宽 0.5～1 厘米左右，最宽达 2 厘米。塔墩下段地坪上 50 厘米左右，砖砌体风化、破坏尤为严重，用砖回弹仪测试，壁面砖块已测不出数据。水泥喷浆面（1957 年大修加固时喷上的）约 70% 左右已脱壳、开裂，大块剥落，砌体黄泥夹缝不均匀压缩现象明显。塔心墩东、西、北三个壶门上过梁木已腐朽和压损，水泥喷浆面（厚 6～8 厘米）亦裂开，局部塌落。塔心墩圆倚柱与墩体拉裂，贯通裂缝最宽的达 2 厘米左右。

2. 由于塔身倾斜，塔北半部长期偏心受压，加速了已经严重风化砌体的损坏，很多砖块压碎、压酥，强度下降，这部分的砌体强度已到极限状态。

二、加固方案

1982 年～1985 年塔的地基、基础虽已作加固，但因塔底段（塔主要承重结构——塔墩）损坏严重，塔的隐患还是存在。经研究并请示国家文物局，本次加固是在地基、基础加固结束的基础上，以塔底层东北、西北两个塔心墩为重点（即险象严重，1978年抢险作临时加固的两个）对塔北半部几个外墩及其他塔墩视不同损坏情况作局部加固、修补。

经过多次研究，方案选择和试点施工，经批准对两个塔心墩采取局部更换砌体，作配筋砖砌体加固的方案。

三、施工情况

从1986年3月22日~1986年7月4日对底层西北、东北两个塔心墩和东、西、北三个内壶门逐步循序进行重点加固工程。

对东北、西北两个内塔墩作了较大面积的砌体更换。在保证安全的前提下对塔墩外层一圈地坪上1.7米以内的已经严重损坏的砌体基本上都逐段、逐块作了更换。在拆旧砌体时，对拆的部位、面积、深度，拆的形式、砌筑施工缝形式每次都作慎重研究，并事先向施工人员作详细技术交底。每次施工修塔办领导和技术人员都在现场指挥、指导施工。施工仍采取连续作业，保证质量，一次完成。这次施工是在试点施工取得成功的基础上，对损坏严重的塔墩底段砖砌体逐块挖掉，下段0.5米~0.6米，深度32厘米~40厘米左右，最深部位达48厘米；中段0.5米~1.4米，深度32厘米~16厘米；上段1.4米~1.7米。然后换上定制的刻有"1985"年字样的高质量、同尺寸的黏土砖。每2~3皮砖布直径6~8毫米，2~3根，成配筋砖砌体，每个塔墩分14~16次施工，最后连成整体，使塔墩仍保持原来体量和砖砌体形式，更换砌体面积占塔墩面积的50%~60%，提高了塔墩的砌体强度。根据HI型砖回弹仪测试东北内墩，换砖前，旧砖块在50厘米以下，因损坏严重已测不出数据。换砖后的新砖强度为230kg/cm²，在50厘米以上到2米以下的旧砖平均强度为118·9kg/cm²，更换后的新砖为230kg/cm²，砖强度提高了93%。

为了加快新砌体灰缝的早期强度，防止压缩和钢筋锈蚀，砌筑砂浆采用1:1.5水泥砂浆砌筑。

在更换砌体的过程中对新老砌体内外采取交叉搭接，及采取钢筋浆铆，加强新老砌体联结（平均0.25m直径101根），梅花形布置。上下之间注意了密实、顶足，每次施工都考虑到新砌体最后连成整体的要求，施工时都在砌体边缘出凹凸施工缝，钢筋在搭接位置向外弯出，或留出钢筋搭接长度，在下次施工时电焊搭接，最后钢筋围塔墩兜通。对东、西、北三个内壶门上已腐朽、压损的过梁木及损坏的砌体都认真地作了更换和重砌（过梁木已换成预制钢筋混凝土板），恢复砖砌叠涩。对两个内墩的四只圆倚柱都作了重新拆砌（因1957年维修后现已拉裂破坏）并加强了与墩体的搭接联结。结合基础加固对墩底下部20厘米~40厘米的砌体作了更换、填实。对东南、西南两个塔心墩北壁因损坏严重也作了局部砌体更换，高度在1米左右，深度在32~16厘米左右。对北部三个外壶门两侧除下段严重损坏的砌体作了更换以外，对上段有较宽裂缝部位采取钻孔、灌浆钢筋铆栓的加固处理（直径10.30厘米一道），在钢筋部位外粉水泥砂浆以防钢筋锈蚀，外层纸巾灰饰面。塔墩施工难度大，要求高，责任重，是使古塔延年益寿的重要部位。所以各个施工环节，包括措施、步骤、准备、监测等工作都从严掌握，注意材料选用和砌体保养。

四、效果

本次施工，除仍用T3经纬仪、精密水准仪、手持应变仪严密跟踪监察塔的位移、沉降、裂缝的变化

塔墩原砖块测试表

序号	部位	砖色	强度 Kg/cm²
1	东北内墩（南）1.20m	青色	130
2	东北内墩（南）0.70m	红色	50
3	东北内墩（南）1.80m	青色	318
4	东北内墩（西）1.20m	黄色	100
5	东北内墩（西）0.70m	黄色	53
6	东北内墩（西）1.70m	青色	183
7	东北内墩（东北）0.50m	红色	18
8	东北内墩（东北）0.70m	青色	117
9	东北内墩（东北）1.20m	红色	100
10	东北内墩（东北）1.70m	青色	120
平均强度			128.02

更换新黏土砖测试表

序号	部位	砖色	强度 Kg/cm²
1	东北内墩（南）	青色	230
2	东北内墩（南）	青色	243
3	东北内墩（南）	青色	200
4	东北内墩（西）	青色	230
5	东北内墩（西）	青色	213
6	东北内墩（西）	青色	243
7	东北内墩（东北）	青色	237
8	东北内墩（东北）	青色	217
9	东北内墩（东北）	青色	200
10	东北内墩（东北）	青色	243
平均强度			225.6

注：东北内 +0.50m 以下，因损坏严重测不出数据。

外，还在更换砌体的附近（最近点10厘米）布置石膏观察点。以便直观监察塔的变形情况。直至本次施工结束（1986年7月4日），位移累计（E7）+0.93毫米，沉降基本无影响，通过换砖，裂缝迎刃而解，不复存在。每次施工时，在施工部位30厘米以外均未发现布石膏点有明显变化。至1986年10月10日，位移累计（E7）+4.28毫米（其中7～8月因搭脚手架检查塔身，修补塔外壁及斗拱产生位移 E7 +3.35毫米），亦基本无影响。在新老砌体面上下之间我们又增设了6只千分表（玻璃棒长1.2米）在新砌体壁面新设了两个沉降观测点。经过两个月的观测没有明显变化，效果较好。在1986年7月12日开始松四个内墩上段1978年临时加固的6道直径18毫米的钢箍，12日每只松紧螺栓松了半牙（计10毫米），各个测点无反应。15日又松了半牙，无反应。7月29日全部松掉、拆除。从所设6只千分表及新设的两个沉降测点测量数据，扣除气温影响后，均无明显变化。由于本次加固采用高标号黏土砖，水泥砂浆砌筑，并在砖砌体内配上钢筋，所以换上的砌体强度比原砌体强度有较大的提高。东北、西北两个内墩脱换面积占每个塔墩总面积的50%～60%，加上新老砌体之间的凹凸、交叉、钢铆杆等联结措施，所以整个塔墩的强度也得到了加强。自 1986 年 7 月 4 日施工结束至 1986 年 10 月 10 日，临时加固设施全部拆除，监测数据也说明了这一问题。由于采用脱换砖砌体的办法，对原塔墩的体量、外观及砖砌筑形式都没有改变，达到了文物保护要求。

五、结束语

由于塔墩施工没有资料可查，塔的应力分布无法正确计算，所以说是在小心谨慎、万无一失的思想指导下经过摸索，找出其可行性。虽然由于竣工时间尚短，还需经过一段较长时间的观测，古塔的应力分布变形情况，还需进一步探讨，但本次塔墩抢险竣工，我们认为是为保存虎丘古塔作出了重要贡献。

苏州市修塔办公室：沈忠人　凤光莹
一九八六年十月二十日

苏州云岩寺塔测量总结（1986）

钱玉成

一、前言

测量是用某些器具对被测物体测定其几何状态（长度、高度、面积、体积等）及其发展变化的科学技术。中国是文明古国，随着生产实践活动的进展，在很早的年代我们的祖先就创造了适合于当时的测量技术，并运用到当时的社会实践中去。最近报载，在甘肃秦安县大地湾石器时代遗址发现六千年前的相当于现代水准仪雏形的测量器具，由此建造的大型房屋遗址至今保存较好即是一个明证。

苏州云岩寺塔，因坐落在苏州市郊的虎丘山上，俗称虎丘塔，是一座七层八面的楼阁式砖塔，约建于唐代后期至北宋初年（公元 959 年），至今已有一千余年历史了，由于其在文物和建筑上的地位和价值，1961 年 3 月由国务院公布为第一批全国重点文物保护单位。从广义上说，虎丘塔从建造至今，一直与测量结了不解之缘，如果没有广义的起码的测量，则不要说体魄庞大的虎丘塔，就连最简单的窝棚也不能保存到现在的。

为前后连贯，就从时间的先后来叙述分析虎丘塔的测量，当然重点是在本次维修加固工程中的变形测量，即施工中的跟踪测量。

二、虎丘塔测量的概述

1. 历史上的虎丘塔测量

前面说过，从广义上说，虎丘塔从建造至今，一直与测量结了不解之缘，也就是说，如果没有测量，则虎丘塔是建造不起来的。即使建造起来，也绝不会保存到一千余年后的今天的，那么在建造虎丘塔的唐宋时代，当时的测量状况是如何的呢？有何证据说明虎丘塔从建造至今测量技术得以应用？

《史记》记载：夏禹时代，已运用准、绳、规、矩一类的测量工具于水利工程上了，唐代李筌在《太白阴经》中，记载了"水平"（即水准仪）的结构。在李筌后三百年的宋人曾公亮撰写的《武经总要》

（公元 1044 年）中，也记载了大致相同的"水平"结构，并附有详图（图一）。

《武经总要》中比较详细地描述了仪身、准星、水准尺仪身与支柱的配合方法，以及测量方法，这与现代水准测量的仪器、瞄准器、水准标尺、脚架及置仪器方法、观测方法等异曲同工，只是因时代的先后而仪器有精细粗放之分，原理和方法都是一样的。

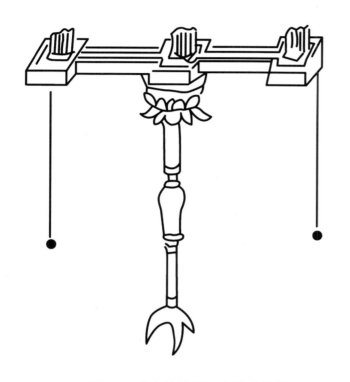 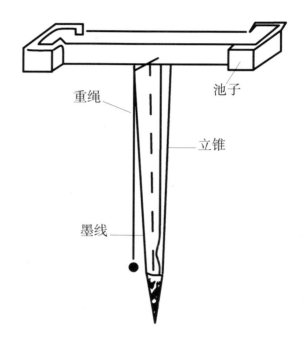

图一　《武经总要》中的水准仪　　　　　图二　《营造法式》中的水准仪

与曾公亮同时代的李诫，在《营造法式》（公元 1103 年）中也记载了水准测量仪，李诫记载的水准仪尺寸大小与《武经总要》中记载者大致相同，并附有图（图二）。《营造法式》中还提到测量方位用的望筒等多种测量仪器，《营造法式》中将水准测量称为"定平"。

从以上所举的一些例子，即可知道在唐宋时代，用于工程建设方面已有较为精确的测量器具和测量方法，运用这些方法和器具即可保证各种工程建设的顺利进行，否则大到唐代长安城那样大型城市建设，个别到长安城大明宫中的含元殿，次及虎丘塔等大型建筑实在是难以设想的，当然，唐宋时代的测量器具以及测量的实施，现在我们是无从知道了，只能依靠今后有关的考古发现去证实它了。但是按照虎丘塔现在的形态遗迹，我们也是能够推测出当时的一些测量情况的。

我们知道虎丘塔建筑在虎丘山的顶部，其下部基岩呈南高北低的倾斜走向，在造塔之前必定进行过地面场地平整，这就进行过水准测量了，然后在平整的场地上同时建造十二个塔墩，再逐层建造上去的。根据傅高杰同志提供的测量数据发现砖塔底层南面砖墩高度多出 15 厘米，而其上的第二层砖墩则是北面比南面多出四皮砖，这该如何解释呢？

根据本次维修加固工程所获资料，知道虎丘底层的十二个塔墩之间并无联系，是分别在测定的位置上独立砌造上去的。当时建塔时，在十二个墩合拢建造到顶部，也即第二层楼面时，经过测量，发现塔已向北倾斜（由于基层南高北低，北面填土甚厚，在墩重压力下，北面压缩大于南面，因而产生塔的南北沉降不均，使塔向北面倾斜），为补救这一倾斜而引起的工程问题，工匠们当时一方面在底层北面砖墩灰缝中填塞当时的金属钱币（本次在北面维修时出土相当数量的开元通宝等钱币）以减少北面砖墩的压缩，另一方面在从第二层开始逐层加以纠偏，结果造成多层南北墩高度和砖的皮数的不等（当然还有南北墩的压缩不等），下面是各层南北墩现在的高度表：

表1　　　　　　　　　　　　　　　　　　　　虎丘塔各层南北层高一览表　　　　　　　　　　　　　　　　　　（单位：厘米）

层次 方向	底层	二层	三层	四层	五层	六层	七层
南	780	637	600	595	548	520	明代重建
北	749	643	613	585	547	558	
差值	−41	6	7	−10	−1	38	

由上表可看出，在造塔过程中，由于塔的层次增加，塔重也不断增加。塔下填土的压缩也呈现南北不同层次的递增，因而使南北沉降不断活化，为了纠偏，当时工匠欲使所造层次保持垂直（楼面保持水平），就使每层塔墩造得高度和皮数很不一致了，这里可以推断当时工匠是逐层进行水准测量的。同时，我们发现当时工匠为了防止塔体继续向北倾斜，在开设上下塔的楼梯井时，有意识在塔的北面开了三个井洞，在东西南三个方向只各开设了一个，其用意也在减轻塔的北面的重量，使塔的重心南移一些，这也必然是在经过测量得出塔体沉降和倾斜后才这样做的。至于明代崇祯年间重修第七层时，梯井南移20厘米，现有塔墩倾斜较小更是测量后施工的一个明证。当然，由于以上原因，目前虎丘塔的倾斜线是一根多点的折线了。总之，以上事实说明，虎丘塔从开始建塔到后来修塔都是进行过当时水平的测量的。

2. 建国后至1979年间的测量

1949年新中国建立后，党和人民政府十分重视文物和古代建筑，对千年古塔虎丘塔特别给以重视，多次请有关专家来调查、考察，在1956～1957年间曾大修一次，在这段时间里曾请过不少测量人员，多次来虎丘塔进行测量，为便于了解情况，现列表如下：

表2　　　　　　　　　　　　　　　　　　　　　虎丘塔建国后历次测量一览表

序号	年代	测量单位和人员	使用仪器和方法	塔高（米）	偏移值（米）	倾斜角	备注
1				50.14			录自《苏州记行》
2	1953年	苏州市建筑局朱鸣泉、傅高杰	视距法、三角高程法	48.475 52.00	2.645	3°07′255″	
3				47.50			摘自陶总发言
4	1955.12.29	朱鸣泉、傅高杰		44·31 47·53		2°54′	
5	1956		视距法、三角高程法垂线法		1.75		
6	1956.5.4	苏州市建设局柳和生			1.82		
7	1971.4.16	苏州市建设局	垂直投影法、三角高程法。红旗2型经纬仪				
8	1972.11～12	苏州市城建局	同上	47.254	2.2575 2.30	2°44′17.8″ 2°47′23″	
9	1975.12～ 1976.7	苏州市城建局城管组 苏州市城建局测量队	三角高程法 J_C J₂型经纬法				3次
10	1976.7	南京工学院唐念慈苏州市政大队姜祥南、杨海林等	挂线法	47.26	2.47	2°45′	
11	1977.8		苏州 J_C J₂型经纬仪		2.315		

表3

序号	年代	测量单位和人员	使用仪器和方法	塔高（米）	偏移值（米）	倾斜角	备注
12	1977				2.3127		
13	1979·3	傅高杰	仪器投影		2.325		
14		傅高杰	J_2 经纬仪		2.298		
15	1978·5～ 1979·12	顾伟良、陆兴官	T_3 经纬仪 T_3 经纬仪	47.099	2.326		约14次 （全面测量）
16	1979·9～ 1980·3	江苏省建筑设计院勘察队倪志炯、邢华慨等	HA－1 水准仪	54.00	2.32	2°49′	摘自书刊台历
17	约1960～1961	苏州市测量局			2.243		

由表中可看出，由于测量单位和人员变动，测量仪器和方法的不一致，测量基点、观测点推算方法的不同，因而得出的数据出入很大，显得紊乱而不连续，如塔高就有54米至44.31米等十种数据，相差数几达10米，令人难以置信，这一时期的测量可概括为五花八门，很不可靠，对于这一时期出现的各类数据也只能"仅作参考"。

3. 科学监测系统的建立——江苏省建筑设计院的测量（1979.9～1981.1）。当虎丘塔1976年出现险情后，由于中央和省文化部门和苏州市政府（当时还是"革命委员会"）的重视，请来江苏省建筑设计院勘测队（以下简称省院）为虎丘塔作全面的精密测量，从此建立了科学的监测系统，此即工程跟踪之开始。省院在1979年9月，对虎丘塔作了东立面现状测量（塔体的几何尺寸，各层的偏心距，各层的高度及层面倾斜），塔的东立面的近景摄影测量，建立了监视测量系统（或称变形测量，即监测塔体倾斜、位移塔基沉降以及塔周围地面沉降和位移等），同时从1978年起，苏州水泥制品研究所也承担起塔体裂缝的监测，使塔体监测系统更加完备了。

省院在测量前根据虎丘塔及其环境制订周密详尽的测量方案。在塔四周建立严密的测量控制网，用十分精确的T3经纬仪等进行观测，然后经过精密细致的测量平差，得到各三角网点的坐标和高程，最后再测算出塔的现状形体尺寸和各监测点的数据，其测量控制网及沉降观测网见示意图（图三）。

图中的S和E分别为南测站和东测站，其与塔心的视线成垂直关系，在南测站和东测站用经纬仪分别测塔南面和东面每层门上的大理石十字线标志，根据观测值的变化，分别监视塔在东西方向和南北方向上的位移。

图中△11是建立在塔外东北处的三号探井上的沉降基准点，以△11为起终点用水准仪观测布在塔底层砖墩上的1至8号观测点进行水准环测量，以监测底层塔墩的沉降变化。从第二层起至第七层，在每层的东、南、西、北四个壶门处，分别布设沉降观测点，在每层塔心处安置水准仪进行水准测量，以此来监测塔的层面倾斜。省院对虎丘塔的测量虽然时间不长，仅一个多月时间，但由于建立了科学的监测系统，使虎丘塔的测量从此走上了科学、精密可靠的轨道，为在今后几年修塔施工中的监测打下良好的基础。这一功绩是不能埋没的，而是应该书上一笔的。

省院马遇等同志对虎丘塔的东立面现状测量采用了较为先进的地面立体摄影测量的方法，绘制出塔的东立面的1∶50现状线划图（图四），而且精度还是可以的，这是该种方法在我国，特别在我国古代建筑中的较早尝试和应用，尽管还存在一些问题，但方向是应该肯定的。省院是集中一次性的测量，工作人员5人，耗资约人民币七千元。

4. 同济大学测量系的测量（1981.1～1984.1）。在省院建立科学监测系统的基础上，同济大学测量系（以下简称同济）在1981年1月到1984年1月的三年里，为虎丘塔修塔工程进行了监视测量（变形测量），即对塔体位移、塔基沉降和层面倾斜三个项目进行了重复测量，第一年的测量是在修塔工程开始之

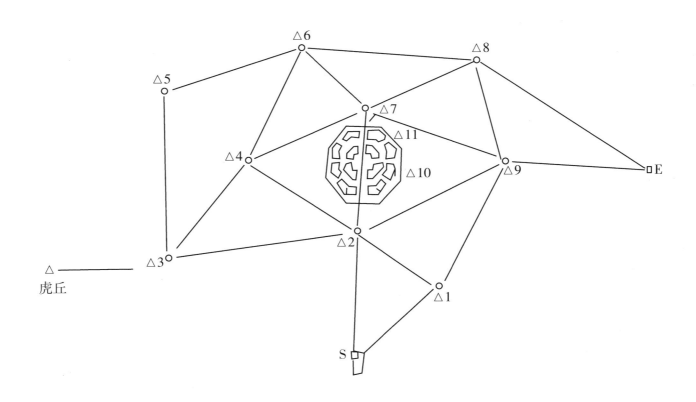

图三　虎丘塔三角锁测量控制网示意图

前，也即进行了在没有施工干扰下的监测，以求得塔体在正常条件下的变形参数，这样就能根据施工中的监测判断出在施工情况下的反常变形，确保古塔安全。在三年监测中，同济配合修塔工程做了不少工作，测量出一系列监测数据，在后两年施工中发了一系列的变形测量简报，将塔的变动情况及时分析和报告修塔指挥部和施工单位，为虎丘塔安全施工作了很大努力。

同济还根据监测中的实际情况，为改进监测精度，对监测设施，如起始点的微调装置进行了改进。为更精确反映沉降测量数据，在底层塔墩上设置小钢尺作观测目标，使测量数据更接近于塔的实际变动状况，因而测出的数据精确可靠，对东站 E 可能走动情况每年做一次复测以检查其移动情况，这些无疑都是富有创造性的。承担虎丘塔监测的都是该校的教师和同学，他们在繁忙的教学任务中能抽出空隙时间来苏州测量，并同时培训修塔办公室工作人员夏苏衡，这些都是难能可贵的。同济平均每月来虎丘工地一次，每次来 4~5 人，连路途每次来 4~6 天，三年共付该校九千元，连同差旅费等共花约一万一千元人民币。同济在监测中收的这些费用，通过比较，还算不上是高昂的。

同济在一年多的观测后得出下列规律：

（1）塔顶北移平均速度为 3mm/年；

（2）4~9 月位移速度较大，其余时间变形速度较小；

（3）各层北移量与高度线性相关，说明塔身主要是倾斜形变；

（4）塔身东西方向摆动无明显规律。

5. 虎丘塔目前的测量（1988.11~1986.10）

从 1982 年 11 月起，苏州市修塔办公室为便于工作，配合施工，自力更生，逐步建立起自己的监测班子，1982 年底由中国社会科学院考古研究所调进测量专业技术人员钱玉成同志，在国家测绘总局的帮助支持下，修塔办公室无偿调进了瑞士威特（WILD）仪器公司出品的 T3 精密经纬仪，与原先在同济大学培训过测量技术的夏苏衡同志一起建立了文化系统自己的监测班子，从此以后，独立自主地承担了直至目前修塔工程中的全部监测任务。有了自己的测量小组后，根据修塔工程需要，测量密度大大增加，有时

图四　苏州云岩寺塔东立面图

一天可测量几次，为配合工程增设大量新的观测点位，如底层小钢尺点从同济测量时的 10 个增加到 22 个，使所有的 12 个底层塔墩均布有观测点，也即能更细致地反映底层塔墩的沉降变化，利于分析和制约工程施工的进行。同时自己的监测小组还进行过塔体形状方面的测量，配合施工也进行过工程方面的测量，并与裂缝观察配合，它极大地发挥了应有的监视和制约作用，犹如医院中听诊器、血压器和化验室一样。为保证测量的精确，尽量做到定人定时定仪器定测站和定观测标志的五定测量准则。

三、施工中各阶段的测量概况

在叙述施工各阶段测量前，先介绍一下监测的仪器和施测的方法等。位移观测：在塔身的东侧面和南侧面每一层壶门的上方砌筑位移观测点，它们是用黑色大理石做成。中间刻白色十字线以供照准。在塔的东面设置固定测站 E 和后视点 A，在塔的南面设置固定测站 S 和后视点 B，将 T3 经纬仪分别置于东测站 E 和南测站 S，分别观测后视点与各层标志之水平角，逐次观测同一层标志的角值变化。取角度平均值后进而计算得塔体各层位移值。根据测量规范规定，测回数不得少于 4 个，同一角值的不同测回的校差不能大于 6″，否则将予返工重测。

根据角度观测的方向，我们知道在东站 E 可监测塔体的南北方向位移，正的角值为向北位移，反之负的角值为向南位移。同样道理，在南站 S 上可测塔体的东西方向位移，正值为向东位移，负值为向西位移。现在我们观测位移使用的 T3 经纬仪是瑞士威特（WILD）仪器公司制造的精密测量仪器，该仪器金属材料和加工工艺特别优良，光学镜头放大倍率可达 40 倍，成像清晰，光学性能特好，加上读数精密（可读到 0.1″），由于以上优点，一直用于世界各地的高级控制测量，现在用于虎丘塔的位移测量，真是做到物尽其用了。我们平均半个月观测一次，每次观测均在 4~6 测回，一般误差控制在 1″ 以内，也即塔体的位移在 0.3mm 时即能观测出来的。

沉降观测：沉降观测是使用 DSI 型精密水准仪进行的。DSI 型精密水准仪是我国江苏靖江测绘仪器厂生产的高级精密仪器，是获过奖的过硬产品，在国产仪器中是佼佼者，它通过微读数装置可估读到 0.01mm，对于虎丘塔工程的沉降观测也是极为合适的仪器了。

沉降观测标志是在塔墩根部埋设的悬臂式的金属沉降观测点和放置于点上的有精确刻度的不锈钢水准标尺，后因塔墩根部的沉降观测点难以反映砖墩体下部的压缩状况而改为在仪器视线高度塔墩墙上固定 300mm 长的不锈钢，作为沉降观测点，据施工需要先后在塔墩上共布设 22 个小钢尺作为观测点。

在塔基壳体工程结束前，又在塔基上部的东南西北四个壶门及其外面台基上共设 8 个塔基沉降观测点（其分布见图五）。塔底层中心的地下，在 1984 年 11 月也重新布设了塔心观测点，该点平面位置保持在塔中心的原位置，高程在北面塔墩底砖高程和南面塔墩底砖高程之间，约相当于底砖高程之平均数，这样就比原来塔高，起算高程下降了 30 厘米，而塔高数也相当增加 30 厘米，由于起算点的调整，塔的高程也就更合理一些了。

沉降测量从塔东北外的水准基点△11 为起点，环绕塔观测作一水准环，平均视线长为 5m，据数据统计表明，短视线水准测定一个高差值的中误差在 0.1mm 上下。在二至七层层面的东西南北四个外壶门中央分别埋设沉降观测标志；通过水准仪分别观测置于沉降观测点上的细刻度钢水准尺，可测出各层层面倾斜发展变化的情况（相对数值）。

现在分别叙述各施工阶段的测量情况：

（一）施工前测量状况

从省院测量开始至 1981 年 12 月 18 日第一根排桩孔开挖这之间的测量可分两个阶段。前一阶段为省院在 1979 年 9 月测量至 1981 年同济测量开始为止，这期间主要是省院在 1979 年 9 月的集中测量和其后由苏州修塔工程指挥部组织的一些间断的零星的监测，如前面已提到的 1979 年 9 月的集中测量是很正规和

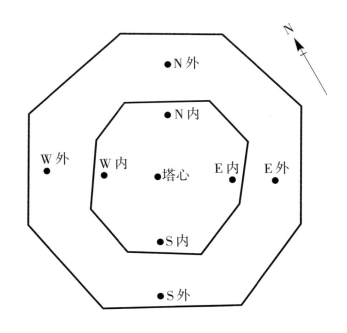

图五　塔基沉降观测点分布示意图

认真的，有设计方案，有详尽的记录和计算，最后出一本包括虎丘塔现状成果和监测记录的成果图表集，这至今仍是以后监测的基础，现摘录其中一项为例，即：各层层面中心位移的计算。

在 1979 年 9 月至 1981 年 1 月同济大学进入工地测量前，虎丘修塔工程指挥部也组织了陆兴官等人的监测，但监测次数有限，所用仪器为苏州一光厂出品的 J2 经纬仪，精度不高，所测数据经核查大多数不符合规范的要求，且出入较大，同一角度的较差（在不同测回中的）多达十余秒和二十余秒，因而这些数据实在不能作为正式成果使用，只能供一些参考。

同济大学测量室教师于 1981 年 1 月 25 日正式进入工地实测，于 2 月 1 日由同济和省院的负责人陈龙飞和邢华慨发表了一项双方联名的塔体变形观测报告，实际上这是一次双方对虎丘塔测量工作的交接班的声明，也是同济施测后的第一号报告，此报告中分析报告了自 1979 年 9 月至 1981 年 1 月间的塔体变形情况，很有必要摘录下来：

表4　　　　　　　　　　　　　　　1981 年 1 月虎丘塔测量数据一览表

点名	高程	高度		坐标		偏心距		方位角		倾角	
		层高	总高	x	y	相邻	与底心	相邻	与底心	相邻	与底心
底层中心	32.521	7.209	0.000	641.55	772.69	0.42	0.00	16°42′	0°0′	3°20′	0°0′
二层中心	39.730	6.408	7.209	641.96	772.81	0.41	0.42	12°41′	16°42′	3°40′	3°20′
三层中心	46.138	6.100	13.617	642.36	772.90	0.33	0.83	17°53′	12°42′	3°06′	3°30′
四层中心	52.238	5.895	19.717	642.67	773.00	0.41	1.16	213°2′	15°36′	3°54′	3°21′
五层中心	58.133	5.430	25.612	643.05	773.15	0.34	1.56	24°18′	17°09′	3°35′	3°29′
六层中心	63.563	5.522	31.042	643.36	773.20	0.21	1.90	31°26′	13°20′	2°11′	3°30′
七层中心	69.005	10.526	36.564	643.54	773.40	0.21	2.10	27°46′	19°44′	1°09′	3°17′
避雷针根	79.611	1.581	47.090	643.73	773.50	0.00	2.32	0°0′	20°28′	00	2°49′
避雷针顶	81.192		48.671	643.73	773.50		2.32		20°28′		2°44′

点号	1	2	3	4	5	6	7	8
79.9~80.3	−0.1	−0.2	+0.3	+0.2	−0.1	0	−0.2	−0.1
80.3~81.1	−0.3	0	0	+0.1	+0.1	−0.1	−0.2	−0.2
79.9~81.1	−0.4	−0.2	+0.3	+0.3	0	−0.1	−0.4	−0.3

表5　　　　　　　　　　　　1979年9月至1981年1月间虎丘塔底层外塔墩各测点沉降数据一览表

1. 八个塔脚上沉降观测点的沉降量（见表4、表5）。

2. 离地面高38.4m的标志（即E7）在1979.9~1981期间向北位移2.7mm。

3. 初步分析：

（1）塔体在继续倾斜；

（2）塔基南北沉降差为0.2~0.7mm/年，塔顶向北位移为1.5~30mm/年；塔竖轴倾斜率似乎大于底面倾斜率。

（3）由于观测时间短，上述数据仅供参考。

4. 八个塔脚底面标高及等沉降曲线（见图六）。

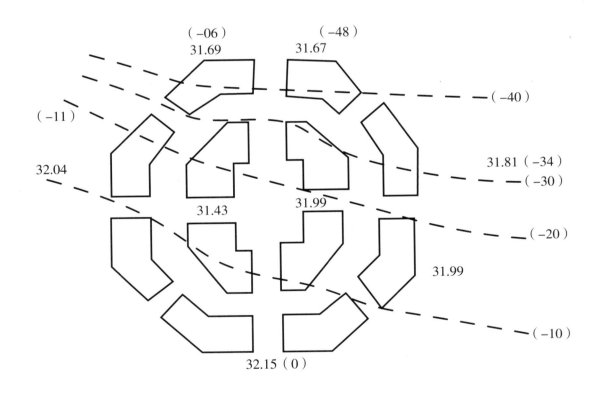

图六　同济大学对虎丘塔底层外塔墩沉降分析图（1981.1）

自1981年1月起，根据同济大学与虎丘修塔工程指挥部所签的协议，从此开始了为期三年的测量，其中1981年1月至12月18日前，是在未施工的情况下施测的，本期（即施工前测量的后一阶段）的数据变化微小，只能反映在未施工条件下的一些变化，现将该段时间内的位移、沉降和层面倾斜数值列表如下：

A、位移测量表（表6、表7，只取E7、S7和避雷针根作为东面和南面位移之代表）。

表6　东面

日　　期	1981 1.25	3.29	5.17	7.10	8.22	10.1	10.31	11.27	12.8
E7 角值	3°41′32″7	26″5	29″4	32″8	37″8	36″5	37″1	34″1	33″8
E7 位移值（mm）	0	−0.06	0.87	1.96	3.57	3.16	3.35	2.38	2.29
避雷针根 角值	0°15′02″1	19″6	26″5	33″9	42″5	41″4	40″4	36″1	35″7
避雷针根 位移值（mm）	0	0	2.53	5.407	5.10	4.75	3.28	3.15	

表7　南面

日　　期	1981 1.26	3.29	5.17	7.20	8.23	10.3	11.1	11.28	12.8
S7 角值	0°02′32″7	未	26″5	31″9	31″2	37″6	33″2	36″7	32″2
S7 位移值（mm）	0		−1.54	−0.20	−0.37	1.22	0.12	1.00	−0.12
避雷针根 角值	0°15′02″1	测	0°16′58″6	15′09″3	09″7	18″9	10″2	13″8	0″92
避雷针根 位移值（mm）	0		−1.08	+1.80	+1.91	4.28	2.04	3.01	+1.78

　　B、沉降测量表（本表1、2、4、9四点分别代表塔的北、东、南、西四个方向和沉降变化，金属标志为准）。

表8

日期	1991 1.25	3.16	3.26	5.14	7.15	8.12	10.1	11.2	11.29
1	32.43 94	~93	~93	~92	~89	~91	~90	~91	~92
2	32.47 60	~60	~58	~58	~57	~58	~56	~58	~60
4	32.53 06	32.52 99	32.53 03	~04	~0.1	~0.3	~0.1	~0.3	~0.5
9	32.47 46	~44	~40	~42	~43	~43	~41	~43	~43

　　C、层面倾斜：

表9

日期	1981 12.7	1982 1.19	2.25	4.5	5.4	5.29	6.13	7.7	8.7	8.23
二层 南北高差	675^{mm}22	11	32	84	676.39	70	94	677.24	83	678.08
二层 东西高差	28^{mm}87	83	90	66	70	62	72	45	34	35
七层 南北高差	90^{mm}60	36	20	50	52	50	65	88	91.51	92
七层 东西高差	57^{mm}68	51	74	76	78	93	82	63	78	88

观测点	E1	E2	E3	E4	E5	E6	E7	避雷针根
增加值	+2.0^{mm}	+4.0	+5.6	+7.3	+8.8	+10.5	+11.8	+15.0（向北）

在这一阶段中只在 1981 年 11 月 29 日测了一个起始数据，从略。由上列表中可以看出，在未施工条件下，塔的沉降和位移值都是偏小的，以 E7 和 S7 点为准，最大位移值在 3.6mm 以下（避雷针根因金属针杆的随风振动和受热膨胀出现位移值较大并不能代表塔身的位移）沉降观测点 1 和 4 点的沉降值最大只达 0.5mm，且最大差值均发生在 7 ~ 10 月，这或许是与天气的温度变化有关，而并不是完全由塔的本身倾斜、沉降引起。总之，塔有向北倾斜的变化，但极其微小且有上段大于下段变化趋势，东西向变化无明显规律，且有摆动现象，1981 年 7 月 20 日 ~ 8 月 24 日上海特种基础研究所在塔内进行试验，但对塔体无显著影响。

（二）排桩工程期的测量（1981. 12. 18 ~ 1982. 8. 20）

排桩工程在距塔心 10.45m 处（即距塔外壁 3m 左右处）从地表直至基岩开挖 1.4m 直径的圆坑，然后于坑中灌注钢筋混凝土，绕塔共筑有 44 个，密切排列成一圆形地基，其上用环形钢筋砼连接起来，使之组成一整体。其施工始于 1981 年 12 月 18 日，结束于 1982 年 8 月 20 日，历时 8 个多月，排柱最深者达 10.68m，最浅者 3.62m，平均桩深为 7.09m，共计灌注量达 392.419m³，此工程由苏州市文化局房建站施工。

这阶段的施工情况是，从 1981 年 12 月至 1982 年 3 月上旬，开挖坑位均匀，施工进度慢，质量好，在三个月左右时间里，塔体变形速度没有明显的变化，以后为了加快进度，加快了施工速度，在 3 月 10 日以后到 4 月上旬止的这段时间里一直同时安排 6 ~ 7 个开挖坑位，这样显然出现塔体加速倾斜。E7 由 1981 年 12 月至 1982 年 5 月向北位移 4.9mm，北面和西区的沉降观测点 1 和 9 也分别沉降 1.6mm 和 1.2mm，层面倾斜测量中二层的南北高差也增加 1.5mm，同济大学测量人员在塔体倾斜显著变化时（其认为与施工前正常变形相比增加了十倍以上）写出简报，发出了警报，工程随之暂停，5 月中旬后，在塔体倾斜速度明显变小后，才又继续施工，但对施工进度、施工质量都能加以控制和改善，到 8 月 20 日结束了排桩工程的施工，后面部分的施工虽加控制，但由于工程力学上的滞后效应，即施工后的反应要迟于施工，塔的倾斜仍有相当规模，截止到地基工程的另一项目——钻孔注浆工程开始前，各项变形测量的变化即排桩施工期间各项观测值的变化值为（表 10 ~ 13）：

表 10　东面：

观测点	E1	E2	E3	E4	E5	E6	E7	避雷针根
增加值	+ 2.0^{mm}	+ 40	+ 5.6	+ 7.3	+ 8.8	+ 10.5	+ 11.8	+ 15.0（向北）

表 11　南面：

观测点	S1	S2	S3	S4	S5	S6	S7	避雷针根
增加值	− 0.3^{mm}	− 0.6	− 0.9	− 0.8	− 1.0	− 1.1	− 1.6	− 2.4（向西）

表 12　沉降值：

观测点	1	2	3	4	5	6	9	10
增加值	− 2.8^{mm}	− 1.1	0	− 0.2	− 1.4	− 3.2	− 2.4	− 2.0

表 13

层次	二	三	四	五	六	七
南北高差增值	+ 2.99	+ 2.81	+ 2.60	+ 3.48	+ 1.91	+ 1.64
东西高差增值	+ 0.57	+ 0.29	+ 0.47	+ 0.24	+ 0.24	− 0.11

由上列表值可以发现，在排桩施工期间，由于排桩施工扰动塔周围的地基（尽管与塔保持 3m 左右的距离），因而影响塔体向北倾斜，沉降值表现为由南向北沉降值递增，由南面的 3# 点沉降值为 0 递增为北面的 1# 和 6# 沉降值为 -2.8mm 和 -3.2mm，位移值向北位移由下向上层递增，由 E1 的 +2.0mm 向上递增到 E7 的 11.8mm 和塔顶的 15.0mm，层面倾斜的变化值各层也为正值，另从塔底层南北相对沉降与塔的北移之比与塔的宽高比相当也即说明塔身整体向北倾斜，从沉降点中的东西对称点的沉降值和南站观测的位移值看，塔身有稍微向西倾斜的趋向，但数值均很微小。另外还发现塔身第四层是很奇特的，变化值在第四层必发生异于一般规律的变化，好像是数学上的一个折点，特别在层面倾斜中更可看出这点。在此阶段中，同济大学的监测是认真负责的，报告和分析监测数据是及时的，对于虎丘塔的安全施工是十分必要的。

（三）钻孔注浆工程的测量（1982.10～1983.7.29）

钻孔注浆工程是在排桩范围内的塔内外地基上钻直径为 9cm 的小口径孔，直至基岩，在小口径孔内加压注入水泥浆，用以填充砖石间的缝隙，在 1982 年 10 月 22 日至 1983 年 7 月 29 日的 9 个多月时间内，共钻孔 161 个，总深度 944.65m，平均孔深 5.8m，总注浆量为 266.37m³，此工程由上海特种基础工程研究所承担设计和施工。

本次工程期间的测量工作由同济大学和苏州市修塔办公室测量组同时承担，修塔办测量组从 1982 年 11 月下旬开始施测，但以后主要是由其本身在工地观测密度大，可随时根据施工需要增加观测，而同济大学由于教学任务关系，仍只能平均每月来一次，因此逐渐由修塔办测量组所取代，但二者同时测量也有好处，可相互印证，以证实测量的可靠性，先摘录部分观测数值（表 14～17）。

表 14　　　　　　　　　　　　　南站（只取 S7 和避雷针根的部分数据作此表）

	日期	1982 10. 8	11. 8	12. 4	1983 1. 4	2. 10	3. 8	4. 16	4. 28	5. 12	6. 4	7. 7	8. 5
S7	角值	0°02′ 28″0	27″6	23″0	21″8	23″2	21″7	23″5	21″4	21″1	20″3	23″8	29″0
	位移值（mm）	-1.17	-1.27	-2.42	-2.71	-2.37	-2.74	-2.29	-2.81	-2.89	-3.09	-2.22	-0.92
针根	角值	0°13′ 54″3	57″1	48″0	46″4	46″3	45″6	47″4	-47″4	47″2	42″7	48″1	54″8
	位移值（mm）	-0.16	-0.59	-1.86	-2.29	-2.31	-2.50	-2.02	-2.02	-2.07	-3.28	-1.83	-0.03

表 15　　　　　　　　　　　　　东站（只取 E7 和避雷针根的部分数据作此表）

	日期	1982 10. 10	11. 10	12. 3	1983 1. 3	2. 9	3. 7	4. 16	4. 27	5. 11	6. 3	7. 6	8. 5
E7	角值	3°40′ 11. 2	10″0	09″9	12″2	11″2	10″2	11″9	12″5	17″9	18″4	23″4	30″8
	位移值（mm）	14.52	14.14	13.91	14.65	14.33	14.01	14.55	14.75	16.49	16.65	18.26	20.64
针根	角值	3°42′ 28″5	25″7	22″0	22″0	21″2	19″9	21″6	21″1	25″4	31″9	35″8	43″4
	位移值（mm）	18.16	17.54	16.28	16.59	16.00	15.56	16.14	15.67	17.44	19.66	21.00	23.60

表 16　　　　　　　　　沉降测量值（仍取 1、2、4、9 四点代表塔基的北、东、南、西四个方向的变化值）

日期	1982 10.10	10.26	11.20	12.9	1983 10.10	2.4	3.14	4.19	5.17	6.17	7.11	8.8
1	33.38m 20	20	19	18	16	15	16	15	14	14	14	12
2	33.35m 66	68	66	65	63	64	64	63	64	64	63	67
4	33.33m 94	96	97	96	95	95	96	95	96	99	33.34 00	00
9	33.35m 07	08	07	06	04	03	04	02	02	02	02	03

表 17　　　　　　　　　层面倾斜表（其 2 层和 7 层数据分别代表下部和上部之倾斜变化）

日期		1982 10.8	11.8	12.27	1983 2.4	2.25	3.27	4.23	5.29	7.29
二层	南北高差	678mm 21	16	36	28	28	26	36	71	679 29
	东西高差	26 30	06	27	50	18	14	02	14	25 98
七层	南北高差	92mm 24	91 88	96	86	92 04	91 94	73	92 20	49
	东西高差	57 79	89	56 92	57 22	20	24	26	63	71

由上列表中可看出，钻孔注浆施工期间，各项变形测量数值变化较小而缓慢，这是因为钻孔的孔径较小，且分布均匀，当日钻孔、当日注浆，因而对地基扰动较小、影响较小，但 4～5 月间有一次变化值较大，即 E7 的位移值在 4 月 27 日至 5 月 11 日的变化一次达 5.4″即 1.7mm，以后直到本次施工结束，逐渐增大，从层面倾斜和沉降观测值也可发现此一现象，这是因为尽管钻孔较小，分布均匀，但总有一定数量的影响，只是在钻孔数不到一定数量时，这种影响还不足以造成塔体的形体变动，当钻孔数达到一定数量，即其影响的能量聚积到某一定数量时，发生数量与质量的互变，适逢一定的外力（如暴风、地震等情况）时，就会产生一次形体突变，以后由于钻孔仍在继续进行，故这种形变也在继续，直至本次工程结束，其影响由于滞后效应，还延续一段时间才告稳定，这与同时的同济大学的测量值及高学良工程师的裂缝观测是十分吻合一致的。

表 18　位移：

观测点	E₁	E₂	E₃	E₄	E₅	E₆	E₇	避雷针根
增值	+0.9mm	+1.7	+3.0	+4.3	+4.9	+6.2	+6.6	+6.5
观测点	S₁	S₂	S₃	S₄	S₅	S₆	S₇	避雷针根
增值	+0.3mm	0	−0.12	−0.7	−0.7	−1.4	−1.3	−1.1

沉降：

观测点	1	2	3	4	5	6	9	10
增值	−1.5mm	−04	+0.6	+0.8	+0.3	−1.3	−1.0	−1.0

层面倾斜：

层次	二	三	四	五	六	七
南北高差增值	+1.58	+1.39	+1.31	+1.09	+0.80	+0.40
东西高差增值	+0.12	+0.30	+0.39	+0.51	+0.20	+0.53

由上列增值表中可以发现，本次钻孔注浆工程由于扰动地基影响较小，因此使塔体也主要向北倾斜，但变化增值远较排桩工程的相应增值要小得多，东西变动极小，底层沉降变化呈现绕某一东西方向的轴，作南升北降的变化，这再次证明虎丘塔结构的整体性尚好，另外由于滞后效应的关系，塔体形体变动和裂缝发展都要较施工迟缓一个时间差才能呈现出来。

（四）基础工程的测量（1984.6.23～1985.5.22）

基础工程是在塔下做覆盆式钢筋砼壳体，以此连接地基的排桩和塔的底部，在塔墩底部的钢筋砼部分都伸进 30～50cm，使壳体的上部形成一个完整的塔的底板，这样就使塔的基础扩大并达到地基部分上去，从而加固和改善了塔的基础，达到将塔基的不均匀沉降控制到最小的限度以内，从而从根本上解决虎丘塔的倾斜问题，当然，由于是一个完整的钢筋砼壳体，它必然也起着防水作用。

本次工程由苏州市修塔领导组设计组设计，修塔办组织施工。于 1984 年 4 月确定方案，5 月完成施工设计，6 月 23 日开始作试点施工，年底完成主体工程，1985 年 5 月竣工。本次工程是修塔工程中一项施工难度极大，技术要求很高，又在塔体险情仍然存在的情况下的施工，其对监测的要求也极高，要求精确、及时，由于施工是在塔墩的底下和近旁，因而施工影响极大，使监测数据复杂多变，现将部分监测数据列表于下（表 19、表 20）：

表 19　位移（东站）

日　期		1984 6.21	7.21	8.28	9.18	10.4	11.13	11.19	12.1	1985 1.11	2.14	3.19	4.22	5.21	6.19
E7	角值	3°40′ 32″2	55″5	3°40′ 30″5	21″8	3°40′ 29″0	23″0	58″0	36″3	33″8	31″4	28″0	02″9	0″00	0″00
	位移值（mm）	21.09	28.59	39.86	37.06	20.06	18.13	29.40	22.41	21.64	20.83	49.74	11.66	10.72	10.72
针根	角值	3°42′ 46″7	3°43′ 14″9	55″8	43″9	3°42′ 40″6	34″1	3°43′ 16″5	3°42′ 51″4	47″0	41″0	39″4	07″6	05″4	04″8
	位移值（mm）	24.73	34.37	47.88	44.29	22.64	20.42	34..92	26.33	24.83	23.02	22.23	11.35	10.60	10.40

位移（南站）

日　期		1984 6.20	7.21	8.24	9.19	10.4	11.12	11.20	12.1	1985 1.14	2.13	3.19	4.22	5.21	6.18
S7	角值	0°02′ 22″8	32″7	20″6	07″5	0°01′ 48″9	41″1	32″2	0°00′ 41″4	40″7	44″43	46″1	42″0	45″8	42″4
	位移值（mm）	－2.46	0	－3.01	－6.27	－10.91	－12.85	－15.06	－27.71	－27.89	－26.99	26.54	－27.56	－26.62	－27.46
针根	角值	0°143′ 49″4	57″6	44″6	32″3	15″4	08″2	0°12′ 56″6	0°11′ 58″1	52″4	0°12′ 0″06	0″41	0°11′ 54″2	0°12′ 01″2	00″4
	位移值（mm）	－1.34	＋0.73	－2.77	－6.08	－10.63	－12.56	－15.68	－31.42	－32.95	－30.75	－29.81	－32.47	－29.24	－30.80

表 20　沉降值：

日期	1984 6.22	7.13	7.23	8.6	9.10	10.15	11.19	12.18	1985 1.10	2.13	3.20	4.20	5.22	6.18
1	33.38 05	33.37 99	84	69	59	49	48	09	06	07	07	12	14	19
2	33.35 62	45	42	40	33	11	07	33.34 94	91	91	90	88	90	93
3	33.41 00	33.40 97	99	33.41 04	33.40 92	42	32	11	08	07	05	85	82	82

续表

日期	1984 6.22	7.13	7.23	8.6	9.10	10.15	11.19	12.18	1985 1.10	2.13	3.20	4.20	5.22	6.18
4	33.34 02	01	04	06	33.38 91	03	13	70	66	64	64	43	41	42
5	33.39 31	26	21	14	33.38 99	43	36	33.37 78	75	74	74	69	71	70
6	33.34 51	50	33	15	03	33.32 80	79	21	17	18	17	21	25	30
7	33.34 24	23	20	13	33.33 85	12	06	33.32 72	69	68	68	47	46	44
8	33.24 23	16	13	10	33.23 77	06	01	33.22 90	86	87	87	75	69	68
9	33.34 97	96	86	73	58	19	15	33.33 50	47	47	46	45	50	56
10	33.33 22	10	03	33.32 93	82	72	72	48	45	46	46	48	50	52

层面倾斜值：

日 期		1984 6.22	7.7	7.23	8.6	9.1	10.3	11.20	12.8	1985 1.31	3.4	4.12	5.22	6.27
二层	南北高差	679.66	680.02	682.15	684.10	97	679.34	682.14	679.61	43	39	678.21	676.54	36
	东西高差	26.18	27.51	26.72	35	25.75	23.64	22.35	19.38	34	40	18.89	19.34	08
七层	南北高差	92.62	93.02	94.27	95.38	86	92.41	93.82	92.38	36	91 95	91.27	90.48	51
	东西高差	57.26	58.18	57.56	57.58	57.61	56.88	56.05	54.04	09	28	53.93	54.42	47

我们从上列图表中可以发现，在基础工程中，每施工一处，都会产生位移、沉降和层面倾斜数值的大幅度变化，这种变化值是以往两次地基工程所不可比拟的，如在北面上环梁区域施工时，一次性增值，使 6# 沉降点下沉 41mm，1# 沉降点下沉了 3.4mm，位移增值也一次向北位移 11.3mm，同时随着施工部位不同、位移和层面倾斜值的变化也在按部位相互消长，而且这种消长变化极其迅速，一般是上午开始施工，中午以后就迅速显示出来，变化逐渐加大，在 24 小时左右，可大体稳定变化，三天内达到增值的主要部分，变化的余值将保持到一周左右，基础工程施工的各项测量值复杂多变，变化值大而快，在曲线图象上显示出锋谷锐凌，交替频繁。

与此同时，塔墩上裂缝观测数据也出现同步变化，也即出现变化频率加快，增加值出现较大幅度的变化，这也是显示出塔墩裂缝的张、合、伸、缩在急剧变化，还出现裂缝的伸长和一些新的裂缝。

以上监测数据的急剧变化，显示出塔的形体和裂缝的急剧变化，其原因在于基础工程施工均在塔墩的近旁和下面，直接扰动塔基和塔体，因而影响直接而能量极大，反应迅速，但由于施工与监测密切配合，由监测来引导和制约施工，使施工控制在一定的规模、时间和部位上，因而使塔体形体变动和裂缝变化都控制在最小限度之间。当然，即使是这样的加以控制，再加上一些人为的措施（如在塔的南半部挖开地坪后长久放置不急于施工。北半部是开挖与灌注钢筋砼紧密衔接，一般并不过夜，并在南半部地基中打横孔，以增加压缩量，从而达到向南纠偏的效果），最后还是产生了一些位移、沉降和层面倾斜值，并且这样大幅度的变化，毫无疑义地说，壳体基础工程施工对塔体的结构是有所损伤的，但有所得必有所失，为了塔的加固和延年益寿，有限度的一些损失是必要的和合算的，正如医生为了抢救病人有时不免要动手术，使血、肉有所损伤，但病家总认为是必要的应该的。在壳体基础工程中，各项测量累计变化值见表21、表22。

表 21 位移： 单位：毫米

观测点	E1	E2	E3	E4	E5	E6	E7	针根
变化值	+0.14	−1.5	−3.0	−4.5	−5.2	−8.3	−9.9	−12.8
观测点	S1	S2	S3	S4	S5	S6	S7	针根
变化值	−3.7	−7.7	−11.5	−14.8	−18.4	−21.1	−24.5	−28.6

观测点	1	2	3	4	5	6	7	8	9	10	11	12	13	14	15	16	17	18	19	20
变化值	−8.8	−6.9	−11.6	−15.8	−16.2	−12.3	−18.0	−15.5	−14.0	−6.5	−6.8	−11.9	−18.7	−19.1	−17.7	−15.6	−17.3	−14.2	+4.2	−9.6

表 22 层面倾斜： 单位：毫米

层次	二层	三层	四层	五层	六层	七层
南北高差	−3.3	−2.8	−2.5	−2.5	−2.5	−2.1
东西高差	−7.1	−6.1	−5.5	−5.0	−3.3	−2.8

（五）底层塔墩维修工程的测量（1985.5.22～1985.9.30）

本期施工是在底层砖墩与底板之间将旧砖换去，将因施工造成的缝隙填实，相比之下是较小工程，但施工谨慎周密，无懈可击。

本次施工因不明塔墩底部情况只能在施工中逐步摸索，而在摸索中据情况而定出施工进度和规模等，本次设计由修塔办公室技术组承担，施工由修塔办公室技术组组织进行，采取各个歼灭，稳扎稳打，即清除一小块范围的旧砖立即补上钢筋和新砖，遂以完成达到加固维修塔墩的目的。

本次工程施工由于小心谨慎，且作业面积较小，作业面积之间又有时间上的间歇来保证所补部分的强度，因此各项测量值变化甚小，现列表如下（表23、表24）：

表 23 位移：东站

	日 期	1985.5.21	6.19	7.16	8.9	9.14	10.15
E7	角值	3°40′00″	00″	03″8	07″2	09″6	06″7
	位移值	+10.72^{mm}	+10.72	+11.95	+13.04	+13.81	+12.88
针根	角值	3°42′05″4	04″8	08″9	13″8	17″0	17″8
	位移值	+10.60^{mm}	+10.40	+11.80	+13.87	+14.47	+14.87

表 24 位移：南站

点 号	日 期	1985 5.21	6.18	7.16	8.9	9.14	10.14
S7	角值	0°00′45″8	42″4	42″8	40″2	40″4	37″4
	位移值	−26.62^{mm}	−27.46	−27.37	−28.01	−27.95	−28.71
针根	角值	3°40′00″	00″4	0°11′57″0	57″6	0°12′00″8	0°11′56″6
	位移值	−29.24^{mm}	−30.80	−31.72	−31.55	−30.69	−31.82

沉降值：

点号 \ 日期	1985 5. 22	6. 18	6. 26	7. 8	7. 17	8. 8	8. 6	9. 9	9. 29	10. 15
1	33. 37 14	19	17	18	20	20	18	18	17	15
2	33. 34 90	93	93	95	96	97	95	94	93	90
3	33. 32 41	42	44	44	45	46	41	42	41	38
4	33. 33 50	56	57	57	58	58	55	55	53	52
5	33. 32 46	44	44	44	45	47	43		41	40

层面倾斜： 单位：毫米

日期		1985. 5. 22	6. 27	8. 2	8. 13	9. 13	10. 16
二层	南北高差	676. 5	36	88	72	94	69
	东西高差	19. 34	08	15. 97	85	90	80
七层	南北高差	90. 48	51	90	96	91. 08	43
	东西高差	54. 42	47	47	46	43	55. 20

从上列表中也可看出，在本次塔墩加固维修中，所有各项测量值均变化微小，且有微量向北向西的趋向性，这是因为作业面虽小但多少还是触动塔墩底部的缘故，如果扣除因天气的温湿度而造成的胀、缩值，则实际在相同温湿度情况下的变化更小，本次增值因数字微小，不再列出。

（六）竣工前后的测量（1985.10～1986.10）

本阶段除在 1986 年 3～7 月间，对原先临时加固的西南、西北、东北三个内墩进行了换砖加固外，未进行别的施工，本阶段为施工的考验期，用以验证本次加固维修工程的必要性和成功程度，同时也可发现天气温湿度对塔体的影响，现先列表各项测量值如下（表 25、表 26）：

表 25 东站：

点位 \ 日期		1985 10. 15	11. 19	12. 10	1986 1. 4	2. 17	3. 5	4. 15	5. 16	6. 14	6. 26	8. 13	9. 2	9. 30
E7	角值	3°40′ 06″7	11″4	06″2	06″1	03″8	06″2	04″0	05″3	09″1	09″1	20″2	20″8	23″2
	位移值	+12. 88ᵐᵐ	+14. 39	+12. 72	+12. 69	+11. 95	+12. 72	+12. 01	+12. 43	+13. 65	+13. 65	+17. 23	+17. 42	+18. 19
针根	角值	3°42′ 17″8	23″2	17″6	13″5	10″5	15″2	09″3	09″4	13″2	16″3	25″4	28″6	30″3
	位移值	+14. 84ᵐᵐ	+16. 69	+14. 77	+13. 37	+12. 35	+13. 95	+11. 94	+11. 97	+13. 27	+14. 33	+17. 44	+18. 54	+14. 12

表26 南站：

点位 \ 日期		1985 10.14	11.19	12.10	1986 1.3	2.18	3.4	4.15	5.15	6.13	6.25	8.12	9.1	10.3
E7	角值	0°00′37.4	35″1	35″1	33″6	34″6	31″7	30″7	30″9	34″4	35″1	36″3	38″2	36″5
E7	位移值	−28.21	−29.28	29.28	29.66	−29.41	−30.13	−30.38	−30.33	−29.45	−29.28	−28.90	−28.51	−28.8
针根	角值	0°11′56″6	50″0	50″8	50″4	49″3	40″2	46″1	46″3	49″5	50″8	50″8	50″8	51″7
针根	位移值	−31.82	−33.60	−33.11	−33.44	−33.79	−36.23	−34.65	−34.59	−33.73	−33.38	−33.38	−32.31	−33.14

沉降：

点号 \ 日期	1985 10.15	11.11	12.9	1986 1.3	2.3	3.6	4.7	5.6	6.7	7.5	8.7	9.10	10.6
1	33.37 15	09	06	04	03	05	07	07	12	14	16	16	16
2	33.34 90	09	06	04	03	05	07	07	12	14	16	16	14
4	33.32 38	86	84	81	890	81	84	86	90	92	94	94	92
9	33.37 52	48	44	41	41	41	44	47	51	48	53	53	52
18	33.37 55	54	48	49	47	48	50	50	54	54	56	53	53
20	33.33 10	07	04	02	02	03	05	08	12	12	12	11	10

层面倾斜：

层次 \ 日期		1985 10.16	11.11	12.2	1986 1.24	3.4	4.14	5.8	6.24	8.14	9.9	10.4
二层	南北高差	679 49	74	63	68	60	49	51	86	677 44	06	49
二层	东西高差	18 80	82	81	73	83	78	72		61	48	46
七层	南北高差	91 43	20	17	90 97	82	51	47	22	91 21	08	35
七层	东西高差	54 20	53 97	61	53	36	70	48	98	54 22	15	53 68

　　由于本阶段内的施工，即换砖加固施工的面积（即承受垂直的塔重压力的面积）甚小，且施工中注意塔体安全，将施工面积控制到极小范围，时间上注意分割保养，因而使各项测量值均变化微小，由于滞后效应的缘故，我们只在位移的东站观测和层面倾斜的南北高差上有所觉察，其余的沉降观测等均未能反映出这种施工影响。

　　由于地基和基础工程竣工后，施工影响逐渐消失，而原先被掩盖的由天气温湿度变化引起的地面抬升和塔体膨胀逐渐显现出来，这在沉降观测值中表现得特别的明显。而从壳体工程竣工时埋设在塔内部地面上的瓷质沉降点的观察数据的变化以及塔顶的高度角的增大和缩小都可证实塔的台基面和塔体均在受到气温的升高和湿度的增大而膨胀抬高，反之会收缩降低，如在沉降观测中，2月将出现沉降的极低值，而在8月出现沉降的极高值。

　　当然现在还不能说本次施工的滞后效应已完全消失，由于天气温湿度的变化而引起的胀缩升降现象的数量关系，目前还不很清楚，因此对本次修塔工程的意义作用等，还有待今后监测或别的方式来加以验证。

四、虎丘塔测量的一些基本数据

虎丘塔测量的一些基本数据为便于阅读，现整理一张一览表（缺），将有关数据均予列入，即包括分时间阶段和施工阶段的位移，沉降值表，还有塔高、偏心距、偏移方位角、倾斜角等。

其中要说明的是塔高、偏心距和倾斜角等数据的相对性，现在已经有测量数据证实，由于受天气的温湿度变化而使塔体有所升降和变形，因此上述各项基本数据只能是相对的可靠，故依其精确程度也只能报告到厘米和分这一级，不能再精确了，而且以报告 5 月或 9 月的适中数据为准较为妥当。

另有位移和沉降测量表各一张可以了解各施工期间的测量状况（见表 27、28），由上述基本数据和图表可以对整个虎丘塔的测量有一个概略的了解了。

表 27

观测点	变化值 年份	1981 年	1982 年	1983 年	1984 年	1985 年	1986 年 (10.6.4)	累计
位移	E7	$+27^{mm}$	$+11.9^{mm}$	$+6.1^{mm}$	$+0.9^{mm}$	-8.9^{mm}	$+5.5^{mm}$	$+18.2^{mm}$
	S7	-0.1	-2.6	-1.1	-24.1	1.8	$+0.8$	-28.9
沉降	n1	-0.4	-3.0	-1.3	-9.9	-0.2	$+1.0$	-13.8
	n2	0	-1.4	-0.2	-7.0	-1.0	$+1.1$	-8.5
	n4	0	-0.1	$+0.5$	-13.4	-3.8	$+1.3$	-15.5
	n9	-0.3	-2.7	-0.6	-15.1	-0.6	$+1.1$	18.2
	n7					-15.6	$-3.8 + 1.0$	-18.4

说明：沉降值正者升，负者沉；位移 E7 正者向北，负者向南；S7 正者向东，负者向西。

表 28

观测点	变化值 工期	准备期（施工前）81.1.25 -12.24	排桩 81.12.12 -82.10.10	地基注浆 82.10.10 -84.6.21	壳体基础 北半部换底 84.6.21 -8.28	壳体基础 南北部底壳体 84.8.28 -85.1.11	壳体基础 底版做完 85.1.11 -5.22	壳体基础 修补拌脚 85.5.22 -9.29	换砖 85.9.21 -86.10.6	累计 1981.1.25 1986.10.6
位移	E7	$+27^{mm}$	$+18^{mm}$	-6.6^{mm}	$+18.8^{mm}$	-18.3^{mm}	-10.9^{mm}	$+2.8^{mm}$	$+4.7^{mm}$	$+18.2^{mm}$
	S7	-0.1	-1.1	-1.3	-0.5	-24.9	$+1.3$	-0.9	-1.4	-28.9
沉降	n1	-0.4	-2.8	-1.5	-4.6	-5.3	$+0.8$	$+0.3$	-0.3	-13.8
	n2	0	-1.1	-0.4	-2.6	-4.5	-0.1	$+0.3$	-0.1	-8.5
	n4	0	-0.2	$+0.8$	0	-13.6	-0.5	0	0	-15.5
	n9	-0.3	-2.4	-1.0	-3.7	-11.3	$+0.3$	$+0.3$	-0.1	-18.2
	n7				-2.7	-12.9	-2.3	-0.5	0	-18.4

五、虎丘塔测量的意义和经验

本次虎丘塔加固维修中的测量，是关于塔的形态变化的变形测量，也是关于维修施工中的跟踪测量，由于其密切配合施工，测量得到的数据，也与施工密切相关，研究和分析这部分测量数据，我们将可以发现关于塔的基础、结构和施工中的一些规律，这些规律具有很强的实践性，来之于实践，又可用之于实践。下面是我们从大量测量数据中概括出来的一些规律性：

（一）变形与施工的关系

1. 倾斜的北趋性及西趋性

由于塔体向北倾斜，重心向北偏移近一米，故北半部塔墩承受压力较大，在施工时反应敏感，特别是在北半部塔基施工时，塔基的沉降分布呈向北偏大的趋势（见图七）。很可能由于塔的基础及结构的关系，在壳体基础施工后期，这种沉降分布的北趋性与西趋性交织在一起，相互消长，以致逐渐以西趋性和北趋性同时并存，由所受外力之方位和大小来决定以何种趋向性为主了。

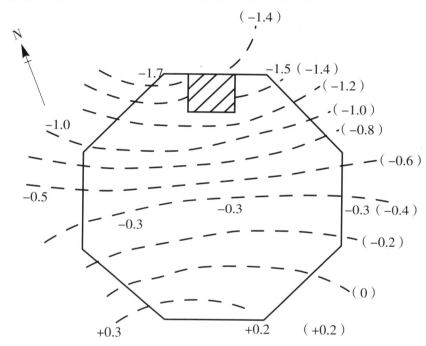

图七　1984年7月17日北壶门底板施工后沉降分布示意图

2. 传递波纹性

塔基在施工时的沉降值分布是以施工点上为最大向四周邻近部位逐渐递减（即沉降值逐步变小），沉降等值线呈波纹状分布，这反映了塔基在受外力状况下，外力在结构中的传递和缓解的过程（见图六）。

3. 塔的结构的整体性

上面说过塔基沉降呈波纹状分布，在塔基施工的一端沉降值最大，而往往在相对的另一端却没有沉降，而且还有抬升现象，如在图三中，塔南端的N3和N4点分别提升0.2mm和0.3mm，这好像一支点的杠杆一样，一端下沉，另一端就相对抬升（有时这种现象为塔基的整体沉降所掩盖）。由于监测的300mm小钢尺是安置在距塔基高约1.5m的塔墩墙上，这不但说明塔基的内部联系性较好，也说明塔身的内部联系性好，特别是出现由于沉降的变化通过塔身传递为塔身的位移、倾斜，更能证明塔体的整体性还是较好

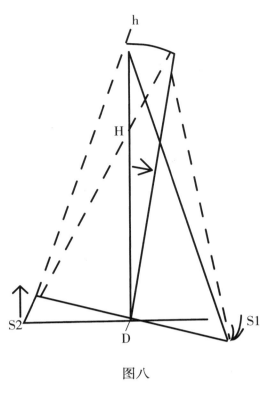

图八

$$H/D = h/(S_1 - S_2) \qquad h = (S_1 - S_2)H/D$$

的，尽管这是在重压承载下所造成的状态。

4. 沉降与位移的相关性

假设塔结构完好，近似于刚体，则根据相似三角形原理，如图八所示，即有这样的关系：塔的相对沉降值（即塔的相对两端的沉降值之差差值）与塔体在该方向的位移值之比应等于塔的底径与高之比。

虎丘塔的平均底径为 13.72m，高为 47.68m，其比为 13.72：47.68 = 1：3.475≈1：3.5

由上式可知塔的相对沉降值与塔在该方向的位移值之比为 1：3.5。

壳体基础工程施工以来的监测数据多数是接近于 1：3.5 的比值的，从而证明了沉降与位移的相关性及塔体的整体性较好。

5. 时间的相对集中性

壳体基础工程施工以来的监测数据表明：施工后的塔体塔基变形当在施工后随即开始进行，大约 3～5 小时后就快速进行，大约三天左右时间即达到变形值的 70% 左右，一周时间基本稳定。

位移值的变化要比沉降值变化略迟一些，这是因为底层的施工影响要传递到塔体上部，使塔体的结构产生新的平衡要有一个过程，有一个"时间差"缘故，也即工程上的滞后效应。

（二）测量对施工的作用和意义

虎丘塔现状测量的数据，如塔体的形状尺寸，各层的高度与倾斜等是关于塔的最基本资料，由此可推算出关于塔的各种面积和体积、重量及压力等数据，这些都是修塔的基本依据，因此可以这样说，没有广义上的测量，是不可能修好塔的。

虎丘塔的监测能较精确地反映出在施工和施工条件下的变形及其规律，由系统的观测分析可以找出施工时变形影响的性质和程度，以及其他影响变形的因素等，也就是监测作为侦查手段如同医生手里的听诊器、温度计一样，便于较清楚地摸清塔的"病情"，而这种对病情的正确诊断，对于虎丘塔，或别的类型的古塔、古建筑的保护和维修都是很必要的。

再一方面就是通过监测掌握了施工对变形的规律，就能为我们修塔工作者所用，运用这些规律指导施工，就能使施工是清醒的而不是盲目的，是安全的而不是太冒风险的，修古塔这事本身总是要冒一点风险的，但要求使施工做到心中有数，有的放矢。

本次壳体基础工程施工中，修塔的各方面人员多次开会，总是先分析研究监测（包括裂缝监测）的资料，在此基础上找出合适的施工部位、施工面积、施工时间、施工方法、施工材料等，也即找出最佳施工方案，然后付诸实践，这样做必然是利大弊小，事半功倍，可得到最好的效果。对于作为全国重点文物保护单位，具有千年历史的虎丘塔来说，安全施工，万无一失，尤为必要。

在本次修塔之前，虎丘塔是向东北方向倾斜的，本次施工自觉运用变形规律，采取一些有效措施，使塔体至今向南纠偏 6.1mm 左右，向西纠偏约 32mm，从而减少了塔的倾斜程度。这是一次运用监测指导施工的尝试，效果是好的。

总之，修塔是很需要测量来配合的，同时，测量是应用科学被用到修塔实践中，开拓了它的应用领域，将修塔提高到一个较高的水准，所以二者是相互依存的，关系密切。

六、对虎丘塔倾斜的再认识

（一）关于虎丘塔倾斜的原因

引起虎丘塔倾斜的原因主要是地基的不均匀沉降，这是没有疑义的，但这并不是唯一的原因，我们发现，由于重心的北移，塔的北壁灰缝较薄，南壁灰缝较厚，这说明塔壁灰缝有压缩现象，且北壁压缩较多，从高学良工程师的裂缝报告中知道，在底层的裂缝观测中可知，三年多的时间，底层内墩的部分压缩竟达 9.92mm，这些情况说明塔身砖砌体存在不平均的压缩现象，这也是塔体倾斜的原因，当然这比起由于地基不均匀沉降所造成的倾斜要小得多。

其次，由于天气的温度、湿度变化也会造成塔身砖砌体的胀缩变化，一般说，南壁受阳光照射，温度较高，受热后砌体膨胀也较多，北壁背阳，受不到阳光照射，一般膨胀也较小，因而造成塔南壁面膨胀多而向北弯曲，大气湿度会使砖缝间的黄泥吸湿气而膨胀变软，由于南壁受阳光照射，一般较为干燥，因而北壁砖缝易压缩变形。

另外，虎丘塔体态庞大，一定是众多工匠的集体劳动成果，由于各工匠的技能和所用材料的差异，也会造成古代建筑在施工、结构等方面性能的不均衡，往往在外力或内力人作用下，首先在施工和结构薄弱处发生裂缝和形变等，有时并进行导致塔身的整体变化。

由上述情况分析可知，除了地基的不均匀沉降外，砖砌体的不均匀压缩，天气温湿度而导致的压缩变形，建筑材料的风化以及古代工匠在砌筑时造成的施工差异等均是发生倾斜的原因，并且像温湿度变化造成的压缩变形并不完全是可逆的，日积月累，也会造成塔身不小的倾斜。

（二）今后虎丘塔的倾斜分析

本次维修工程着重解决了地基和基础问题，这从根本上解决了塔身的倾斜问题，是不是今后塔身就不倾斜而万事大吉了呢？答案并不是肯定的，因为上面已说过，除了地基的不均匀沉降外，还有许多别的原因，随着地基不均匀沉降这一主要矛盾的解决，别的矛盾会上升为主要矛盾了，今年 8 月的一次观测就说明了这一问题，当时观测发现地面沉降变化甚微，而塔顶一次向北移动达 3.6mm，同时在长达一年左右的测量数据中可发现无论塔基或塔身均有热升冷降的规律，这些都预示着塔身的倾斜并没有完全停止，只是以不同形式和数量等级在发展。而且，由于塔墩在维修中使用材料等与原来塔墩的材料、结构等并不一致，在今后长期变化中特别受特殊外力（如地震、暴风特殊气温等）影响下，并不能发生同步性变化，因而产生裂缝、压缩和剪切等情况还是可能的，当然这种速度是会缓慢得多，但这些自然规律的变化还是超越人力而不可阻止的。

对于这些，今后仍然不能放松对虎丘塔的监测，因此，今后还要定期施行测量，特别是有突发性的外力时，更应加强观测，以使人们对虎丘塔能经常了解其"健康状况"，得以适当的保养。

以上报告，限于水平，难免错漏，望观者不吝指正。

附图见图纸中"苏州云岩寺塔测量总结附图"。

苏州市修塔办公室：钱玉成
一九八六年十月

苏州云岩寺塔加固工程期间裂缝观测总结
（1979. 9. ~ 1986. 9. ）

高学良

一、前言

虎丘塔加固工程自 1979 以来，经历了地基加固、基础加固和塔身加固三期工程。地基加固包括地下排桩和钻孔压力水注浆两项工程，基础加固即壳体工程，塔身加固包括以塔墩换砖为主体的一系列工程。在各项工程期间，塔体裂缝随着工程的规模，距离塔体的远近，开挖的部位，进展的程度和时间，受到了不同程度的影响，裂缝的宽度、深度、长度都有明显的变化和发展，数量多有明显增多。裂缝的观察与测量都按工程的施工周期统一划分，施工期间为测量期，施工结束后到下一个工程前夕，这段时间为观测期，从而得出施工对裂缝发展带来的直接影响和影响的延续程度以便正确地分析裂缝。

由于塔体裂缝数量众多，无法对每条裂缝都进行布点观测，所以，根据裂缝的不同类型，出现的部位，选择有代表性的结构裂缝布置一系列测点和观察条。虎丘塔裂缝观察与测量进行了七年之久，积累了大量的观测资料，认真整理和分析这些资料，有助于我们了解和掌握塔体裂缝变化和发展的规律，达到保护千年古塔这一最终目的。总结错误之处，请予指正。

二、虎丘塔裂缝概况及分布

虎丘塔是一座七层八角形砖塔，距今已有一千余年历史，塔身北倾并偏斜于东北方向。塔体由外壁和塔心两部分组成，外壁每层有八个壸门，塔心每层有四个壸门，二者之间由砖砌斗拱结构连成整体回廊，局部地方如腰檐处采用砖木混合结构。1957 年大修时，采用钢筋箍和水泥喷浆加固，使塔的整体性得到加强，塔体上原有裂缝均被水泥喷浆修补覆盖。八年后，裂缝又重新出现，再经过十一年后（即1976 年），裂缝大片出现，1978 年 1 月至 6 月，东北塔心，西北塔心的水泥喷浆面大块隆起、凸肚、崩裂、剥落掉地。出现了严重险情，北部底层的回廊内塔心倚柱开裂，其宽度表面达 1 厘米以上，北部三个壸门的内侧壁上，有显著的竖向缝，东西壸门上部倚柱的圆弧形部有水平裂缝，回廊内立壁上有斜向裂缝，地面有地面缝。但总体而言裂缝主要集中在底层，二层较少，三层、四层基本上罕见，根据裂缝的形式走向、位置，划为下列几种：

1. 竖向裂缝

竖向裂缝是虎丘塔的主要裂缝，分布于塔体底层北半部六个内外砖墩上。其中以东北、西北两个塔心墩的水泥喷浆面和东北、北、西北三个外壁墩壶门内两个侧壁上最为显著。东北、西北塔心墩三个砌体面的水泥喷浆大片起壳凸肚、崩裂、剥落，并将砌体上的砖一起拉断，出现很多竖向裂缝，每个喷浆面有1~2条裂缝，宽度在0.5~1.0毫米，深度一般在20厘米左右，长度从0.5米到1.5米不等，有的表面上下贯通，喷浆崩裂处的砖砌体上有开裂现象，亦有单砖断裂现象。

外壁部分主要集中在东北壶门、北壶门、西壶门（称北部三壶门）的东西侧壁的水泥喷浆面上，裂缝的宽度在0.5~1.5毫米左右，深度约20厘米，长度从0.5~2.0米不等。每个侧壁有1~2条，有的表面上下贯通，剥去喷浆面后，裂缝少见而细。

2. 斜向裂缝

这种裂缝分布在塔体的南半部，一、二层回廊内及外墩的内立面上，位置近彩画处，主要有一层回廊东壶门附近的内立面上，二层回廊，东西壶门附近的内立面上，二层层面扶梯井处的墙面和扶梯井下部的墙面上，均有斜向裂缝的分布。其特点成45度左右的方向开裂，延伸，宽度一般在1.0~2.0毫米左右，最宽达1厘米不等，二层上延砖缝开裂延伸，深度较浅，在5厘米左右。

3. 水平裂缝

水平裂缝主要分布在底层东西壶门南侧的圆弧部位，裂缝呈水平方向开裂延伸，宽度为0.20~0.40毫米之间，长度从20厘米到1米不等，深度较浅，小于5厘米，另一部位在每层扶梯井部位，部分是水泥喷浆面上出现细裂，部分是粉刷灰砂，纸筋被拉开，宽度较小在0.1~0.5毫米之间，长度几十厘米到1米不等，深度小于10厘米。

4. 地面裂缝

地面裂缝分布很广，主要集中于塔体底层北半部地平面上，塔的东南和南地面上亦有些不规则分布，这种裂缝多而显著，由北向东西两个方向开裂延伸，形成半环状分布，长度几十厘米到3.0米不等，宽度2.0毫米以上。在二层北半部地面回廊与北部三壶门的地面交界处，均有开裂现象，长度即为壶门的地面宽度，裂缝宽度1.0毫米左右。

三、裂缝观测设计

根据塔体北倾，主要裂缝又集中分布在塔身北半部这一受力特点，故裂缝的观测点应集中在塔体北半部的内外砖墩砌体上。其布点原则：

1. 反映为内力变化的结构裂缝。

2. 受力变化最明显的裂缝，即塔体最薄弱的部位。

3. 观测与测量点布置在砌体的实部上（喷浆与砌体不起壳的部位或砖砌体上）。

所以测点全要布在塔体的底层北半部内外塔墩上，同时辅以石膏，铅芯等直观手段予以跟踪。

裂缝观测主要指开裂宽度、深度和长度，方向及开裂时间等参数。对于宽度测量，采用YB—25型手持式应变仪（测量标距250毫米），可测变化为千分之一毫米。由于塔体上黄泥砖砌体结构，超声波探测深度和钻孔取芯法均不可取。所以深度观测采用凿开裂缝或用竹扑探深方法进行。

裂缝延伸观察利用跟踪法即记录原始裂缝末端位置，相隔一段时间后，观其延伸的长度。另外在裂缝上嵌入石膏观察条和环氧水泥粘贴的铅芯条，用肉眼直接检查，观察裂缝是否真正开裂。

　　根据观测的要求和方法，分别在北部三壶门，东北塔心，东西壶门，底层北面的地面回廊和东回廊内立面，二层北面的地面回廊和东西南二内立面以及各层扶梯井等处布置仪器测点和观察条。位置见下列示意图：

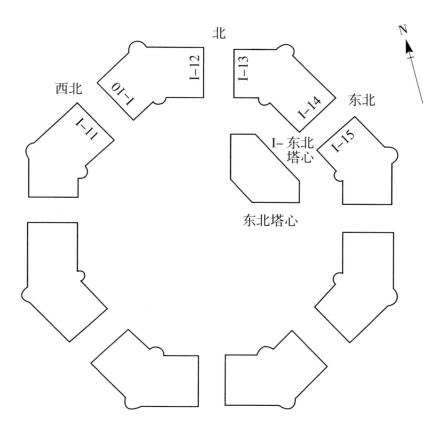

图一　底层竖向裂缝测点布置示意图

东北壶门，东、西侧壁上Ⅰ-14、Ⅰ-15；东北门门东，西侧壁上Ⅰ-13、Ⅰ-12；西北壶门内，东、西侧壁上Ⅰ-10、
Ⅰ-11；东北塔心，东北回廊处Ⅰ-东北塔心；合计七个测点。

　　底层裂缝共布11个测点，至于其余裂缝，均用观察条布置。

<h2 align="center">四、虎丘塔加固工程前准备时期裂缝的变化和发展
（1979 年 9 月～1981 年 9 月）</h2>

　　虎丘塔加固工程的实施于1981年12月开始，为探明塔体、地基，工程前进行了一系列的准备工程。1979年7月以前，在塔体的西南、东南开挖1#2#探槽（期间还未建立裂缝观测）。1979年9月中旬至1981年9月两年之中，塔基进行了三次小的准备工程，分述如下：

　　1. 开挖3#探井（1979 年 9 月～1979 年 10 月 20 日）

　　1979年9月14日，在距塔体东北方向4米处，开挖直径1.60米，编号为3#探井。工程进至9月27日，挖至0.80米见基岩后填实结束。开挖期间曾用1.60米，0.80米钢管，在12吨千斤顶顶压下，压入亚黏土层，力图寻找塔基大方脚，结果无获。开挖的前半望（9.14～9.21）探井深度6.00米已见基岩风化面，所有裂缝测点和石膏观察条均无异常出现。9月27日探井填实，裂缝测点普遍增大，石膏条出现细

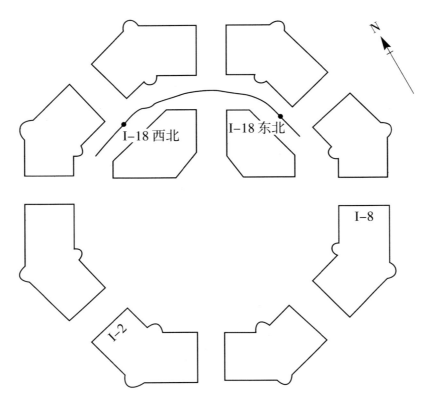

图二　底层水平裂缝、地面裂缝测点布置示意图

水平裂缝（二点）：东壶门Ⅰ—8、西南壶门Ⅰ—2　地面裂缝（二点）：Ⅰ—18 东北地面、Ⅰ—18 西北壶门

微裂缝。竖向裂缝从 9 月 21 日起，增值从 0.001 毫米，增加到 0.045 毫米，地面裂缝从 0 增到 0.07 毫米，水平裂缝增值由 0.001 毫米增到 0.014 毫米，底层回廊东内立面上石膏出现微裂，显然是一次裂缝异常，一星期后再次测量，除东北方向的壶门和地面，还有异常外，其他测点变化无几。10 月 13 日以后测值已趋平稳，表明塔体进入相对稳定阶段。

表 1　　　单位：毫米

东部三壶门（竖向裂缝）						地面裂缝		水平裂缝	
东北部		北部		西北部		东北部	西北部	东部	西南部
Ⅰ—15	Ⅰ—14	Ⅰ—13	Ⅰ—12	Ⅰ—10	Ⅰ—11	Ⅰ—18	Ⅰ—18	Ⅰ—8	Ⅰ—2
0.041	0.084	0.036	0.037	0.040	/	0.100	0.082	石膏细裂	石膏细裂

开挖 3# 探井从施工前到结束后的二十多天，裂缝主要测点增值见表 1。

从工程进展与裂缝发展对照，时间并不一致，3# 探井开挖至深 6.00 米，裂缝还未见异常，在时间上有一个滞后现象。这不表明开挖深 6.00 米的探井不带来影响，而是影响还未涉及，其因在于探井距塔身 4 米远，说明这样的工程规模，这样的距离位置，裂缝要经过两个星期才出现异常。这对塔基加固工程、排桩、钻孔等方案制定，都有一定的重要意义。

2. 人工钻孔（1979 年 10 月 20 日~12 月 18 日）

该期间，利用钢钎、手摇钻，分别在东北壶门地面北回廊地面，南回廊地面，人工钻孔，孔 1、孔 2、孔 3 三个以建立塔基地层地质剖面图。具体位置如下示意图（图三）：

74

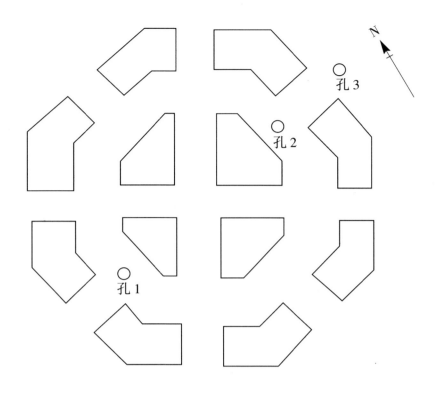

图三 人工钻孔位置示意图

手摇钻孔于 11 月 25 日开始，12 月 6 日结束，当人工钻孔施工孔 2 时，因遇阻，使用四磅锤击钢钎一万次，不进尺，改用 8 磅锤击钢钎一千次，还不进尺而罢休，估计是遇阻大石块所致，由于在塔内打击钢钎，引起的振动使塔身砌体受到直接影响，导致裂缝变化。11 月 30 日，孔 2 停止打击，测得增值，东北壶门内，东、西侧壁上达 0.04 ~ 0.05 毫米左右。北壶门，西北壶门内侧壁上达 0.04 毫米左右。东北地面回廊测点因施工而损坏，无测值，西北地面回廊测点达 0.10 毫米左右，裂缝显然增大。

这次裂缝测值增大，无时间上的滞后现象，它是随孔 2 停止打击后测得的，主要原因是在塔内施工，特别是打击钢钎，裂缝测点就在旁侧，所以，尽管孔径在 50 毫米左右，较小，裂缝还是受到了影响。但这种影响不能涉及全塔范围，仅仅局限于孔 2 附近的裂缝变化。见下列裂缝测值表（表 2）：

表 2　　　　　　　　　　　　　　　　　　　　　　　　　　　　　　　　　　　　　单位：毫米

年月日	北部三壶门竖向裂缝						地面裂缝		水平裂缝	
	东北部		北部		西北部		东北	西北	东部	西南部
	I −15	I −14	I −13	I −12	I −10	I −11	I −18	I −18	I −8	I −2
1979. 11. 10	0.531	0.550	0.518	0.538	0.550		0.585	0.520	0.362	0.438
1979. 11. 30	0.580	0.650	0.565		0.590			0.635	0.380	0.485
1979. 12. 18	0.519	0.563	0.508		0.535			0.553	0.340	0.417

表中可见，12 月 18 日测值已恢复，接近和小于 11 月 10 日的测值。自 12 月底后，冬季来临，裂缝因受温度、湿度影响，趋于闭合，增值出现空值。

3. 小口径钻孔注浆试验工程（1981 年 6 月 ~ 9 月）

1981 年 6 月至 9 月在塔体的东北方向，西侧方向和南侧方向利用百米钻共钻孔注浆 8 只孔，孔径从 75 至 160 毫米，由于钻孔采取小口径慢转速弱震动无循环水等一系列安全措施，试钻期间和试钻结束后，裂缝测值无突变现象，可以认为，试钻虽然对地基有一定的搅动，但对塔体裂缝的发展未带来明显影响。试钻期间，裂缝增值表如下（表 3）：

表3　　单位：毫米

年　月　日	东部三壶门竖向裂缝						东北塔心	地面裂缝		水平裂缝	
	东北部		北部		西北部		竖向缝	东北	西北	东部	西南部
	Ⅰ－15	Ⅰ－14	Ⅰ－13	Ⅰ－12	Ⅰ－10	Ⅰ－11	Ⅰ－塔心	Ⅰ－18	Ⅰ－18	Ⅰ－8	Ⅰ－2
81. 6. 17	0.295	0.365	0.317	0.270	0.376	0.283	0.235	0.260	0.240	0.058	0.170
81.7.3～7.16钻试	0.287	0.355	0.317	0.265	0.375	0.275	0.210	0.235	0.240	0.056	0.168
81. 7. 25	0.300	0.360	0.317	0.280	0.388	0.287	0.229	0.323	0.220	0.055	0.170
81. 8. 2	0.310	0.375	0.320	0.285	0.395	0.287	0.235	0.234	0.220	0.060	0.175
81. 8. 10	0.302	0.363	0.371	0.283	0.392	0.285	0.234	0.239	0.225	0.055	0.172
81. 8. 17	0.317	0.360	0.318	0.280	0.381	0.285	0.245	0.243	0.225	0.057	0.176
81.9.7～9.5结束	0.317	0.375	0.320	0.285	0.400	0.290	0.273	0.275	0.245	0.073	0.185
81.9.7～9.5结束	0.022	0.010	0.003	0.015	0.024	0.007	0.038	0.015	0.005	0.015	0.015
81.6.17～9.7增值	0.017	0.005	－0.002	0.010	0.019	0.002	0.033	0.010	0	0.010	0.010

　　从这期所测得的裂缝数值表可看出，除东北塔心的竖向裂缝测值较大外，其余测值均较小。试钻孔布置示意图如下（图四）：

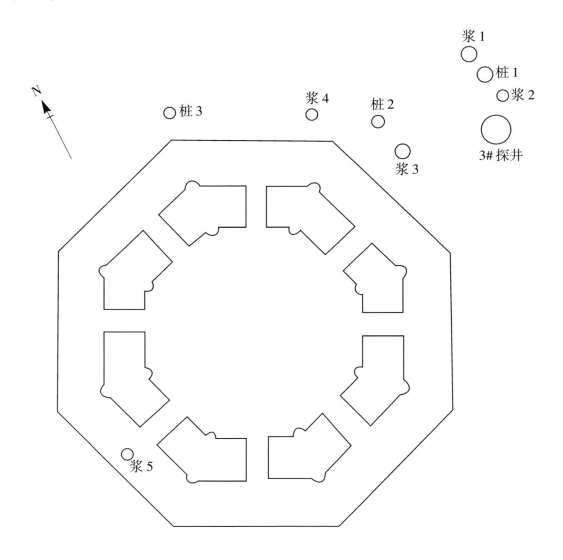

图四　试钻孔位布置示意图

从布孔位置可见，大部试钻孔都集中在塔身东北方向，也即是塔体的倾斜方向，在这个危险区内进行钻孔试验，塔身的沉降，位移和裂缝是最易发生变化和发展但其结果对塔体裂缝并无明显影响，由同济大学所测的振动数值表明影响也很微弱。这对地基加固时的钻孔压力注浆方案的制定带来了可行性。

虎丘塔加固工程前两年内（1979 年 9 月至 1981 年 9 月）进行了三项准备工程，塔体裂缝受到了不同程度的影响，特别是开挖了 3 井探井的影响，导致裂缝有了明显的变化和发展。

工程不但达到设计目的，而且通过对施工的规模、开挖部位裂缝出现的时间等方面的探索、分析，对今后的加固工程有着十分重要的现实意义，它为制定加固方案提供了必要的参考依据，为切实可行的施工方案提供了条件。两年内裂缝的增值见下表（表 4）：

表 4　1979.9～1981.9　　　　　　　　　　　　　　　　　　　　　　　　　　　单位：毫米 9℃下

北部三壶门竖向裂缝						东北塔心竖向裂缝	东南塔心竖向裂缝	地面裂缝		水平裂缝	
东北部		北部		西北部				东北	西北	东部	西南部
Ⅰ－15	Ⅰ－14	Ⅰ－13	Ⅰ－12	Ⅰ－10	Ⅰ－11	Ⅰ－塔心	Ⅰ－塔心	Ⅰ－18	Ⅰ－18	Ⅰ－8	Ⅰ－2
0.163	0.161	0.109	0.137	0.152		0.024/月	╱	0.148	0.155	0.042	0.044

从 1981 年 9 月，排桩工程前夕，裂缝逐渐受冬季气温、湿度影响有小的负值出现，趋在相对稳定中，故上述两年内缝增值表也是到 1981 年底时的裂缝增值表。

五、排桩工程期间裂缝的变化和发展
（1981 年 12 月 16 日～1982 年 8 月 20 日）

虎丘塔地基加固第一期工程中的第一项工程——地下排桩工程于 1981 年 12 月 18 日开始，1982 年 8 月 20 日结束。历时八个余月，完成浇筑钢筋桩 44 只，从而塔的下部地基均被围牢，控制地基的水土流失、蠕变和压缩变形，排桩工程距塔体约 3 米，桩径为 1.4 米，施工中虽然力求塔的安全，但因工程的规模、时间、距离等影响因素还是导致裂缝有明显的变化和发展。

（一）施工期的裂缝观测

1981 年 12 月 18 日，位于塔身东北方向开挖第一个桩见下列排桩工程位置示意图（图五）：到 12 月 29 日，坑深 7.40 米，东北地面、东壶门铅芯观察条断，石膏微裂。12 月 31 日，北部三壶门内铅芯观察条断，同时测得的裂缝数值，普遍有增大现象，表明了裂缝的发展。具体见下列裂缝测值表（表 5）：

从裂缝测值表中可见，在 12 月 29 日、31 日两天中测值都有增大，1982 年 1 月 2 日、5 日两天中，测值由大减小，此时 40# 桩坑已经开挖，位置东北偏东方向，这样方向上有两只桩坑同时施工。1 月 8 日，在塔西开挖 14# 坑。因 40#、14# 桩坑影响，1 月 18 日测值又一次增大和断铅芯出现。在 1#、40# 桩填实后，开挖位置转向塔南，测值逐趋减小，一、二月份开挖桩坑数量在 3 只左右，为确保塔的安全，开挖位置分散（具体可见 1982 年 8 月 30 日排桩工程竣工图），一般裂缝测值不大，随着冬季来临，雨量和湿度的影响，裂缝趋于闭合，测值减小。裂缝测值这种变化的情况，也可与塔体位移测量对应起来。见下列由同济大学测量系所测 E7（塔体第七层位移）位移，时间曲线（图六）：

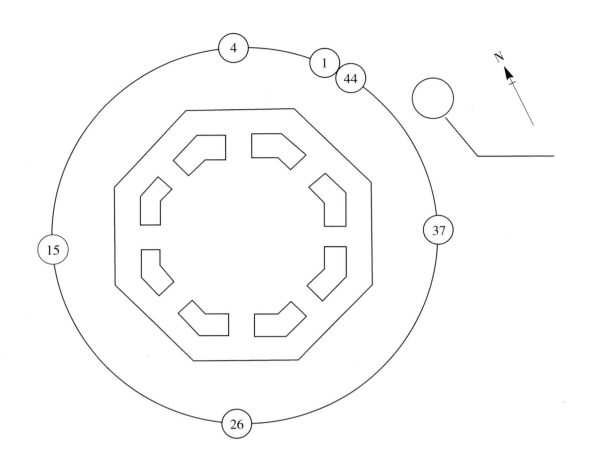

图五 排桩坑位示意图

表5 单位：毫米

年月日	东部三壶门竖向裂缝						北塔心竖向裂缝	东南塔心竖向裂缝	地面裂缝		水平裂缝	
	东北部		北部		西北部				东北	西北	东部	西南部
	I-15	I-14	I-13	I-12	I-10	I-11	I-东北心	I-东南心	I-18	I-18	I-8	I-2
1981. 12. 16	0.300	0.375	0.303	0.241	0.380	0.272	0.322	0.421	0.397	0.330	0.031	0.170
81. 12. 29	0.305	0.385	0.311	0.247	0.383	0.275	0.330	0.427 石膏细粒	0.435 铅芯断	0.338	0.042 铅芯断	0.185
81. 12. 31	0.316	0.400 铅芯断	0.314	0.247	0.400 铅芯断	0.280 铅芯断	0.345	0.427	0.445	0.350	0.062	0.205
1982. 1. 2	0.310	0.378	0.307	0.240	0.380	0.271	0.344	0.424	0.421	0.324	0.038	0.178
82. 1. 5	0.303	0.383	0.304	0.236	0.380	0.269	0.334	0.427	0.437	0.338	0.042	0.185
82. 1. 18	0.315	0.410 铅芯断	0.320	0.240	0.400 石膏细裂	0.280	0.344	0.440	0.471 铅芯断	0.385 铅芯断	0.055	0.215
82. 2. 4	0.310	0.370	0.295	0.235	0.370	0.255	0.355	0.425	0.430	0.350	0.635	0.185
82. 2. 16	0.290	0.355	0.300	0.235	0.365	0.260	0.340	0.420	0.435	0.334	0.030	0.178

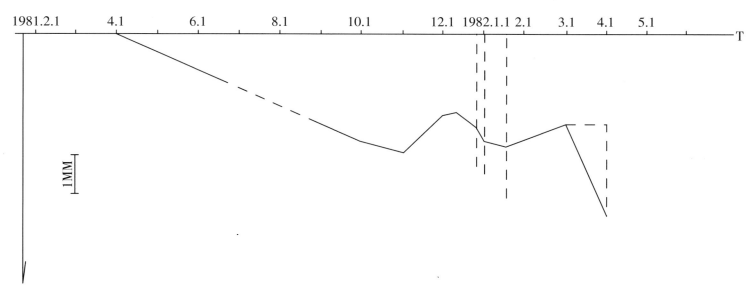

图六　E7 向北移位值——时间曲线表

从曲线表上可知，1981 年 12 月下旬到 1982 年 1 月中旬，这段时间内，E7 层的位移是增大的，与裂缝所测的值相吻合。

1982 年 3 月份开始，桩坑开挖数量增多，部位分散。

根据上述裂缝增值表和排桩工程前后塔体裂缝增加值与时间曲线表，裂缝的变化情况分述如下：

1. 北部三壶门内东、西侧壁的竖向裂缝：

北部三壶门（即东北壶门、北壶门、西北壶门）的裂缝，从 1981 年 12 月 16 日排桩工作前到 1982 年 3 月 9 日这一期间，裂缝总的增加值为负值，该期间内，裂缝出现过两次测值增大的变化（前面已述，即 1981 年 12 月 31 日到 1982 年 1 月 18 日是二次），这是桩坑初期在东北方向开挖所致。但因冬季雨量的湿度影响较大，裂缝呈趋闭合状态最终的测值还是较小，故增值均以负值出现。从 1982 年 3 月 9 日到 6 月 19 日近三个月的时间里，共开挖桩坑 28 只，占总桩坑数近三分之二，该期间，裂缝出现明显变化，负值消失，正值出现并不断增加。分别从 − 0.013、− 0.012、0.0239（毫米）增加为 0.055、0.064、0.083（毫米），裂缝变化了 0.068、0.076、0.106（毫米）。6 月 19 日到 8 月 17 日（工程 8 月 20 日结束）两个月的时间内，共开挖桩坑 8 只，数量减少，裂缝测值基本处于稳定状态。因此 3 月 9 日到 6 月 19 日为北部三壶门裂缝发展时期，发展原因显然是开挖数量增多造成，3 月下旬到 4 月份，五六只桩坑以至七只桩坑同时进行施工，导致地基不均匀沉降加剧，而使裂缝发展。5 月中旬以后，开挖数量虽然得到控制，但裂缝的变化并未停止，一个月后，裂缝的变化才逐渐稳定下来。从同济大学的 E7 位移时间曲线表上也可见，3 月份以后，E7 层向北倾斜位移曾急剧发展，位移近 25 毫米。两者的变化时间基本一致，表明存在着内在的联系，各点增值见前表。

2. 东北塔心竖向裂缝：

1982 年 3 月 9 日以前，东北塔心裂缝与北部三壶门相似，趋于闭合状态，负值出现。3 月 9 日到 5 月 14 日，是开挖桩坑数量最多时期，裂缝开始增大，增值达 0.044 毫米。5 月 14 日以后，裂缝增值迅速增加，一些时期接近于直线上升的发展，直至工程结束（8 月 20 日）。为何该期开挖数量减少塔心裂缝反而加速发展，这主要在于塔心裂缝原就处在变化发展阶段（七八年间，水泥喷浆严重崩裂），裂缝发展一直处于较快现象，塔体倾斜位移的发展，塔体重心更加北移，塔心附加应力增加，故裂缝变化显著。由于应力的逐级传递，在时间上带来了差异。到 8 月 17 日（20 日工程结束）增值为 0.185 毫米。

3. 地面裂缝：

地面裂缝的变化和发展，在地基加固工程中是最为敏感的裂缝，这是因为搅动地基时地面裂缝最先受到影响，在桩坑开挖的初期阶段（即 1981 年 12 月 16 日到 1982 年 1 月 10 日），12 月 31 日和 1982 年 1

月 18 日两次裂缝测值增大和断铅芯现象，地面裂缝变化都很显著，增加值以正值出现。由于开挖部位位于东北方向，故东北地面裂缝增值还大于西北地面裂缝（分别为 0.047 和 0.02 毫米）。3 月 9 日以后，随着开挖数量增多增加值也逐渐增大，但因开挖部位的不同，东北、西北地面裂缝的变化发展不尽一样，例：1982 年 2 月在西北方向开挖 6# 桩坑，东北方向无开挖，则西北地面裂缝增值变化，东北地面无增值变化。再如 1982 年 7 月 9 日在西北方向开挖 12# 桩坑，东北方向无开挖，则西北地面缝有增值变化，东北地面缝则无增值变化。到工程结束时（8 月 20 日），东北和西北两条地面缝增值分别达到 0.059 和 0.157 毫米（1982 年 8 月 17 日增值）。

4. 水平分裂：

水平分裂缝测点布在东、西南二壶门的圆弧部位，东壶门除 1982 年 1 月 18 日受到在东北方向开挖的影响裂缝出现增值大于西南壶门的裂缝增值外，变化发展的情况基本上相似，到 8 月 17 日东北和西北二条地面裂缝增值分别达到 0.102 和 0.096 毫米。

以上四点即是塔体各部位裂缝在排桩工程施工期间的变化发展情况，它们随之时间经过几个变化阶段，裂缝值都增加了。但从宏观上认识，增值是极微小，所以裂缝在深度和长度上的变化均很小。为说明工程影响的程度，与前两年的增值相比较（即：1979 年 9 月～1981 年 9 月），从中可以看出增值的大小和速度，见下列比数表（都相应于 9℃下的增值）：

表 6 单位：毫米

	北部三壶门竖向裂缝						东北塔心竖向裂缝	东南塔心竖向裂缝	地面裂缝		水平裂缝	
	东北部		北部		西北部				东北	西北	东部	西南部
	I－15	I－14	I－13	I－12	I－10	I－11	I－东北	I－东南	I－18	I－18	I－8	I－2
排桩工程	0.062	0.033	0.076	0.069	0.092	0.060	0.185	0.051	0.095	0.157	0.096	0.102
开挖 3# 探井工程	0041	0084	0036	0037	0040				0100	0082	石膏细裂	石膏细裂
准备工程 1979.9～81.9	0163	0161	0109	0137	0152		0024/月		0148	0155	0042	0044

从对比表中可以看出：地下排桩工程对裂缝的影响大于开挖 3# 探井的影响，小于两年准备工程的影响（北部三壶门）。但在东壶门、西南壶门的水平和西北地面的裂缝增值，则大于和接近两年内的裂缝增值。排桩工程进行了八个余月，增值变化的速度却是大于两年内平均增值变化速度的。表明排桩工程对裂缝的影响是不能低估的。

1982 年 6 月，塔体二层地面回廊与北壶门、西北壶门等接合部位，曾出现过石膏面上有位差现象，即外低内高，由于位差极微，只能借助于手摸的感觉。后在同年十月份上述现象又重复一次。这表明外墩与塔心内墩之间出现的微弱不均匀沉降存在，从另一个方面表明排桩工程对裂缝带来的影响是明显的。

（二）排桩工程结束后的裂缝观测（1982 年 8 月 17 日～10 月 17 日）

工程结束后两个月内观测期，由于各部位裂缝所受影响不尽相同，与施工直接相关的地面裂缝水平裂缝和塔心垂直缝变化增加外，北部三壶门裂缝相对减小些。见下列裂缝增值表（以 1981 年 12 月 16 日为起始）。

表 7　　　单位：毫米

	北部三壶门竖向裂缝						北塔心竖向裂缝	东南塔心竖向裂缝	地面裂缝		水平裂缝	
	东北部		北部		西北部				东北	西北	东部	西南部
	I－15	I－14	I－13	I－12	I－10	I－11	I－东北	I－东南	I－18	I－18	I－8	I－2
1982.8.17	0.062	0.033	0.076	0.069	0.092	0.060	0.185	0.051	0.095	0.157	0.096	0.102
82.9.21	0.055	0.030	0.062	0.054	0.092	0.043	0.223	0.064	0.104	0.168	0.083	0.095
82.10.8	0.057	0.027	0.064	0.051	0.097	0.043	0.250	0.073	0.120	0.167	0.073	0.090
82.10.17	0.058	0.036	0.069	0.049	0.096	0.043	0.258	0.079	0.133	0.163	0.079	0.108

上表末行裂缝增值（1982 年 10 月 17 日）即为排桩工程的施工测量期和结束观测期各部位裂缝的总增值量（1981 年 12 月 16 日～1982 年 10 月 17 止），若要每行的增值变化，则下面三行各减第一行差值即为这两个月的每次增量。

六、钻孔压力注浆工程期间裂缝的变化和发展
（1982 年 10 月 17 日～1983 年 10 月 11 日）

虎丘塔地基加固第一期工程中的第二项工程——钻孔压力注浆工程也于 1982 年 10 月 20 日开始，1983 年 7 月 29 日结束，历时九个余月。完成钻孔 161 个，注浆 27 立方米左右（其中水泥用量约 34 吨）。由于钻孔注浆在地下排桩内实施，从而增加地基土石的密实度，达到提高地基的承载力的目的。

1. 钻孔注浆期间的裂缝观测（1982.10.17～1983.10.11）

钻孔注浆的顺序是先注东北部和北部，紧靠地下排桩的内侧，以后从内侧边沿向塔中心推进，先塔外后塔内推进（钻孔注浆详细位置及顺序见 1983 年 12 月由上海市特种基础研究所编制的钻孔注浆工程图集）。注浆工程期间塔体裂缝分述如下：

（1）北部三壶门竖向裂缝

三壶门的裂缝从 1982.10.17～83.10.11 一年内裂缝增值与时间曲线上可见六条缝的增值变化和大小情况基本相似和接近，分两个时期，1982 年 10 月 17 日至 1983 年 5 月，裂缝增值为负值出现，在零值线以下，表示裂缝在该期内呈闭合状态，以北壶门 I—12 测点最为明显在—0.080 毫米，除冬、春二季雨水潮湿影响小，未发现促使闭合的原因，这表明，虽然塔外北半部进行了钻孔注浆，并未影响裂缝的变化。或即是存在影响还不及雨水及湿度的影响而被掩盖。后期从 1982 年 5 月到 10 月，裂缝逐渐出现变化，由负增值开始向正增值发展，但这种变化发展微小，还不属裂缝异常。但在 7 月下旬，工程结束后两天，裂缝出现了异常，六个测点的测值都普遍增大，具体见下列测值表（表 8）：

表8 单位：毫米

	1983. — 7. 10	1983 — 7. 20	1983 — 7. 31	1983 — 8. 7	1983 — 8. 14	1983 — 8. 28	1983 — 9. 11
		33℃	33.5℃	32℃			
I－15	0.325	0.326	0.340	0.356	0.354	0.352	0.346
I－14	0.366	0.366	0.385	0.407	0.394	0.393	0.392
I－13	0.340	0.340	0.353	0.371	0.365	0.361	0.361
I－12	0.260	0.267	0.282	0.287	0.281	0.279	0.275
I－10		0.455	0.472	0.502	0.502	0.497	0.500
I－11	0.281	0.286	0.293	0.305	0.300	0.297	0.290

表中7月20日，7月31日和8月7日，三次测量时温度接近，分别为33℃，33.5℃，32℃；湿度接近60%，56%，56%，可以说，这样相近的机遇不多见，它将温湿度的影响相对消除，所测得的值接近于真实的变化。7月20日所测得的值认为小的，则7月31日所测值则是大的，这样发展到8月7日才停止下来，直到月底才渐减小。所以7月24日到8月7日为裂缝变化期。半个月内增值见下表（表9－1）：

表9－1 单位：毫米

测点编号	I－15	I－14	I－13	I－12	I－10	I－11
裂缝增值	0.030	0.041	0.031	0.020	0.050	0.019

半个月内裂缝最大变化的增值为0.050毫米。另则，当7月31日测值出现变化时，即布上石膏观察条，到8月7日再测时，东北、西北二壶门石膏已裂，肉眼清晰可见，直观上证明裂缝也变化了。

北部三壶门裂缝自1982年10月17日～1983年10月11日总的增值见下表（表9－2）：

表9－2 单位：毫米

测点编号	I－15	I－14	I－13	I－12	I－10	I－11
总增值 （1982.10.17－83.10.11）	0.012	0.001	0.013	0.005	0.044	0

一年增值表明，除西北壶门 I—10 测点，增值了0.044毫米外，其余五个测点，均无多大增加，甚至未变，说明各部裂缝受其影响时，变化不一。就西北壶门 I—10 测点而言，与7、8月的裂缝相比（该次增值为0.050毫米）还略小一些。但总的看到，北部三壶门内的裂缝还是处于变化不大，相对稳定中。

（2）东北塔心竖向裂缝

东北塔心裂缝的变化和发展一直处于快的状态中，由于临时加固设施，塔墩四周的裂缝不能布置很多的测点，而仅在暴露部分布置了一个测点和石膏观察条，塔心裂缝由于处于变化和发展时期，即使不受工程实施的影响，裂缝也是在发展之中，因而在任何工程中，它的变化和发展总是最大。

一年内，裂缝总增值为0.152毫米，4月份所布石膏观察条已裂开，并伸长2厘米。增值曲线上，裂缝始终处在增大的发展中，未有负值出现。7月底8月初，北部三壶门裂缝出现异常，东北塔心同样存在，见下表（表10）：

表10 单位：毫米 33℃下

时间	1983.7.10	83.7.24	83.7.31	83.8.7	83.8.14
测值	0.216	0.216	0.250	0.287	0.285

半个月内裂缝变化的增值达0.071（83.7.24~8.7）与北部三壶门相同是一次裂缝发展。1983年6月2日，为拆除西北塔心墩四周的临时加固设施，为安全考虑，先将东北塔心的加固设施——八根钢筋紧箍，发现紧箍前后，裂缝测值有所变化，见下列表（表11-1，温度从23.4℃降至20.9℃，湿度100％）。

表11-1 单位：毫米 23.4℃下

紧箍前测值	紧箍后测值	差值	温度修正后的差值
0.245	0.212	-0.038	-0.039

可见紧箍前后直接差值为—0.033毫米，表明裂缝在紧箍后闭合了，消除温度影响，消除闭合了0.039毫米。

另外，从塔心墩的压缩变形测值中可知，砌体在纵向方向上伸长了，见下实测表（表11-2）：

表11-2 单位：毫米 23.4℃下

测点编号	紧箍前	紧箍后	差值	温修后差值
表1	0.634	0.623	-0.011	-0.017
表2	0.668	0.636	-0.032	-0.038
表3	0.500	0.489	-0.011	-0.017
表4	0.652	0.625	-0.027	-0.033

上述二表可见，东北塔心在紧箍的作用下，纵横二向发生了伸长和收缩的变化，这固然与砌体本身存在的力学性质相关，但是否紧了这八条钢筋箍就能产生这种效应在以后的裂缝分析中再谈及。从这种明显的变化可以得出下面三点认识：①反映砌体本身不是一个很固的实体，在外力作用下砌体的变形还是较大的。②表明了目前的临时加固设施起到一定的作用，阻止和缓慢了裂缝的迅速发展。③临时加固设施，目前不能拆除。

（3）东南塔心和东西南二壶门裂缝

东南塔心箍北壁，东走道的南壁上，布置一竖向裂缝测点，一年内的增值为0.07毫米。东、西南二壶门上的水平裂缝，一年内增值以负值出现。裂缝呈闭合。但这三处的裂缝在7月底8月初这次裂缝异常中，同样也发生一次测值增大的变化。

由于裂缝的变化期正好处在注浆工程结束时出现，故施工测量期到10月11日。

2. 钻孔注浆工程结束后的裂缝观测

1983年10月11日~1984年6月19日裂缝变化见下列观测期裂缝测值表（表12）：

表 12　　　　　　　　　　　　　　　　　　　　　　　　　　　　　　　　　　　单位：毫米　17℃

	1983 10.11	83. 11.15	83. 12.16	1984 1.22	84 2.15	84 3.11	84 4.8	84 5.9	84 6.4	84 6.19
I－15	0.340	0.337	0.343	0.340	0.325	0.328	0.330	0.328	0.338	0.335
I－14	0.380	0.390	0.414	0.410	0.380	0.386	0.375	0.370	0.388	0.390
I－13	0.355	0.358	0.368	0.365	0.340	0.350	0.345	0.368	0.395	0.415
I－12	0.265	0.248	0.248	0.230	0.230	0.240	0.245	0.260	0.265	0.270
I－10	0.490	0.485	0.496	0.493	0.465	0.476	0.475	0.475	0.501	0.506
I－11	0.285	0.280	0.290	0.276	0.272	0.276	0.275	0.280	0.286	0.255
I－东北塔心	0.314	0.367	0.430	0.442	0.400	0.402	0.360	0.335	0.345	0.335
I－东南塔心	0.540	0.550	0.570	0.575	0.580	0.572	0.560	0.550	0.550	0.575
I－18 东北地面	碰									
I－18 西北地面	坏									
I－8 东	0.065	0.040	0.050	0.020						0.020
I－2 西南	0.245	0.238	0.260	0.270	0.238	0.242	0.240	0.210	0.240	0.216

八个月的观测期中，北部三壶门裂缝测值，基本受温度影响变化。消除温度因素后，仅此壶门 I—13 测点有增加外增值达 0.040 毫米，其余均为负增值。东北塔心裂缝变化较大，增值变化最大达 0.084 毫米，但最终增值还是很小。东南塔心增值变化也较大，但最终增值也较小，仅 0.015 毫米，东西壶门增值呈负值出现。见下列观测期（1983.10.11 ～ 1984.6.19）和施工期（1982.10.17 ～ 1983.10.11）裂缝增值表（表 13）：

表 13

	北部三壶门竖向裂缝						东北塔心 I－东北	东南塔心 I－东南	东壶门	西南壶门
	I－15	I－14	I－13	I－12	I－10	I－11			I－8	I－2
观测期 增值	－0.025	－0.010	0.040	－0.015	－0.004	－0.045	0.001	0.015	－0.065	－0.049
施工期 增值	0.12	0.001	0.013	0.005	0.044	0	0.153	0.070	－0.015	－0.003

从观测期的裂缝增值可见，除塔心部分和西北壶门增值较大外，其余测点均小。观测期内除北壶门有正增值外其余均小和以负增值出现。

综上所述，钻孔压力注浆工程对裂缝的变化带来了影响。但最终的增值量还是较小的。

七、壳体工程期间裂缝的变化和发展
（1984 年 6 月 23 日 ~ 1985 年 5 月 22 日）

虎丘塔基础加固工程（二期工程）即壳体工程于 1984 年 6 月 23 日开始，1985 年 5 月 22 日结束，历时十一个月。在塔体底部（即塔基础）及地下排桩内，建筑一个覆盆状钢筋混凝土壳体，其底边直径达 20 米左右，顶边直径为 15 米左右，厚度为 45 ~ 65 厘米，它扩大了塔底基础直接持力层的面积，减小持力层的压应力。由于塔内底板深入各塔墩内达 25 ~ 30 厘米之多（有的甚至超过该数），脱换了塔墩底部四周已经严重破坏的砌体基础（脱换面积为塔墩底层面积的 40% 以上）。好似在塔墩底部形成了一层圈梁，紧箍了塔底基础，提高了持力层的承载能力，达到为虎丘塔脱换一个基础。

由于壳体工程的规模大、时间长，开挖位置又是塔墩底部和塔内，所以施工的技术要求很高，难度和风险都很大。随着工程的进展，塔体各部位的裂缝都发生了很大的变化和发展。壳体工程期间裂缝分析如下：

1984 年 6 月 23 日开挖浇灌东壶门。24 日测量，见下列测值和增值表（表 14）：

表 14　　　　　　　　　　　　　　　　　　　　　　　　　　　　　　　　　　　　单位：毫米　24℃下

	北部三壶门竖向裂缝						北塔心 I－东北	东南塔心 I－东南	东壶门 I－8	西南壶门 I－2
	I－15	I－14	I－13	I－12	I－10	I－11				
84.6.19 测值	0.347	0.402	0.427	0.282	0.518	0.267	0.347	0.587	0.032	0.228
84.6.24 测值	0340	0400	0430	0270	0520	0270	0390	0620	0170	0220
6.19 ~ 6.24 裂缝增值	－0.007	－0.002	－0.003	－0.012	0.002	0.003	0.043	0.033	0.138	－0.008

测量表明东北壶门对东北塔心、东南塔心和东壶门三条裂缝发生变化，变化增值最大为东壶门达 0.138 毫米。6 月 29 日，东走道内东南塔心水泥喷浆出现凸肚现象，面积 30 × 40 厘米（平方）。高达 1.5 厘米。裂缝测值开始普遍增大（8 月 8 日测）。

7 月 9 日开挖西壶门，7 月 10 日测量，见下列测值和增值表（表 15）：

表 15　　　　　　　　　　　　　　　　　　　　　　　　　　　　　　　　　　增值单位：毫米　24℃下

	北部三壶门						东北塔心 I－东北	东南塔心 I－东南	东壶门 I－8	西南壶门 I－2
	I－15	I－14	I－13	I－12	I－10	I－11				
84.7.8 测值 32℃	0.340	0.420	0.455	0.275	0.510	0.268	0.418	0.275	0.095	0.195
84.7.10 测值 31℃	0.350	0.435	0.465	0.275	0.535	0.265	0.445	0.875	0.115	0.180
7.8 ~ 7.10 增值 24℃	0.025	0.030	0.025	0.015	0.040	0.012	0.042	0.165	0.035	0

开挖浇灌西壶门对北部三壶门带来了影响。东南塔心在开挖东壶门时受影响，裂缝继续增大，达0.165毫米。

7月17日开挖浇灌北壶门，7月19日测，见下列测值与增值表（表16）：

表16 单位：毫米

	I−15	I−14	I−13	I−12	I−10	I−11	I−东北	I−东南	I−东	I−西南
84.7.16 测值35℃	0.365	0.455	0.490	0.285	0.580	0.275	0.515	0.920	0.150	0.175
84.7.19 测值27℃	0.410	0.550	0.510	0.335	0.690	0.280	0.610	0.950	0.210	0.210
84.7.16~7.19 增值24℃	0.032	0.082	0.007	0.037	0.097	−0.008	0.082	0.017	0.047	0.012

开挖浇灌北壶门底板给裂缝带来明显影响。最大变化增值达0.1毫米左右。7月19日观察塔裂缝时发现北部三壶门外，上部的水泥圈梁上出现数十条可见的细微裂缝里呈新鲜状。同时西南塔心西走道内，距地高1米处，水泥喷浆出现凸肚现象。塔体上所布石膏条、铅芯条全部开裂和断开。表明开挖的影响是很大的。裂缝测值三天后（7.22）不再增大，见下列测值（表17）：

表17 单位：毫米

	I−15	I−14	I−13	I−12	I−10	I−11	I−东北	I−东南	I−8	I−2
84.7.22 测值28℃	0.415	0.560	0.500	0.290	0.690	0.280	0.620	0.960	0.190	0.210

与表16中的7月19相比较，测值已基本接近（温度仅差一度，相近）。

7月27日开挖浇灌西北壶门底板，7月28日测量，见下列测值和增值表（表18）：

开挖西北壶门对裂缝未带明显影响。

表18 单位：毫米 24℃

	I−15	I−14	I−13	I−12	I−10	I−11	I−东北	I−东南	I−8	I−2
84.7.24 测值31℃	0.415	0.550	0.495	0.290	0.680	0.275	0.610	0.970	0.170	0.200
84.7.28 测值27℃	0.420	0.575	0.510	0.315	0.580	0.250	0.630	0.980	0.210	0.205
84.7.24−7.28 增值24℃	−0.007	0.013	0.003	0.013	−0.012	−0.037	0.008	−0.002	0.028	−0.007

8月2日开挖东北壶门底板，8月4日测量，见下列测值和增值表（表19）：

表 19　　　　　　　　　　　　　　　　　　　　　　　　　　　　　　　　　　　单位：毫米　24℃下

	I－15	I－14	I－13	I－12	I－10	I－11	I－东北	I－东南	I－8	I－2
84.8.1 测值28℃	0.430	0.590	0.510	0.330	0.590	0.255	0.660	0.985	0.235	0.205
84.8.4 测值27℃	0.310	0.570	0.550	0.355	0.590	0.255	0.710	1.015	0.150	0.210
84.8.1－8.4 增值24℃	0.004	0.004	0.064	0.049	0.024	0.024	0.074	0.054	－0.061	0.029

北壶门、西北壶门、东北东南塔心裂缝增值较大。

8月12日挖除地面煤渣混凝土，裂缝测值普遍增大，到8月21日才逐渐停止。从8月4日至8月21日北部三壶门增值，东北壶门0.053毫米，北壶门0.093毫米和0.043毫米，西北壶门0.068毫米，东北塔心达0.248毫米。具体见下测值表（表20）：

表 20　　单位：毫米

	I－15	I－14	I－13	I－12	I－10	I－11	I－东北	I－东南	I－8	I－2
84.8.4 测值31℃	0.310	0.570	0.550	0.355	0.590	0.255	0.710	1.015	0.150	0.210
84.8.21 测值30℃	0.300	0.610	0.580	0.435	0.645	0.265	0.945	超出标距	0.165	0.225

从1984年6月19日浇灌底板到8月21日，已完成了北部三壶门，东、西二壶门和挖除地面煤渣混凝土的工程量，在五块底板和一个地面的影响下，裂缝经历了很大变化，出现了很大的增值，见下列表（表21）：

表 21　　　　　　　　　　　　　　　　　　　　　　　　　　　　　　　　　　　单位：毫米　24℃下

	I－15	I－14	I－13	I－12	I－10	I－11	I－东北	I－东南	I－8	I－2
1984.6.19 起始测值29℃	0.335	0.390	0.415	0.270	0.506	0.255	0.335	0.575	0.020	0.216
84.8.21 测值30℃	0.300	0.610	0.580	0.435	0.645	0.265	0.945	超出标距	0.165	0.225
84.6.19－8.21 增值24℃	－0.017	0.237	0.182	0.182	0.156	0.027	0.627	0.50	0.162	0.026

两个月内的裂缝增值是很明显的。北部三壶门除 I－15、I－13 二测点外，其余达 0.156～0.237 毫米。对裂缝而言，增值量很大，这四个增值大的测点位置在北部两个外壁砖墩上，表明北部两个外墩的砌体受到这阶段工程的影响是非常大的。

塔心四个砖砌体，西北、西南未布测点，但从观察记录可见西走道、西南砖墩上、喷浆砖墩上，喷浆隆起，并崩裂。西北砖墩面上，喷浆大块隆起，实际与砖砌部分脱壳，裂缝增多，并不断扩大，情况表明，裂缝也在变化发展。东北、东南二塔心裂缝均在 0.5 毫米以上，为所有测点之首。

1984年9月6日，浇灌南壶门，对南走道底板的影响见下列测值增值表（表22）：

表 22 单位：毫米　24℃下

	I-15	I-14	I-13	I-12	I-10	I-11	I-东北	I-东南	I-8	I-2
84.9.4 测值 26℃	0.293	0.655	0.600	0.480	0.700	0.285	1.025		0.145	0.240
84.9.9 测值 27℃	0.305	0.660	0.600	0.473	0.698	0.288	1.035		0.090	0.210
84.9.4~9.9 增值 24℃	0.021	0.014	0.009	-0.002	0.007	0.012	0.019		-0.046	-0.021

浇灌南壶门，南走道底板裂缝受其影响不明显。

9 月 12 日浇灌北走道和部分北地面回廊底板，见下列测值和增值表（表 23）：

表 23 单位：毫米　24℃下

	I-15	I-14	I-13	I-12	I-10	I-11	I-东北	I-8	I-2
84.9.9 测值 27℃	0.305	0.660	0.600	0.473	0.698	0.280	1.035	0.090	0.210
84.9.14 测值 26℃	0.300	0.680	0.640	0.540	0.740	0.300	超出标距 >1.10	0.090	0.220
84.9.9~9.14 增值 24℃	-0.002	0.023	0.043	0.070	0.045	0.023		0.003	0.013

裂缝增值明显较大，北部三壶门除 I—15 测点外，各裂缝都有很大的变化。在开挖过程中，西北倚柱出现剥落，石膏观察条嵌入半小时开裂，东北塔心压缩变形迅速增大，所架的三只压缩测点，曾出现千分表以每分钟 5 格速度变化（即 0.005 毫米），在数天中，标距为 1.10 米左右的测距中，压缩了 1.5 毫米左右，是非常大的一次变化。

9 月 20、23 日，浇灌东走道和西南壶门底板，见下列测值和增值表（表 24）：

表 24 单位：毫米　24℃下

	I-15	I-14	I-13	I-12	I-10	I-11	I-18	I-2
84.9.14 测值 26℃	0.300	0.680	0.640	0.540	0.740	0.300	0.090	0.220
84.9.23 测值 26℃	0.300	0.710	0.640	0.580	0.753	0.305	0.055	0.260
84.9.14-9.23 增值 24℃	0.005	0.035	0.005	0.045	0.018	0.010	-0.030	0.045

北部两个外墩壶门内明显增值。西南壶门 I—2 测点，因施工即在裂缝所在的位置，故增值达 0.045 毫米。

1984 年 9 月 25 日、28 日，浇灌东南壶门，西走道底板。10 月 6 日、10 日，浇灌东北回廊，西北回廊底板，10 月 12 日将所剩的东北回廊小块底板浇灌完。见下表测值与增值表（表 25）：

表 25

単位：毫米

	Ⅰ-15	Ⅰ-14	Ⅰ-13	Ⅰ-12	Ⅰ-10	Ⅰ-11	Ⅰ-18	Ⅰ-2
84.9.23 测值26℃	0.300	0.710	0.640	0.580	0.753	0.305	0.050	0.260
84.10.26 测值21℃	0.310	0.760	0.685	0.680	0.910	0.385	小于标距 0.000	0.260
84.9.23-10.26 增值24℃	-0.009	0.031	0.026	0.083	0.138	0.063	-0.072	-0.017

北部三壶门中，除Ⅰ—15测点外，其余裂缝增值显著增大，东西南壶门裂缝闭合。

1984年11月14日，位于北半部浇上环梁（占全环梁长度约四分之一），11月29日浇剩下的东、西、南部上环梁。裂缝受其影响见下列测值及增值表（表26）：

表 26

単位：毫米　24℃下

	Ⅰ-15	Ⅰ-14	Ⅰ-13	Ⅰ-12	Ⅰ-10	Ⅰ-11	Ⅰ-18	Ⅰ-2
1984.10.26 测值21℃	0.310	0.760	0.685	0.680	0.910	0.385	小于标距	0.260
1984.11.21 测值7℃	0.360	0.890	0.585	0.985	1.000	0.450		0.495
1984.11.29 测值11℃	0.360	0.885	0.560	0.960	1.020	0.510		0.425
84.10.26-11.21 北部上环增值24℃	-0.027	0.053	-0.177	0.228	0.013	-0.012		0.158
南部上环增值24℃ 84.11.21-11.29	-0.022	-0.027	-0.047	-0.047	-0.002	0.038	-0.032	-0.092

从表中可见浇北部上环梁时，北部三壶门东西侧壁上的裂缝出现了二侧变化不一的情况，一侧裂缝闭合，呈负增值，一侧开裂呈正增值出现。但正、负值的数值很大，这是一种很不利的情况。表现了二侧砌体，受力不均的变化，证明北面位置施工对塔体最不利。南上环梁的浇灌，促使了除Ⅰ—11测点外的所有裂缝闭合，以很大的负值出现。这种影响在某种意义上可以认为是好的现象，它表明北半部砌体上的荷载减小了一部分。导致裂缝的闭合发展。

1984年12月4日到12月29日，近一个月内，壳体的下环梁全部完工，该期内裂缝测值和增值见下表（表27）：

表 27

単位：毫米　24℃下

	Ⅰ-15	Ⅰ-14	Ⅰ-13	Ⅰ-12	Ⅰ-10	Ⅰ-11	Ⅰ-18	Ⅰ-2
84.11.29 测值11℃	0.360	0.885	0.565	0.960	1.020	0.510	0.040	0.425
84.12.30 测值4℃	0.390	0.880	0.560	0.970	1.040	0.500	0.070	0.405
84.11.29-12.30 增值24℃	-0.037	-0.072	-0.072	-0.057	-0.047	-0.077	-0.037	-0.087

壳体下环梁的施工，裂缝全部以很大的负增值出现。主要原因有两点所致。下环梁的施工正值冬季，因受雨水及空气的湿度（经常达100％）的影响，都要呈闭合趋势。致使裂缝测值减小。另一点由于在施

工中采取了一些朝南位移的措施。例如南面开挖部位暴露时间长，这次施工北面的下环梁，从12月12日到17日，五天内筑完。南面下环梁从12月28日到29日，十一天内筑完。这也是促使裂缝闭合另一原因。1985年1、2月份，测值均是减小趋势，无异常变化。

1985年3月30日、4月1日、2日将东北、西北、西南地面回廊所存部分浇完。四月东南地面回廊底浇筑完毕，见下列测值和增值表（表28）：

表28 单位：毫米 24℃下

	I－15	I－14	I－13	I－12	I－10	I－11	I－18	I－2
1985.3.24 测值14℃	0.355	0.830	0.532	0.950	1.010	0.470	0.045	0.345
1985.4.14 测值14℃	0.372	0.835	0.538	0.972	1.040	0.500	小于标距	0.465
1985.5.1 测值25℃	0.378	0.840	0.540	0.980	1.060	0.485	0.350	
85.3.24~4.14 东北、西北、西南 底板增值24℃	－0.008	－0.020	－0.019	－0.003	0.005			00.095
85.4.14~5.1 东南底板 增值24℃	0.035	0.034	0.031	0.037	0.049	0.014		－0.088

东北、西北地面回廊剩余的二小块底板和西南地面回廊底板浇筑完毕，对北部三壶门带来小的影响。西南地面回廊底板浇筑对西南壶门带来较大影响，裂缝增值0.095毫米。浇灌东南回廊底板裂缝以正增值出现，西南壶门为负增值－0.088毫米。1985年5月22日，虎丘塔基础加固——壳体工程结束。自1984年6月23日施工以来。塔体各部位裂缝都发生了很大的变化，每条裂缝都有了显著的发展。为分清影响大小，现列出在浇筑各部位底板时期，对塔体裂缝带来变化增值的情况表（按施工顺序排列）。

表29 浇筑各部位裂缝增值表 单位：毫米 24℃下

裂缝增值 浇筑底板部位日期 / 位置名称	北部三壶门竖向裂缝						东北塔心竖向裂缝	东南塔心竖向裂缝	东壶门水平裂缝	西南壶门水平裂缝
	I－15	I－14	I－13	I－12	I－10	I－11				
1984.6.19~6.24 东壶门	－0.007	－0.002	0.003	－0.012	0.002	0.003	0.043	0.033	0.133	－0.008
1984.7.18~7.10 西壶门	0.025	0.030	0.025	0.015	0.040	0.012	0.042	0.165	0.035	0
1984.7.16~7.19 北壶门	0.032	0.082	0.007	0.037	0.097	－0.008	0.082	0.017	0.047	0.012
1984.7.24~7.28 西北壶门	－0.007	0.013	0.003	0.013	0.012	－0.037	0.008	－0.002	0.028	－0.007
1984.8.1~8.4 东北壶门	0.004	0.004	0.064	0.040	0.024	0.024	0.074	0.054	－0.061	0.029
1984.8.4~8.21 挖除煤渣碱地面	0.003	0.053	0.043	0.093	0.063	0.023	0.248	超出标距	0.028	0.028
1984.9.4~9.9 西壶门南走道	0.021	0.014	0.009	－0.002	0.007	0.012	0.019	/	－0.046	－0.012

续表

裂缝 位置 名称 增值 浇筑底板部位日期	北部三壶门竖向裂缝						东北塔心竖向裂缝	东南塔心竖向裂缝	东壶门水平裂缝	西南壶门水平裂缝
	I-15	I-14	I-13	I-12	I-10	I-11				
1984.9.9~9.14 北走道，部分回廊	-0.002	0.023	0.043	0.070	0.045	0.023	超出标距	/	0.003	0.013
1984.9.14~9.23 东走道，西南壶门	0.005	0.035	0.005	0.045	0.018	0.010	/	/	-0.030	0.045
1984.9.23~10.26 东南壶门西走道	-0.009	0.031	0.026	0.083	0.138	0.063	/	/	-0.072	-0.017
1984.10.26~11.21 北部四分之一上环梁	-0.027	0.053	-0.177	0.228	0.013	-0.012	/	/	0.008	0.158
1984.11.21~11.29 东西南部上环梁	-0.022	-0.027	-0.047	-0.047	-0.002	0.038	/	/	-0.032	-0.092
1984.11.29~12.30 下部下环梁	-0.037	-0.072	-0.072	-0.057	-0.047	-0.007	/	/	-0.037	-0.087
1985.3.24~4.14 东北西北西南回廊	-0.008	-0.020	-0.019	-0.003	0.005	0	/	/	小于标距	0.095
1985.4.14~5.1 东南回廊	0.035	0.034	0.031	0.037	0.049	0.014	/	/		-0.088

注：1984年9月23日~10月26日，开挖东南壶门，西走道期间，还包括东北、西北部分地面回廊浇筑（时间在10月上旬、中旬）。所剩部分于1985年3月底、4月初，及中旬完工。故在一个余月内，开挖了四个地段。

由各部位增值表中知：

（1）北壶门，东北壶门，挖除地面煤渣碱，北走道和部分北回廊，北部四分之一上环梁等处施工，给裂缝增值带来显著的影响。裂缝增值一般在0.04毫米左右。个别增值达0.2毫米以上（例东北塔心北壶门外）。

（2）裂缝受其影响在时间上无滞后现象，一旦进行施工，裂缝立即出现变化，且变化值也较大。

例：8月23日开挖东壶门，24日就测到比23日大几倍的测值。一般则都要大0.03乃至0.1毫米左右的测值。北部三壶门、东、西壶门每块底板浇筑，测量都在两三天完成，变化情况基本都相符合。

（3）北部三壶门增值变化较大的，大致在两个塔墩上，即测点I—14、I—13、I—12、I—10四点，一般增值都要在0.03毫米到0.2毫米。另外，同一壶门内，二侧壁裂缝增值不尽一样，表明变化是不均匀的。

（4）东北塔心，东南塔心裂缝变化激烈，二到三个月内，就先后超出测量标距无法测量。若按开裂速度，算术计算，工程结束时，增值应达2.0毫米以上。

（5）从增值表上变化的情况看，凡在塔身北半部施工影响最为明显，增值也最大。如表中所列的北壶门、东北壶门、北走道、北上下梁。施工所显示的增值表明北部是施工影响的"敏感区"。

下列壳体工程施工期裂缝增值表（表30）：

表30　　　　　　　　　　　　　　　　　　　　　　　　　　　　　　　　　　　　　　单位：毫米　24℃下

	I－15	I－14	I－13	I－12	I－10	I－11	I－东北塔心	I－东南塔心	I－8	I－2
1984.6.19 1985.5.20	0.018	0.433	0.108	0.708	0.562	0.218	0.860 （84.9.14止）	0.520 （84.8.14止）	－0.02 以上	0.104

北部壶门最大增值0.7毫米以上，东北、东南二塔心裂缝增值分别达0.86毫米和0.529毫米。

为便于比较现将地基加固、基础加固三项工程增值一并列表（温度以9℃为准）。

表31　　　　　　　　　　　　　　　　　　　　　　　　　　　　　　　　　　　　　　单位：毫米　9℃下

	I－15	I－14	I－13	I－12	I－10	I－11	I－东北塔心	I－东南塔心	I－8	I－2
81.12.16－82.8.17 排桩工程	0.062	0.033	0.076	0.069	0.092	0.060	0.185	0.051	0.096	0.102
82.10.17－83.10.11 注浆工程	0.042	0.031	0.043	0.035	0.074	0.030	0.182	0.100	0.035	0.025
84.6.19－85.5.20 壳体工程	0.055	0.470	0.145	0.745	0.599	0.255	0.897	0.557	0.017	0.141

比较表中显然可见，影响裂缝大小发展的工程，壳体工程最大，排桩工程其次，注浆最小。

（6）"换脚"工程（1985年5月22日～9月30日）。壳体工程结束后，塔内的各砌体底部有了一块钢筋砼板，为使砌体底部沿口以下到砼板间的已经严重损坏的砖砌得到更新。从1985年5月22日到9月30日进行了"换脚"工程。由于"换脚"在砌体的底部进行，故对裂缝也有很大发展，施工中碰坏一些测点，现将所存测点和增值列表（表32）：

表32　　　　　　　　　　　　　　　　　　　　　　　　　　　　　　　　　　　　　　单位：毫米　22℃下

	I－15	I－14	I－13	I－12	I－10	I－11	I－18	I－2
85.5.22～9.27 增值	－0.030	－0.080	0.540	超出标距 ＞0.080	超出标距 ＞0.100	0.020	小于标距	碰坏

（7）壳体，"换脚"工程结束后裂缝观察期（1985年9月30日～1986年3月24日），"换脚"工程后，裂缝测点重布，七点（北部三壶门和东北塔心）。现列测值表（表33）：

表33　　　　　　　　　　　　　　　　　　　　　　　　　　　　　　　　　　　　　　单位：毫米

	1985.10.28 19℃	85.11.24	85.12.27	1986.1.11	86.3.8	86.3.23
I－15	0.215	0.210	0.200	0.200	0.208	0.210
I－14	0.299	0.310	0.290	0.275	0.325	0.315
I－13	0.220	0.210	0.190	0.195	0.220	0.200
I－12	0.215	0.200	0.180	0.175	0.200	0.210
I－11	0.310	0.300	0.285	0.285	0.300	0.310
I－10	0.180	0.180	0.160	0.155	0.185	0.170
I－东北塔心	0.215	0.230	0.220	0.220	0.220	0.215

观察期裂缝增值如下表（表34）：

表34   单位：毫米　12℃

	Ⅰ-15	Ⅰ-14	Ⅰ-13	Ⅰ-12	Ⅰ-11	Ⅰ-10	Ⅰ-东北塔心
1985.10~28 1986.3.23 增值	-0.022	-0.001	-0.037	-0.022	-0.017	-0.027	-0.017

增值全部为负值，表示裂缝闭合状态（每年冬季到次年3、4月份，都如此）。

八、塔墩加固工程期间裂缝的变化和发展
（1986年3月22日~7月4日）

　　虎丘塔第三期工程——塔墩加固，该期工程主要将西北塔心，东北塔心二砖墩上已经破坏失去承载能力的砌体进行更换并插筋浇筑，达到脱换部分砖砌体的目的。1986年3月22日开始更换西北塔心回廊大面到4月底结束。1986年5月中旬以后开始更换东北塔心部分砌体，7月4日结束。砌体更换高度1.40米到2.20米。更换西北塔心砌体裂缝测值增值表如下（表35）：

表35   单位：毫米　23℃下

	Ⅰ-15	Ⅰ-14	Ⅰ-13	Ⅰ-12	Ⅰ-11	Ⅰ-10	Ⅰ-东北
86.3.23 12℃	0.210	0.315	0.200	0.210	0.310	0.170	0.215
86.4.19 16℃	0.210	0.315	0.225	0.205	0.330	0.160	0.190
86.5.5 23℃	0.205	0.330	0.240	0.210	0.340	0.165	0.203
86.3.23-5.5 增值	0.022	0.042	0.057	0.017	0.047	0.012	0.010

　　更换西北塔心砌体对裂缝产生明显影响。增值最大达0.057毫米。

　　1986年5月中旬更换东北塔心砌体，裂缝测值和增值见下表（表36）：

表36   单位：毫米　26℃下

	Ⅰ-15	Ⅰ-14	Ⅰ-13	Ⅰ-12	Ⅰ-11	Ⅰ-10	Ⅰ-东北塔心
1986.5.5 23℃	0.205	0.330	0.240	0.210	0.340	0.165	因施工而 拆除测点
86.5.24	0.235	0.365	0.285	0.260	0.335	0.215	
86.5.31	0.225	0.350	0.275	0.270	0.335	0.185	
86.6.11	0.230	0.355	0.285	0.275	0.355	0.200	

	I－15	I－14	I－13	I－12	I－11	I－10	I－东北塔心
86.7.3 26℃	0.260	0.360	0.295	0.320	0.285	0.285	
86.5.5～86.7.3 增值26℃	0.062	0.037	0.062	0.117	－0.048	0.127	

在近两个月的时间内，完成东北塔心砌体更换，同时从6月25日到7月2日，将北部三壶门的裂缝用直径10螺纹钢采用钢锚栓法修补完毕。由于二次施工影响，裂缝测值逐渐增大。增值最大为0.127毫米。从增值看，更换东北塔心部分砌体的影响比更换西北塔心砌体大。

从1986年6、7月到8月底，该期工作两项。一是在塔身上搭脚手架，清除危险物和整修外形，二是将塔心四个内墩，壶门以上斗拱以下六根环形钢箍释放和卸掉，两个月左右，见下列测值、增值表（表37）：

表37　　　　　　　　　　　　　　　　　　　　　　　　　　　　　　　　　　　　　单位：毫米

	I－15	I－14	I－13	I－12	I－11	I－10
1986.7.3 26℃	0.260	0.360	0.295	0.320	0.285	0.285
1986.7.19	0.270	0.350	0.300	0.315	0.190	
1986.9.2 24℃	0.300	0.350	0.310	0.318	0.220	
1986.7.3～9.2 增值24℃	0.035	－0.015	0.010	－0.007	－0.070	

1986年7月12日、15日、29日，三次释放箍筋这一临时加固设施。第三次时箍筋全卸掉，至时虎丘塔自1978年临时加固以来经过八年之久，箍筋完全拆除了。为了解和控制释放和卸箍时塔体变化情况，分别在西北壶门大面和东北塔心大面（即西北、东北部的砌体面）共架设六只千分表，以观察释放后的塔体压缩变化，见下列变形表（表38）：

表38　　　　　　　　　　　　　　　　　　　　　　　　　　　　　　　　　　　　　单位：毫米

位置	编号	第一次松箍		第二次松箍		第三次松箍并卸除	
日期		86.7.12		86.7.15		86.7.29	
		松箍前	松箍后	松箍前	松箍后	卸箍前	卸箍后
西北塔心大面	千分表1	0.200	0.200	0.201	0.201	内粉刷	碰坏
	千分表2	0.200	0.202	0.208	0.210	0.244	0.238
	千分表3	0.200	0.208	0.208	0.228	0.252	0.256
东北塔心大面	千分表4	0.200	0.200	0.200	0.196	0.225	0.235
	千分表5	0.200	0.215	0.225	0.230	0.260	0.274
	千分表6	0.200	0.195	0.185	0.185	0.188	0.191

由表38可知，松箍前后，最大压缩变形为0.020毫米（因时间近，温度影响不考虑），属基本无变化。从7月12日松箍开始（松箍时表值均调至0.200毫米，温度26℃）到9月8日止，千分表值最大为0.390毫米，温度25℃，调正1℃和温差影响（0.004毫米/10℃）后，近两个月内的压缩变形增值为

0.190 毫米，对压缩而言，是很小的变化。可以认为卸箍未对砌体带来影响。

自塔墩加固工程以来（86.3.22—7.4）北部三壶门裂缝的增值见下表（表 39－1）：

表 39－1

单位：毫米

	Ⅰ－15	Ⅰ－14	Ⅰ－13	Ⅰ－12	Ⅰ－11	Ⅰ－10
1986.3.23~7.3 增值	0.091	0.087	0.126	0.141	0.006	0.144

上表可知，塔墩加固对裂缝带来显著的影响，其增值的大小，介于壳体工程和排桩工程之间。总前所述三期四项工程对裂缝带来的总增值见下表（表 39－2）：

表 39－2

	Ⅰ－15	Ⅰ－14	Ⅰ－13	Ⅰ－12	Ⅰ－10	Ⅰ－11	Ⅰ－东北塔心	Ⅰ－东南塔心	Ⅰ－东北地面	Ⅰ－西北地面	Ⅰ－3	Ⅰ－2
三期四项工程总增值	0.285	0.656	0.425	1.025	0.944	0.386	1.264 止壳体工程	0.708	0.120 止排桩	0.167 止排桩	0.148	0.268

注：东北塔心，东南塔心，因裂缝上所布测点超出测距（测距为 250mm），无法测量，用裂缝塞尺直接测量深度已达 20 毫米以上。

三期四项工程裂缝总值表上明确见到，东北塔心、东南塔心的裂缝增值最大达 2.0 毫米，其次是北壶门和西北壶门，增值分别达 0.4 毫米和 1.0 毫米左右，地面裂缝因较早碰坏最终增值不明。

九、虎丘塔裂缝分析

（一）产生原因

虎丘塔裂缝产生的原因很多，如塔体的砌应力较大、风霜雨雪的侵蚀、温度剧变、历史上火烧、地基的不均匀沉降、塔体倾斜及地震、水泥喷浆与砖砌体涨缩不能一致等等这些原因，对产生裂缝和它的变化发展都会带来不同程度的影响。在产生裂缝的诸类原因中，通过多年的观察和测量认为，底层塔墩长期受潮，水泥喷浆的不可压缩性是产生虎丘塔裂缝的主要原因。

历年来，虎丘塔长期受到雨水淋漓、洗刷，由于基岩南高北低。渗入的地下水，流经塔底而排向低处，根据基础和地基开挖和钻探资料，在直径 20 米的范围内南北差在 6.0 米左右（造塔时，由碎石黏土、块石黏土、黏土块石、黏土填平），所以雨水流入地面后，由南向北进行渗流。其后果不但风化了基岩岩面，更主要的是使地基基础长期受潮，在湿润的环境下受到损伤。由开挖 3# 探井和地下排桩工程表明，该垫层中的黏土湿软，用手可以捏成团块状，在毛细作用下，塔墩底部的砖砌体，长期潮湿，不能干燥，在开挖浇筑壳体底板工程中，塔墩底部特别是东北、西北二塔的墩底部，这部分砖砌体黄泥黏土比较潮湿，砖有湿感，黏土可成团状，降低了砌体的抗压性。单砖已被压成龟裂状，用手轻轻扳动，即可一小块一小块分开。黄泥黏土灰缝，厚度已经不一，从 2 厘米到 2.5 厘米变化，底部砖砌体，不但承载能力下降，而且黏土在湿润的条件下还有压缩存在。在更换部分砌体中，2.0 米以下的高度内（特别是1.0 米以下）在剔除脱壳的水泥喷浆层后见到砖砌体表面无一处干燥（特别是东北、西北二塔心砖墩），黏土灰缝用手指可以剔动（但向内深度加大时，不易剔动，表明砌体深部受潮情况有所改善）。这种不利的条件，在黏土灰缝比较厚的情况下（缝厚一般在 2 厘米左右），砌体也要产生压缩。不计排桩和壳体工程带来大的影响，在影响较小的注浆工程中统计五个月内，砌体压缩量，东北塔心的大面和小面（即东北回廊面和东走道面）的压缩分别在0.3毫米以上（标距1.10米左右），这样，在少则几年，多则七八年内，可达几个毫米。几个毫米的压缩量对砖砌体是不能起到破坏的，完全可以承受而无甚影响。但问题出在各墩的水泥喷浆层上，1957年对虎丘塔进行大修时为了加固砖砌体用水泥喷浆进行喷刷，施工时将黄泥灰缝剔除1厘米深后，对砖砌体和灰缝处进行喷浆，厚度从1厘米到10厘米不等，形成一保护砖砌体的喷浆层，达到加固砌体的目的。这种水泥喷浆的黏结力很高，与砖砌体结合强度很大，大到足以砖拉断而黏结处不脱开的程度。从更换砌体工程中见到，崩裂和脱开了的水泥喷浆层内面上，全部都黏结满断砖和碎砖，在暴露的砖砌体上到处是凹凸不平的破坏状态，使用了喷浆加固带来了如下两个问题：第一、水泥喷浆的密实度高，具有很好的防水、隔水性能。这样外面的水分是渗不进去了，但同样内部的水分也透不出来，砌体潮湿长期存在。第二、水泥喷浆的可压缩性能很小，特别是单向压缩性能更差，在达到破坏强度时，基本上无甚压缩变形。这样，由两种不同压缩性能合成的塔墩砌体，在中心部位的砖砌体产生压缩情况下，势必要产生剪切，随着内部砌体压缩量的逐年增加，剪切破坏就要出现。根据观察表明，在不同的喷浆厚度下会产生不同的剪切破坏。第一，在水泥喷浆比较薄的部位（例：层厚在1厘米左右）逐年出现隆起凸肚，随时间推移，越明显，最后喷浆崩裂。如薄的方向呈水平延伸则水平崩裂出现水平裂缝，如薄的部位在一定大小的范围内则这部分范围内出现隆起凸肚后，喷浆整块崩裂、剥落，可露出内部砖砌体，在崩裂的上方或下方，左或右，一般喷浆都比较厚，有五六厘米之多，因此剪切破坏首先是在薄弱处出现，见示意图（图七）。崩裂剥落以后，经过一段时间，呈水平崩裂的上、下二

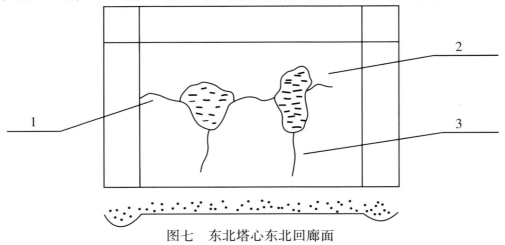

图七　东北塔心东北回廊面

1. 呈水平方向崩裂　2. 一定范围内崩裂　3. 竖向裂缝

边的喷浆（边缘大部成片状形）明显的有相对位移，或上边的喷浆边缘片插入下边的喷浆边缘片之中，或下边的边缘片插入上边的喷浆边缘内，其量4~5毫米，东北、西北塔心均有这种情况。表明内部砖砌体，存在着压缩。第二，在水泥喷浆厚的部位（在7、8厘米至10厘米），在受剪力后，难以隆起凸肚，在内部砌体压缩下，喷浆不能完全承载砌体应力和附加应力，在不能共同压缩情况下，产生剪切竖向裂缝，由于喷浆与砖的黏结强度很高，剪切破坏时，一部分砖同时被剪断，所以崩裂的喷浆层上有着大片的断砖碎块。裂缝一旦出现后喷浆层上的应力也随即释放，不但与砖砌体分离（即起壳），而且承载力也大为降低，根据观察，残留在喷浆上的断砖一般在1~3厘米左右，东北塔心、西北塔心和北部三壶门内的部分起壳的竖向裂缝均属此类。另一部分竖向裂缝在剪开同时也将内部砖砌体剪开（不是表面剪开，而是砌体的垂直方向）。这种缝的左右高低不一，根据凿开裂缝观察，有沉降一面的砖面低一些，其位差约1.0毫米左右。由于喷浆层的厚度与砖砌体厚度相比甚微（约十几分之一）故裂缝深度一般15厘米左右。北部三壶门内不脱壳的竖向裂缝基本属此类型。这种裂缝，喷浆层与砖砌体在方向上是相同的。第三，在水泥喷浆比较厚的部位。这层喷浆面积较大，厚度也较均匀，在剪切破坏下，大面积起壳，并向

外扩张，经过一段时间（几个月到近年内）的变化，看到脱壳的喷浆层与内部的砖砌体，产生明显相对移位，且内低，喷浆层高，经实测位差在 5 毫米左右，证明内部砖砌体的下降变化。

在第三期塔墩加固更换部分砌体工程中发现塔墩体（东北、西北二塔心）凡是砌体的丁砖（虎丘塔砌体，砌筑方式基本上是一顺一丁式）向内 16 厘米处的部位均已断裂，横砖（即顺砖）宽约 15 厘米与内部丁砖相接部位拉开（相接部位是黄泥黏土灰缝）。其距离均在 1 厘米以上，砌体的三个面都是如此，从而形成一圈深度在 16 厘米左右的破坏圈，见下列示意图（图八）：

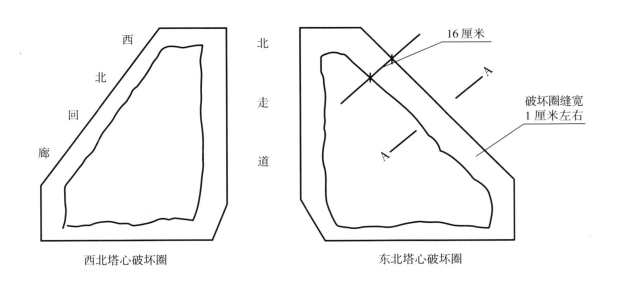

图八　西北塔心破坏圈和东北塔心破坏圈

断砖的距离在丁砖的 16 厘米，加上喷浆层厚（平均按 7 厘米计算）离最外为 23 厘米。丁砖面上有高低之差，内高外低在 1.0 毫米左右。见下 A—A 剖面（图九）。

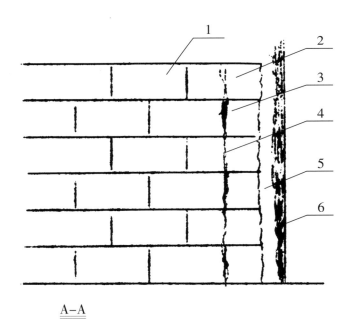

A–A

图九　A–A 剖面

1. 丁砖内部部分　2. 丁砖外部部分　3. 顺砖　4. 断砖裂缝宽 1 厘米以上　5. 喷浆层与砖砌体剪断缝　6. 喷浆层

这就告诉我们由于高强度的水泥喷浆层的作用，不但使喷浆层与砖砌体表面剪断而将较内的砖砌体也剪断。为什么恰处在 16 厘米处剪断，而不在深部或更浅位置。主要是 16 厘米处，正好是外面顺砖（宽 15 厘米左右）与内部丁砖的砌筑的缝，其缝中黄泥黏土作砂浆，湿软，在四周内丁砖顺砖各占一半（即一半是丁砖，另一半是黏土灰缝），从而减弱抗剪性，而在此处断开，被剪断的 16 厘米以外部分的砖砌体承载力的降低。导致中心砖砌体压应力增大，从更换砌体中见到这部分砌体还相当好，砌体上无裂缝，单砖不断裂，灰缝中黄泥黏土密实，且较干燥，厚度 2 厘米以上，在塔体压应力下，灰缝中的黏土无裂痕（往外可以见到），表明黏土还有较高的标号（因无法做模拟试验故不能确定），根据受压情况，估计要超过 10 号砂浆。如按砖为 150 号（试验数值略高于此）砖计算，强度应达 27kg/cm 左右，按现在砌体应力约在 13 ~ 17kg/cm 左右考虑，对塔还有一定的安全度，但已超过现行规范 2.3 安全系数的要求。从整个情况看，塔墩中心部分砌体的承载能力还是好的。更换被破坏的砌体换上接近于中心砖砌体性能的新砌体，新老接合处能共同作用，塔墩的安全就增加了。

综上所述，虎丘塔裂缝产生的原因在于塔墩长期较潮，黏土较厚且湿软产生压缩，由于水泥喷浆的不可压缩性，致使产生剪切破坏，出现了一系列裂缝，使 1978 年砌体浅部出现险情。

（二）影响因素

影响裂缝的因素很多，如工程施工、温度、湿度、塔身倾斜等等。工程的影响，前面已详尽阐述，现分析温度的影响，由于温度的变化，特别是激烈的变化有时能导致某些砌体开裂，如阳光下的水泥砂浆面、地面，都会出现不规则的龟裂，但一般裂缝出现以后，温度应力则不能再使裂缝加宽，在没有外力的作用下，裂缝的宽窄只随温度的变化而变化，虎丘塔裂缝虽然一年四季受温度影响，高低温度的裂缝测值也很大，但消除温度影响系数后，其增加值却很微小或无有。裂缝在温度下降时，由于砌体热胀冷缩的属性，宽度要收缩得宽一些，反之则要变窄。但在冬季，因雨雷影响，温度虽然很低，但环境潮湿，空气中湿度很大，裂缝以受湿度影响为主了。从观测为工程服务的要求，只在温度影响方面做了试验。以求得温度的影响系数。通过白天黑夜的温度循环测试，求得了温度变化与测值的关系曲线。见下示意曲线图（图十）：

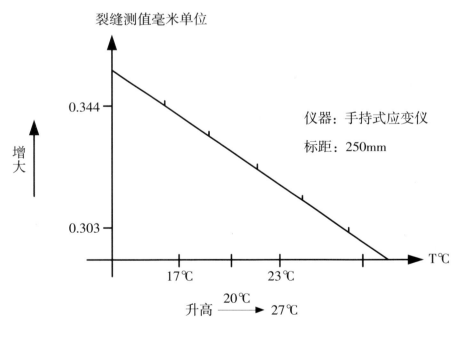

图十　温度——裂缝测值关系曲线

关系曲线表明，温度升高，裂缝测值减小反之，测值增大。通过多次，多组测试和计算，温度校正系数按 0.005 毫米/1℃为准。

十、塔心压缩变形观测（1983年5月～1986年4月）

由于裂缝与压缩有直接关系，为观测，从1983年五月起分别在东北、西北二塔心布置了压缩变形测点：东北塔心的东北回廊面上布置表1、表2二测点，在它的东走道面上布置了表3、表4二测点，并分别布在裂缝二侧，标距在110厘米左右，架设千分表。在西北塔心的三个面上，分别架表计三只，即表8、表9、表10（于1984年底布），共计七个砌体压缩测点，几年来的观测表明二塔心砌体存在着压缩变形。具体见下表（表40）：

表40　　　　　　　　　　　　　　　　　　　　　　　　　　　　　　　　　单位毫米

	东北塔心砌体				西北塔心砌体		
	表1	表2	表3	表4	表8	表9	表10
1983.5～1986.4压缩值	6.20	>5.00	9.92	9.20	1.20	1.05	1.40

表中明显见到，东北塔心，三年内共压缩最大值为9.92毫米，近1厘米（其中因壳体底浇筑工程，影响较大），西北塔心墩在不到一年半的时间里，压缩了一个毫米以上。表明虎丘塔虽然经历了千年压缩，但由于黄泥黏土灰缝的厚度较大（塔心中心砖体达3厘米以上），受潮后其强度降低产生压缩，因此，黄泥黏土作为砂浆灰缝其标号是随季节、温度而循环变化。每到湿度较大的雨季，就会产生微弱的压缩，从直观上看，砌体外部灰缝有的已被压缩得较薄（在1厘米左右）。

十一、结束语

虎丘塔裂缝观测从1979年建立直到目前（1986年9月），已经七年了，七年之中，进行开挖了3#探井，人工钻孔注浆试验，地下排桩、钻孔、注浆、壳体浇筑、塔身加固等等一系列的地基、基础、塔墩加固工程。塔体裂缝在这些工程中都受到了不同程度的影响、变化、发展，使我们对虎丘塔的裂缝有了一个比较全面的了解，对保护这一古塔有着一定的意义。

表41　　　　　　　　　　三期四项工程增值表　　　　　　　　　　单位：毫米　9℃下

	北部三壶门竖向裂缝						东北塔心竖向裂缝	东南塔心竖向裂缝	东北地面裂缝	西北地面裂缝	水平裂缝	
	I－15	I－14	I－13	I－12	I－10	I－11	I－东北	I－东南	I－东北	I－西北	I－2	I－8
排桩工程	0.062	0.033	0.076	0.069	0.092	0.060	0.185	0.051	0.120	0.167	0.102	0.96
注浆工程	0.042	0.031	0.043	0.035	0.074	0.030	0.0182	0.100			0.025	0.035

续表

	北部三壶门竖向裂缝						东北塔心竖向裂缝	东南塔心竖向裂缝	东北地面裂缝	西北地面裂缝	水平裂缝	
	I-15	I-14	I-13	I-12	I-10	I-11	I-东北	I-东南	I-东北	I-西北	I-2	I-8
亮体工程	0.055	0.470	0.145	0.745	0.599	0.255	0.897	0.557			0.141	0.017
塔身加固工程	0.126	0.122	0.161	0.176	0.179	0.041						
总增体	0.285	0.656	0.425	1.025	0.944	0.386	1.264 止壳体	0.708 止壳体	0.120 止排桩	0.167 止排桩	0.268	0.148

注：因曲线中有不连数部分，故总增值由此表参见。

由于本人水平较低，在总结中，对裂缝认识变化发展，分析不一定都对，肯定存在不足和错误之处，请专家和各位指正。

附图见图纸中"苏州云岩寺塔加固工程期间裂缝观测总结附图"。

虎丘修塔办公室：高学良

一九八六年九月

苏州云岩寺塔维修加固竣工报告
（1986 年）

凤光莹

苏州云岩寺塔抢险加固维修工程，在国家文物局和苏州市政府的领导下，在专家的指导下，从 1978 年 6 月~1981 年底，经过三年半前期准备，于 1981 年 12 月 18 日正式开工，到 1986 年 9 月竣工。对这座千年古塔进行了地基、基础的加固和塔墩重点部位加固，以及塔身整修等项工程。对塔基的不均匀沉降有所控制，塔体位移也相对稳定。达到了预期的效果。由于各项加固工程，都在塔身险情较大和塔重压力范围内施工，所以难度和技术要求比较高，做到了精心设计、精心施工。施工中非常注意保护古塔安全。到施工结束，由于采取了一定技术措施，累计位移量没有超过施工前的正常速率，比预计的要好。

现将工程情况报告于下：

一、古塔简况

云岩寺塔是五代宋塔中规模宏大而结构精巧的砖塔。坐落于苏州虎丘山，故俗称虎丘塔，已成为古城苏州的标志。塔始建于五代末期后周显德六年，北宋初建隆二年建成（即公元 959 年~961 年），距今已一千零二十五年，是江南现存最古老的大型砖塔。它的建筑艺术许多地方表现了唐、宋建筑手法的过渡风格。1957 年维修时，在塔内出土一批珍贵文物，本次工程又发现刻有可供考证造塔年代、塔名铭文的砖和古钱币等。该塔在建筑艺术、考古和科研上都有很高的价值。1961 年 3 月 4 日由国务院公布列为第一批全国重点文物保护单位。虎丘塔的构造，是一座七层八角形仿木构楼阁式砖塔，用黏性黄泥砌筑，灰缝较宽，每层均施以腰檐平座，塔刹塔檐早已毁坏。现塔身净高 47.68 米（按现在埋置测量钢头标准起始计算），底层对边南北 13.81 米，东西 13.64 米。塔身自重 6100 吨（包括 1957 年加固增加混凝土重量 200 吨）。全塔由十二个砖砌塔墩支承，外八内四两部分组合而成，为套筒回廊结构。内墩之间又有十字通道与回廊沟通。每层均设塔心室。各层以砖砌叠涩楼面连成整体。每层由木制扶梯上下。据考证，造塔时，塔体就产生不均匀沉降，塔身开始发生倾斜。因而建造过程中，逐层作过一些纠偏。但并未能使其稳定，不均匀沉降和倾斜持续发展。至今北部塔墩已下沉 40 多厘米，塔顶向北东偏移 2.34 米，倾斜角 2°48′，塔重心偏离基础轴心 0.97 米。

又经本次工程证实，虎丘塔建造时，没有建造基础。把塔墩直接砌在人工的黄泥填层上，底部的砖砌体既无放大，也未埋入土内。至今已逾千年，尚能承载 6100 吨重荷，在建筑史上可称奇迹。

虎丘塔历代曾作过多次整修。曾四次遭火灾，九次修理，到崇祯十一年（1638 年，也是建塔后的

677 年）因损坏严重，塔身倾斜，重建第七层，故有意砌向南面，借以调正重心，以致形成现在塔身的"香蕉形"——折线抛物形。咸丰十年（公元 1860 年）山上寺庙毁于火，塔亦波及受损。到解放初，塔身已残破不堪，一、二层开裂缝宽达 18 厘米，千疮百孔，岌岌可危（见 1957 年维修前照片）。1956 年～1957 年在苏州市政府领导下拨款维修。加固措施是在每层塔身上加三道钢箍，又在每层地面的东西、南北方向加十字拉结圆钢与塔身钢箍拉结，并浇入混凝土地坪内。塔内壁面又喷了较厚的水泥喷浆，对空洞缺损部位做了修补。此次加固对防止塔身开裂起到重要作用。同时也增加塔身重量 200 多吨，对原来已经大大超荷载的地基和塔墩底部逐渐风化的砖砌体增加了荷重，产生不利影响。又因为水泥喷浆的黏结强度大于黄泥砌筑的砖砌体，在塔体继续倾斜和变形发展的情况下，其二者变形压缩的不一致，反而对砖体产生破坏作用，砖被剪断拉坏。加固未能取得持久稳定。在 1965 年 8 月检查已发现底、二、三、四层壶门两侧，拱顶以及回廊壁面出现较多裂缝，短的 1～2 米，长的 2～3 米，到 1973 年 4、5 月以后，北两个塔心墩连续发生水泥喷浆面大面积爆裂、外鼓，大块剥落。北部外塔墩裂缝也迅速增大增多，险情加剧。

二、前　期　准　备

鉴于塔的险情发展迅速，不断加剧。苏州市政府和国家文物局于 1978 年 6 月邀请北京、上海、南京等地和本市有关专家"会诊"。并由文物局拨款维修。由于当时资料不全，数据不足，对塔基是否落于基岩、有无砖基以及地质情况，文献中各凭意断推论，无可考依据；对塔体倾斜的测量数据也差异较大；塔高塔重等数据也不一致，一时难以作出妥善加固方案。根据会议精神，首先进行了前期准备工作，主要有：

1. 对东北、西北两个险情大的内塔墩，采取抢险临时加固措施，用方木三层，转角钢板、硬橡皮，从下到上箍了 22 道直径 18 钢箍的临时加固措施，以防不测。

2. 开挖一号、二号探槽和三号探井，以及用钢针手摇钻等，对塔基、基础进行勘探，为地基塔基加固搜集资料。

3. 对塔体进行复测描绘、检查。

4. 建立对塔体沉降、位移、裂缝三项测量系统，观察塔体变形数据规律，并为进行加固工程跟踪施工监测服务。

5. 对地基作钻孔注浆的试验。

6. 为施工修筑上山运输公路。

7. 探讨加固维修方案。

经过调查研究，并在以后施工中发现，险情主要有：

1. 塔下地基垫层的不均压缩，造成塔体的不均匀沉降和倾斜发展。据 1978 年复测，底层南北高低差已达 45 厘米，即北部外墩已下沉 45 厘米。二层楼面的南北高低差达 60 厘米，由此说明，底层塔墩砌体（包括灰缝）又有变形压缩。长期的变形压缩，增加倾斜发展形成恶性循环，使塔身倾斜速率加快。

2. 由于不均匀沉降，北部外塔墩缓慢向外移位。南北对边已大于东西对边 17 厘米。塔身竖向裂缝增多增大，北部三个外墩壶门两侧壁面更为集中，裂缝从下到上较宽较长（2 米左右）。在壳体基础工程时发现，1957 年加固浇入混凝土地坪内南北走向的直径 35 圆钢十字拉筋在北壶门位置已经断裂。拉距 5 毫米，这与塔墩外移有一定关系；与1979年复测时所见地面裂缝较多也相吻合。

3. 塔的主要承重结构——塔墩底部的砖砌体损坏严重。在长期重荷和偏心受压下，加速了对塔墩底部逐渐风化的砖砌体的破坏。北部尤为严重，底部40厘米左右这一段的砖块大部分已经压碎压酥，承载力下降。

4. 东北、西北两个塔心墩险情更大。由于内外墩沉降量的差异，使内墩荷载不断加大，砌体被破坏。在1.8~2米左右高度、外圈的一砖深度（32厘米）95%以上的砖已压碎、龟裂，丁砌的砖几乎全部剪断（以后加固中发现仅一块未断），壁内16厘米（半砖位置）处内外拉开，缝宽1厘米左右，最宽达2厘米。墩边倚柱也拉裂。1957年加固的很厚（3~6厘米）的喷浆面70%左右与砌体脱壳、外鼓、开裂、差位、大块剥落，砖面拉损。对东北内墩50厘米以下这一段，用砖回弹仪测试，由于损坏严重，外圈的砖块已测不出数据。强度下降，险情发展较快。同时，东、西、北三个壶门拱顶的木过梁已腐朽或压损。

三 、加固工程

按照文物维修原则和取得的科学数据，从实际出发，集思广益，对虎丘塔的加固方案确定为："围"、"灌"、"盖"、"换"四项工程。

"围"：在塔周围一定距离内建造一圈大口径钢筋混凝土桩，围箍地基，控制加固范围，稳定土壤。

"灌"：对地基内进行压力注浆，填充地基内的空隙，增强地基密实性，提高强度。

"盖"：建造防水盖板和基础极板结合的钢筋混凝土壳体基础，以达到扩大塔基的效果，制止塔墩外移，防止塔下地基渗水软化基土。

"换"：用部分更换砖砌体为主的方法，脱换塔墩底部损坏的部分砖砌体，并重点加固东北、西北两个破坏严重险情大的内塔墩。对其他塔墩则视其损坏程度作局部换砖加固。以提高塔墩砌体强度。此外，对塔身外壁作检查整修。

各项工程情况于下：

（一）围桩工程

这是对地基的加固工程。于1981年12月18日开始，到1982年8月底竣工，历时八个多月。围桩是在塔周围应力扩散范围内建造一圈密集的钢筋混凝土桩，围箍地基。以控制地基加固范围。隔断地下水流断续冲刷土壤流失，稳定基土。围桩距离塔外壁2.9米（距塔八角形对角的最近部位为2.5米）共建围桩44根，围成一圈。单桩直径因考虑人工开挖故确定为1.4米（包括护壁厚15厘米，桩净直径为1.1米），桩底要穿过风化岩插入基岩（对于风化岩层很厚的部位则挖到基岩），然后在桩顶再浇筑高40厘米、宽1.4米的钢筋混凝土圈梁。

1. 施工措施：

（1）为避免机械振动和开挖面过大，采用由人工开挖，并在精密仪器作精细的监测下，严格按设计顺序采取跳档、南北交叉、深浅交叉开挖成桩，限制北部同时开挖数量。

（2）为防止土体变形，除利用土拱作用较好外，采取从上而下逐段开挖，逐段浇制护壁，直到岩石，然后在坑内绑扎钢筋骨架，灌浇150#混凝土成桩。再在桩顶浇筑圈梁。钢筋质量、绑扎搭接、混凝土配比都符合要求。共做混凝土试块67组，试压平均强度分别为281~239公斤/厘米^2，达到设计要求。

（3）桩孔内作业面小，一般只能容一人，以短柄工具操作；挖出的土石只能从坑口提出。遇有大石块也在坑下人工凿碎。坑底空气比较稀薄，冬季施工温差较大，施工比较艰难，花时较长。一根 8 米左右的桩，一般需 12 天～15 天。遇有较大块石，要化 20 天，难度大则要 30 天。

2. 围桩工程量：

共挖桩 44 根，挖进总深度 312 米，平均桩深 7.09 米，北深南浅。北部深度 8～9 米左右，最深部位 10.68 米。南面 3.8～4.5 米左右，最浅的 3.65 米，证实了塔是建造在南高北低的斜坡上，上面的人工垫土则反之，北厚南薄，因而其压缩层亦不同。

围桩工程共灌浇混凝土 480 立方米（包括围桩、圈梁、护壁及护壁外溢量）共挖土石方近 500 立方米。整个施工土体变形较小。但由于开挖面积较大、且深，对地基还是有新搅动，从位移、沉降、裂缝三项监测数据看，开工头三个月比较稳定，后因一度追求进度，增加开挖数量，以及滞后效应，有一些明显反映外，经过采取措施，渐趋缓和。基本变化较小，达到预期要求。

同时，对塔下周围地质作了一次直观的验证，取得比较直接的资料。

（二）灌浆工程

钻孔灌浆这是对地基加固的第二项工程，在围桩完成后即着手进行，从 1982 年 10 月 14 日开始到 1983 年 8 月 5 日竣工，历时九个半月。压力灌浆，是在围桩范围内，钻 9 厘米孔 161 个，进行压力注浆，填充地基内因水流冲刷等原因造成的孔隙，以增加地基的密实度，提高地基强度。

施工工艺及措施：

（1）防震、干钻。用改造的 XJ100—I 型工程地质钻机，分别不同地层用不同硬度的合金钻头。以风冷却，提钻出土及空气压缩吸排岩屑等方法，尽量疏通地层中细小孔隙，以求灌浆填充密实。

（2）采用全孔一次注浆法。根据地层的不同情况分别采取压浆机和气压注浆。注浆压力：塔内控制 1.5 公斤/厘米^2，塔外 2～3 公斤/厘米^2。

（3）注浆顺序。是从围桩内边沿向中心推进。先塔外，后塔内；先东北面，后南面，先垂直孔，后斜孔。塔外采取三序式注浆工艺，塔内因面积较小，难以用三序检查。

灌浆材料以水泥为主，并掺入占水泥重量 2.5% 的膨润土，以提高渗透性。对可灌性较好的孔隙还掺加少量黄沙。

灌浆工程量

共钻 9 厘米孔 161 个，钻孔间距为 1.15～1.5 米，梅花形布孔。钻孔总深度 944.65 米，孔底钻入基岩 10 厘米。平均孔深 5.87 米，钻孔体积 6.6 立方米。总注浆量 26.64 立方米，（用水泥 31 吨）。注浆量和钻孔体积之比为 4.03 倍。占围桩内土体总体积的 1.6%（比原设计施工方案估计围桩孔隙率为 25%，需灌浆 417 立方米，用水泥 448 吨要少得多）。

据上海特种基础研究所竣工报告，地基加固增加地基的密实度为：

塔外、围桩之间北半部的地基加固密实度为 6.32%（注浆量与加固土的体积之比下同）。

塔内：北半部增加地基密实度 0.84%。

塔外：围桩之间南半部增加地基密实度 1.21%。

塔内：南半部增加地基密实度 0.386%。

通过压力灌浆，证实北半部地基内孔隙较多。有 7 个孔，单孔注浆量达 1～1.9 立方米，相当于孔体自身体积的 26～45 倍。最多的孔注入水泥 42 包（2.1 吨），有的浆液穿透 3～4 个孔。灌浆施工过程对塔体位移、沉降、裂缝变化的数据较小。但毕竟对地基有所搅动，由于滞后效应关系，从施工到产生影响有一个时间差，在施工后期也产生一定影响。

（三）壳体基建及地基防水

这是对塔基加固和地基防水相结合的工程。把设置防水板和基础板相结合，在塔下建造一个较大的钢筋混凝土壳体基础。于 1984 年 6 月 23 日开工到 1985 年 5 月完成。壳体是一个直径为 19.5 米，厚度为 45～65 厘米的"覆盆式"的构件。由塔内底板、上环、下环以及吊口板几部分组成。上环与下环之间约成 37 度的斜坡。其下环（即外端）与围桩相联结，以围桩为边缘构件；上环和底板则与各个塔墩下部相交接；交接部位都伸进各塔墩周围 25～30 厘米，脱换其四周已经破坏压碎压酥的砖砌体，代之以钢筋混凝土。脱换的总面积占塔墩总面积的 40%。因而扩大了塔体与地基的接触面，扩散了压应力，达到扩大基础的效果；又有效地制止塔墩外移。同时，增强了塔墩底部的强度。在壳体上面再浇钢筋混凝土防水板。上面再重新铺设方砖地面，恢复塔座台基形式。由于施工部位都在塔身自重影响下施工。因此难度更大，技术要求更高，有一定风险。不仅要伸进塔墩四周，且要开挖一定埋置深度（在现在塔内方砖地坪以下 0.75～2.03 米），又要保证塔体安全，所以必须谨慎和精心施工。在继续加强精密的施工跟踪监测外，还要加强施工技术措施。

1. 控制每次施工开挖范围，采取小面积快速施工，当天开挖当天完成，塔内北半部每次施工面积控制在 3.7 平方米左右。占塔内总面积的 2.5%。预留接点，联为整体，整个壳体共分 33 次施工。塔内基础板分 20 次，塔身外围上环分 3 次，下环分 7 次，吊口板 3 次，每次施工都间隔 7～10 天的保养期。

2. 恰当选择各次施工部位，也是重要关键之一。先塔内、后塔外，先塔北、后塔南。先稳住危险部位，步步为营，逐步加强。

3. 严格操作规程，加强各道工序验收，保证工程质量。开挖到达设计深度后，认真清理浮土，铲平压实，用 5 厘米厚 100# 细石混凝土填平拍实。然后绑扎钢筋，搭接采取点焊 30 倍 D，分段施工，用 200# 混凝土配比。每次施工接荐须预留凸凹施工缝。壳体工程共做混凝土试块 31 组，平均强度达 322.1 公斤/厘米²，达到设计要求。

4. 加强现场技术指导和安全措施。加强专职技术人员现场指导。对危险部位施工，主要工程技术人员，设计人员、行政领导都亲临现场指挥，及时处理疑难问题。每次施工都作集体研究，分析监测资料，防患未然。

壳体工程量：共挖土方近 300 立方米，灌浇混凝土 305 立方米。壳体伸进塔墩四周 25～30 厘米，最深部位达 38 厘米。倚柱、兼柱部位伸进 45～70 厘米。脱换底部砖砌体 26 平方米（按平面计算），占塔墩总面积的 40%，脱换高度 20～40 厘米。重建了塔座台基、台阶，重铺方砖地面、锁口青石等，为防止地基潮湿，挖掘清除台基外围高 70 厘米、宽 6～8 米左右的垫土 700 多立方米，恢复到古地坪标高。重铺塔外周围道路 500 平方米。壳体基础施工，对塔体变化反应较大，在北部施工各项数据反映敏感。壳体工程阶段累计平均沉降为 13 毫米，单次最大沉降值 1～1.4 毫米，位移变化也大，裂缝亦相应变化。在施工结束后，渐趋稳定均匀。不均匀沉降有所控制。从 1985 年 10 月 15 日到 1986 年 10 月一年来的沉降测量数据比较，沉降值都在 ±0.2 毫米左右范围变动（误差允许范围）。位移也相对稳定。1985 年 11 月 9 日到 1986 年 6 月 26 日观测数据表明，南北位移值在 1 毫米左右变化。另外，根据掌握施工时对塔体影响的变化规律，结合南半部施工，采取适当扩大作业面、延长暴露时间，以及用水平钻孔浅层掏土法等技术措施，调正南北沉降量，从而使塔体微量向南返回获得成功。壳体工程施工阶段（1984 年 6 月～1985 年 9 月）累计向南返回 7 毫米，向西返回 25 毫米，向南微量返回对塔裂缝基本无影响。壳体基础的施工过程，也对围桩、灌浆工程的质量进行直观检查。围桩圈梁顶以下 2 米这一段，桩与桩之间联接密实。钻孔注浆工程，在块石垫层有空隙地方浆液扩散充满孔隙，填实较好。但在黄泥黏土层及杂填土中，注浆孔内浆液不扩散，呈光滑的水泥柱。

（四）塔墩换砖

这是对塔墩的加固工程。主要采取以对塔墩局部更换砌体，并作配筋砖砌体加固为主的技术措施。在紧接壳体基础工程后，对各个塔墩脚周围、高度 20～40 厘米这一段已经碎酥损坏的砖砌体脱换外，主要加固：

1. 以西北、东北两个险情大的塔心墩为重点，作较大面积的砌体更换，拆除其四周外围、高度在1.7～2.0米左右（北倚柱最高拆砌到2.3米），一砖深度（32～16厘米，最深的部位40～48厘米）已经压碎剪断的砖砌体（包括4个圆倚柱全部拆换），换上定制的同尺寸的高标号黏土砖，并作配筋砖砌体加固。配筋环通塔墩，防止横向扩张。内外新老砌体之间又用交叉砌筑和钢筋浆铆加强整体连结。新换砌体呈下部深上部略浅的梯形结构。在1.2米以下更换的面积（平面计算也是体积）为50～60%，1.2～1.7米之间约40%。以提高塔墩砌体强度和承载力。对其外貌则仍保持砖砌结构形式和原体量。同时，更换四个内壶门（即北、东、西三个和塔心室北壶门）拱顶已经腐朽或压损的木过梁、木挑梁，并重新拆砌。为防止木过梁容易腐朽，故本次加固改用预制钢筋混凝土过梁，并恢复砖砌叠涩拱顶，拆除原来的水泥喷浆。

2. 对南面两个内塔墩的北侧壁，也因塔身北倾变形压缩，故对其在1～1.2米以下的已经破坏的砖砌体也作更换。

3. 对北、东北、西北面三个外塔墩壶门两侧壁面，因裂缝较宽较长，所以分别对其在0.8～1.3米高度这一段砖砌体也作局部更换，深度16厘米，局部32厘米。对1.2米以上，则再用10螺纹钢作钢铆栓加固。每间隔25～30厘米一档用钻孔灌浆，埋筋深度30厘米。

4. 加固后，全部拆除1978年抢险时的临时加固设施，恢复塔心墩原貌。

换砖工程仍在险情依然存在情况下，直接在塔身上施工，所以安全施工，是成败关键。加强现场技术指导尤为重要。主要措施：

（1）利用砖砌体拱形作用，合理选择先后换砖部位的顺序和控制各次更换的长度、高度和深度至关重要。逐段逐块小面积脱换，预留接点，连成整体。逐段更换的过程，也是逐块加强的过程，因此起步宜小。每次更换，控制在0.6～1.2平方米左右（立面面积计算），每一小时换砖8～10块左右，每墩分14～16次施工。每次都要有适当间隔期。为了确保安全，施工阶段增设临时安全设施。

（2）为提高砌体结构强度，防止新石砌灰缝压缩。加固换砖部位，作配筋砖砌体结构。每2皮砖布置直径8（少数部位直径6）钢筋2～3道（电焊搭接），环通塔墩。为加快新砌体灰缝早期强度，防止变形压缩和钢筋锈蚀，采用1∶1.5水泥砂浆砌筑。

（3）加强内外新老砌体结构搭接，采取内外丁、条交差砌筑和钢筋浆铆联结。每间隔0.4～0.5米间距以梅花形布置铆焊（即每0.2～0.25平方米），加螺纹钢筋铆杆一根，一端用钻孔灌浆铆入老砖体内20厘米，另一端（15～30厘米）砌入新砖砌体内。有部分铆杆与新砌体的配筋焊接，以加强新老砖砌体的整体性。

（4）用多种手段加强施工监测。除用仪器监测外，在换砖壁面附近再增添石膏点，以便及时直接观察施工反映。观察表明，在换砖部位以上30厘米的石膏点基本无开裂现象。施工对塔体变形影响甚微。

（5）在施工过程，逐段解除1978年对塔心墩的临时加固设施。采取逐步小量放松钢箍的松紧螺丝，逐段逐个地拆除。到1986年7月29日全部解除，恢复了塔心墩塔心室的原状。

经过换砖加固的塔墩壁面裂缝已迎刃而解，不复存在。塔墩砖结构强度得到提高。用HI型砖回弹仪对加固前后测试：东北、内墩换砖前在50厘米以下的旧砖因损坏严重已测不出数据；换砖后的新砖强度为230公斤/厘米^2，在50厘米以上到2米以下的旧砖平均强度为118.9公斤/厘米^2，更换后的新砖强度为230公斤/厘米^2，砖强度增强了93%。由于更换的新砖又作配筋砌体，因此其强度又有较大的提高。从加固后对两个内墩布置的沉降观察点的6只千分表，经过2个月的观察。基本无变形情况，效果较好。

此外，对塔身外壁从上到下全面作了检查、整修。由于长期失修和塔体变形，外壁斗拱损坏较多，有的斗拱托木已经腐朽。有的砖已经移动，因鸟虫筑巢和风吹雨淋砖块和粉刷剥落而造成的空洞也很多。

还有石蜂等昆虫，在黄泥灰缝中挖孔做窝的甚多，孔深 10 多厘米，虽孔径细小，但累计就不少了，这些对保护古塔都有所影响。这次都作整修加固，并注意保持现状。共整修斗拱 40 多个。对空洞缝隙也作了填补，对塔顶灰缝脱落造成漏雨处也作修补。对各层木扶梯、木栅栏都进行加固整修油漆。对塔内装饰，由于底层壁面裂缝甚多，加固部位较多，并有一定高度，因而对壁面作了粉饰，对斗拱、倚柱、七朱八白按 1957 年整修时的色彩粉刷。对于牡丹束花，除两处个别枝叶已剥落的修补外，其他仍保持原状，未予变动。对七层壁面原已全部作水泥喷浆处理的，这次加了纸筋加粉面，参照其他层次粉刷对原水泥地面又作假方砖伪装。对其他各层，由于方案未定，故未予处理。

（五）施工监测

1950 年代起对虎丘塔的测量断断续续地一直在进行，获得了一些资料。但由于施测方法、人员、仪器、观察点等不一致，所得资料比较凌乱，不连续，有的出入较大，有时前后矛盾，1965 年前曾作固定测点，但未及时应用，到 1979 年开始，才逐步建立起比较科学的监测系统。目的是：

1. 系统观察塔身变化规律，提供可靠数据；

2. 为本次加固工程跟踪监测服务。主要作三项观测：

①沉降；

②位移；

③裂缝。

采用的仪器有 DS1 精密水准仪、T3 经纬仪、手持试应变仪和千分表等精密仪器，共布置沉降观测点 53 个，位移观察点 15 个，裂缝观察点 22 个。

由于本次加固工程，都在塔重应力范围内施工，为了做到安全施工，作施工跟踪监测非常必要，以便及时掌握施工对塔身变形反映。既为施工服务，又可为指导安全施工提供数据。监测与施工密切配合，使施工做到心中有数，有的放矢，清醒而不致盲目，安全而不致过分冒险，是这次加固工程取得成功不可缺的工作之一。

对于古塔维修加固，采取精密而系统的施工监测，国内在虎丘塔还是首次运用。实践证明：对了解古塔变化规律和指导安全施工发挥了一定作用。

四 、结 束 语

1. 对虎丘塔采取"围、灌、盖、换"四项加固工程，是成功的，有效的。也符合文物古迹维修原则。

围桩、灌浆及壳体工程，达到了对地基和塔基的加固要求。稳定基土、填实孔隙，提高了地基强度，又扩大了塔体与地基的接触面，扩散压应力，达到扩大基础的效果和防水的功能，使地基塔基的受力状态得到了改善和加强。换砖工程，加固了塔的主要承重结构塔墩的强度。提高了塔墩底部砖砌体的强度，又以险情大的东北、西北两个塔心墩为重点的，和其他五个塔墩（南面二个内墩和北面三个外墩）砖砌体的局部加固，解除了历时八年抢险的临时加固设施，提高承载力。各项加固工程，既有其各自的功能，又相互联系，在共同作用下发挥总体效果。对控制塔基的不均匀沉降取得了初步成效，塔体位移也相对稳定。从测量数据表明：在 1985 年 10 月 15 日（即壳体工程结束后第五个月起）至 1986 年 6 月八个月内未增加向北位移，7～8 月份因塔墩加固工程的滞后效应以及搭外架子、斗拱修补等因素，对位移有所影响（3 毫米），从 8 月份以后又基本稳定。由于加固工程全部竣工时间尚短，对其持久效益尚需经过时间的流逝进一步显示出来。这次对虎丘塔的加固工程和竣工，我们认为是为保存古塔作出了重要贡献。

2. 本次对虎丘塔加固工程的施工也是成功的。由于塔的险情较大和很多施工部位在塔重应力范围内施工的，所以难度很大，要求很高。精心施工，也是成败的关键。是在大家的共同努力下，设计与施工、监测与施工、后勤与施工各方面的密切配合，群策群力的成果。根据古塔的特殊要求，采取独特的方法把现代技术和古老工艺相结合。既运用现代的设计技术、精密测量和建筑材料，又采用人工为主的操作，以防机械振动。既要达到总体上的加固，又是由点到面，逐点、逐块、逐段小面积的施工，逐点加强连为整体，像绣花式的施工工艺。既开"大刀"，又确保古塔安全。所以，加固工程虽然在许多危险部位"开刀"施工，没有发生过塌砖、塌方和责任事故。工程质量也是高标准的，做到安全、质量两个第一。达到各项加固工程方案的要求。

3. 对塔的认识是逐步深化的。随着工程进展，对其构造及变化规律的认识不断深入。这次对虎丘塔的加固工程，是边摸索边前进的，逐步充实。例如，对壳体基础是在工程中对塔基进一步深入认识的基础上，由原先考虑设置防水盖板发展为把设置防水板与基础加固相结合的壳体工程。一举两得，使塔基的加固取得了更好的效果。又如，在壳体工程中，掌握了施工对塔体影响的变化规律，自觉运用了这一规律，采取一定技术措施，调正南北沉降量。对塔体作微量向南纠偏获得了成功，使 6000 吨的古塔又在偏心应力很大的情况下，在壳体工程施工阶段非但不继续增加向北偏移，而是向反方向——向南返回 7 毫米，这是难能可贵的，再如，对塔墩换砖加固，也是在施工过程，对塔体应力变化逐步认识、通过试点，摸索找出其可行性的，然后付诸实施，达到较好效果。

虎丘塔加固工程在技术上之所以能不断充实完善，这是由于主持此项工程的专家技术民主，集思广益，因势利导。我们认为：尤其像对于加固维修这类比较复杂的古建筑，不能生搬硬套现行规范，固执己见。

4. 贯彻了文物保护维修原则。这次对虎丘塔的加固，在设计、施工上部比较注意文物保护和维修的原则。如塔墩加固，虽有多种设想，但最后仍以黏土砖作砖砌体形式，并保持原有体量。加固内壶门仍用砖砌叠恢复。对塔外形整修，仍保持现状。同时，施工过程对塔内外出土文物注意搜集，如搜到刻有考证造塔年代、塔名等铭文的砖块和唐碑古钱币以及过去造塔、修塔的材料，对这次加固替换下来的朽木、碎砖、黄泥中的虫孔等标本也取样保留，以供考证研究。

5. 虎丘塔的加固工程，是在上级领导的支持和关怀下、全体工程技术人员和工作人员的共同努力。以及有关地区、部门的支援协助，取得的成果。在工作中，有成功的经验、也有教训、有成绩也有缺点。由于比较谨慎，又是摸索前进。经验不足，所以讨论方案时间较长，连续不够，对整个工程总体设想不够，工程间歇时间较长以及在具体工作上还跟不上。

6. 虎丘塔的加固工程完成时间尚短，还需作进一步观测，以观后效。测量工作需要持续下去。

7. 这次加固，虽初见成效，延年益寿。但是塔身的砖砌体已有一千多年，又无外粉刷保护，自然风化现象仍将缓慢持续发展。对塔身防水、防风化问题尚待进一步研究，使古塔保存更多年代还需作继续努力，建议今后列为一项科研项目。

8. 塔内各层的束花具有较高的艺术和保存价值，目前已剥落甚多，并且随着内粉刷的自然损坏剥落，将继续日渐损坏，亟待制订方案，采取措施。

以上汇报，未经集体并阅。不当之处，请不吝指正。

苏州市修塔办公室凤光莹整理

一九八六年十一月

苏州云岩寺塔排险加固工程报告（1990 年）

苏州市修塔办公室

一、项目名称

苏州云岩寺塔排险加固工程——加固地基、塔基及破坏严重、险情大的底层塔墩（底层塔体）。

二、工程目的

稳定塔基不均匀沉降，控制塔体的倾斜发展，达到解除危险，保护古塔的目的。

一、古塔简况

云岩寺塔建于苏州虎丘山顶，俗称虎丘塔。建于五代末期周显德六年（公元 959 年），至今已 1030 年，是江南最古老的一座大型砖塔，是江苏唯一仅存的五代砖结构古塔。规模宏大，建造精巧，在我国古塔史上具有重要价值。由于塔身严重倾斜，至今塔身已向北偏东倾斜 2.34 米。斜而不倒，故有"中国斜塔"之称。是中国古塔的一大奇观。1961 年国务院公布为第一批全国重点文物保护单位。

云岩寺塔是一座七层八角形，以砖结构为主的仿木构楼阁式砖塔。体现着从唐塔到宋塔的造型建筑技术方面承上启下的过渡典型。现在的残高 48 米多（不包括已塌的塔刹），塔身残重 6100 吨左右（包括 1957 年加固增加混凝土 200 吨），全塔均用黄泥砌筑，结构薄弱。塔身平面由外墩、回廊、内墩、塔心室组合而成。全塔由 8 个外墩和 4 个内墩（共 12 个）支承。塔墩之间有十字形通道与回廊沟通。各层回廊顶均以叠涩砖砌楼面将内外壁连结成整体，形成套筒式结构。塔外各层均为砖砌平座。原来塔顶塔刹各层腰檐及底层的付价（外回廊）均毁。

云岩寺塔历史上屡遭兵火之灾，曾多次修理。在明代崇祯十一年（1638 年）即建塔后的六百七十七年，当时因塔身倾斜损坏严重，重修第七层时，有意砌向倾斜相反方向，欲借以调正重心，以致造成现在的塔身呈"香蕉形"。这一纠偏虽起到一些作用，但未能制止塔身的倾斜发展。清咸丰十年（1860 年）山上寺庙毁于火，塔亦波及，又年久失修，到建国初，塔身已严重残破，千疮百孔，一、二层裂缝宽达 10 多厘米，岌岌可危。1956～1957 年又修理。对塔身进行了加固，采取的技术措施是：

1. 在每层塔身外加三道钢箍，外抹水泥；

2. 每层楼面在东西和南北方向又加十字拉筋，与塔身外钢箍相连结，并浇入混凝土地坪内；

3. 对塔的内壁又加了较厚的水泥喷浆，对残缺部位进行了砖砌修补。通过这次加固，对控制塔身开裂起到了重要作用，增强了塔身的整体性。但是，同时也增加了塔的自重量 200 多吨，对原来已经大大超荷载的地基和塔底部逐渐损坏和风化的砖砌体增加了荷载，加速了塔的倾斜。由于对塔基的不均匀沉降和塔身倾斜发展仍然未能得到控制，因此加固未能取得持久的稳定。在 1965 年 8 月检查，已出现底层、二、三、四层壶门两侧的拱顶以及回廊壁面又出现较多裂缝。到 1978 年 4、5 月以后，由于塔的变形发展迅速，北面两个内墩连续发生水泥喷浆面大面积外鼓、爆裂及塔身砌体大块剥落。北部三个外墩的裂缝也迅速增大增多，险情加剧危急。因此，经国家文物局批准，又进行本次排险加固工程。

二、塔的险情主要表现和原因

（一）塔基的不均匀沉降和塔体位移（倾斜）速率加快，使塔壁裂缝增多、扩大；底层塔墩（特别是北部两个内墩）砖砌体严重破坏。

据同济大学 1981.1.2～1981.11.28 对《虎丘塔变形观测报告 NO.2》提供的数据：

塔顶已向北位移 2.3 米多，塔顶的位移速度约为 3.6 毫米/年。塔基的不均匀沉降严重，南北高差为（即北面的塔墩比南面多下沉）0.48 米，平均年速率为 0.47 毫米/年。

同时，塔二层楼面的南北两端的高差（南高、北低）达 60 多厘米。由此说明塔底层砖砌体（包括黄泥灰缝）也有明显的不均匀压缩的损坏。

云岩寺塔的倾斜由来已久。据考证建塔时塔体就产生不均匀沉降，塔身开始发生倾斜。因而建造过程中逐层作过纠偏，但未能使其稳定，不均匀沉降和倾斜持续发展。明代重修七层时，也曾作过纠偏，欲调正重心，但仍未制止倾斜的发展。

造成倾斜的主要原因是：由于塔建在山顶斜坡之上，西南高、东北低，塔下是一层厚薄不一的人工填土层（约 1:3）地基；造塔时当时的建筑师又未为这座高大的建筑，建造一个合适的塔基，而将重 6000 多吨，每平方米对地基的平均直接压应力高达 90 多吨（不包括因倾斜产生的偏心压应力）这样的庞然大物直接砌筑在人工填土的地基上；而且，塔墩底部既不扩大（无大放脚），又未深埋地基之中（只有埋入地坪下 2 皮砖，约 12 厘米）大大超过了地基的承载力。

同时，还由于长期地基渗水潜流冲刷，填层中的土颗粒流失，基土中产生孔隙。因此在塔体重量的作用下，厚薄不一的人工地基就产生不等量的变形压缩，导致塔体的不均匀沉降，造成塔身倾斜。塔体的倾斜又增加了塔的偏心应力，使塔身砖砌体的黄泥灰缝又产生不均匀的压缩变形，从而又增加了倾斜。灰缝压缩到一定程度，对日久风化的砌体又带来一定的破坏，加速了倾斜的发展，又增加塔基的不均匀沉降，这样"循环往复"形成恶性循环。

（二）由于不均匀沉降，北部外塔墩缓慢向外移位，以致底层八边形的南北对边距离已大于东西对边距离 17 厘米（南北对边距 13.81 米，东西对边 13.64 米）。塔身竖向裂缝增多、增大，北部三个外墩壶门两侧壁面更为集中，裂缝从下到上较宽较长（2 米左右）。1957 年加固时浇入混凝土地坪内南北走向的直径 35 圆钢的十字拉筋在底层北壶门部位已经断裂，拉距 5 毫米，这与塔墩外移有一定关系，与 1979 年复测时所见地面裂缝也相吻合。

（三）塔的主要承重结构——塔墩底部的砖砌体损坏严重。在长期重荷和偏心受压下，加速了对塔墩底部逐渐风化的砖砌体的破坏，北部尤为严重，底部 40 厘米左右这一段的砖块大部分已经压碎压酥，承载力下降。

（四）东北、西北两个塔内墩险情更大，由于内、外墩沉降量的差，北部偏心压应力加大，使这两个内墩的荷载不断加大，砌体被破坏。在 1.8～2 米左右高度，外圈的一砖深度（32 厘米）95% 以上的砖已

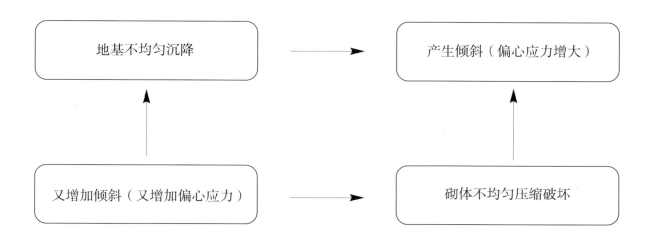

压碎、龟裂，丁砌的砖几乎全部剪断（以后加固中发现仅一块未断），壁内 16 厘米（半砖位置）处内外拉开，宽度 1 厘米左右，最宽达 2 厘米。墩边倚柱也拉裂。1957 年加固的很厚（3～6 厘米）的喷浆面 70% 左右与砌体脱壳、外鼓、开裂差位、大块剥落，砖面拉损。对东北内墩 50 厘米以下这一段，用砖回弹仪测试，由于损坏严重，外圈的砖块已测不出数据，强度下降，险情发展较快。

为此，1978 年对这两个内墩采取应急的临时加固，用 3 皮木方、硬橡皮、外箍 22 道 φ18 钢箍，大号松紧螺丝收紧加固，以防突然坍塌。同时，东、西、北三个内墩壶门拱顶的木过梁已腐朽或压损。

以上险情，对云岩寺塔的安全已构成严重威胁。

三　加　固　工　程

苏州云岩寺塔排险加固维修工程在国家文物局和苏州市政府的领导下，从 1978 年 6 月～1981 年底，经过三年半前期准备，于 1981 年 12 月 18 日正式开工，到 1986 年竣工，对这座千年古塔进行了基地、基础的加固和底层塔墩重点部位的加固，以及塔身整修等项工程。稳定了塔基的不均匀沉降，由此产生的塔体位移也相应得到控制，达到了预期的效果。

由于各项加固工程，都在塔身险情较大和塔重压应力范围内施工，所以难度和技术要求都比较高，有一定的风险。做到了精心设计、精心施工，施工中非常注意保护古塔安全。从施工开始到结束，由于采取了一定技术措施，累计位移量小于施工前正常速率的累计位移量，比预计的要好。

按照文物维修原则和已取得的科学数据，经国家文物局批准，从实际出发，对虎丘塔的加固方案确定为：

（一）地下围桩；

（二）钻孔注浆；

（三）壳体基础及地基防水；

（四）底层塔墩局部砖砌体补换。

此外，对塔身外壁作一般整修。

各项工程情况于下：

（一）围桩工程

这是对地基的加固工程，于 1981 年 12 月 18 日开始，到 1982 年 8 月底竣工，历时八个多月。

围桩是在塔周围应力扩散范围内建造一圈密集的钢筋混凝土桩，围箍地基，以控制地基加固范围，隔断地下水流继续冲刷土壤流失，稳定基土。围桩距离塔外壁 2.9 米（距塔八角形对角的最近部位为 2.5 米）共建围桩 44 根，围成一圈，单桩直径因考虑人工开挖故确定为 2.4 米（包括护壁厚 15 厘米，桩净直径为 1.1 米），桩底要穿过风化岩插入基岩（对于风化岩层很厚的部位则挖到基岩）。然后在桩顶再浇筑高 40 厘米、宽 1.4 米的钢筋混凝土圈梁。

施工措施：

1. 为避免机械振动和开挖面过大，采用由人工开挖，并在精密仪器作精细的监测下，严格按设计顺序采取跳挡、南北交叉，深浅交叉开挖成桩，限制北部同时开挖数量。

2. 为防止土体变形，除利用土拱作用较好外，采取从上而下逐段开挖，逐段浇制钢筋混凝土护壁，逐段浇制护壁，直到岩石。然后在坑内绑扎钢筋骨架，灌浇 150# 混凝土成桩，再在桩顶浇筑圈梁。钢筋质量、绑扎搭接、混凝土配比都符合要求，共做混凝土试块 67 组，试压平均强度分别为 281、239 公斤/厘米^2，达到设计要求。

3. 桩孔内作业面小，一般只能容一人，以短柄工具操作；挖出的土石只能从坑口提出，遇有大石块也在坑下人工凿碎。坑底空气比较稀薄，冬季施工温差较大，施工比较艰难，费时较长。一根 8 米左右的桩，一般需 12～15 天，遇有较大块石，要花 20 天，难度大的则要花 30 天。

围桩工程量：

共挖桩 44 根，挖进总深度 312 米，平均桩深 7.09 米，北深南浅，北部深度 8～9 米左右，最深部位 10.68 米，南面 3.8～4.5 米左右，最浅的 3.65 米，证实了塔是建造在南高北低的斜坡上，上面的人工垫层则反之，北厚南薄，因而其压缩层亦不同。

围桩工程共灌浇混凝土 480 立方米（包括圈梁围桩护壁及护壁外溢量），共挖土石方 500 多立方米。

整个施工土体变形较小，但由于开挖总面积较大，且深，对地基还是有所搅动，从位移、沉降、裂缝三项监测数据看，开工头三个月比较稳定，后因一度追求进度，增加开挖数量，以及滞后效应，有一些明显反映外，经过采取措施，渐趋缓和，基本变化较小，达到预期要求。

同时，对塔下周围地质作了一次直观的验证，取得比较直接的资料。

（二）钻孔注浆

这是对地基加固的第二项工程，在围桩完成后即着手进行，从 1982 年 10 月 14 日开始到 1983 年 8 月 5 日竣工，历时九个半月。压力灌浆，是在围桩范围内，钻直径 9 厘米孔 161 个，进行压力注浆，填充地基内因水流冲刷等原因造成的孔隙，以增加地基的密实度，提高地基强度。

施工工艺及措施：

1. 防震、干钻。用改造的 XJ100－Ⅰ型工程地质钻机，分别不同地层用不同硬度的合金钻头，以风冷却，提钻出土及空气压缩吸排岩屑等方法，尽量疏通地层中细小孔隙，以求灌浆填充密实。

2. 采用全孔一次注浆法，根据地层的不同情况分别采取压浆机和气压注浆。注浆压力：塔内控制 1.5 公斤/厘米^2，塔外 2～3 公斤/厘米^2。

3. 注浆顺序，是从围桩内边沿向中心推进。先塔外，后塔内；先东北面，后南面；先垂直孔，后斜孔。塔外采取三序式注浆工艺，塔内因作业面较小，难以用三序检查。

灌浆材料以水泥为主，并掺入占水泥重量 2.5% 的膨润土，以提高渗透性。对可灌性较好的孔隙还掺少量黄沙。

灌浆工程量：

共钻 9 厘米孔 161 个，钻孔间距为 1.15～1.5 米，梅花形布孔。钻孔总深度 944.65 米，孔底钻入基岩 10 厘米，平均孔深 5.87 米，钻孔体积 6.6 立方米。

总注浆量 26.64 立方米（用水泥 31 吨）。

注浆量为钻孔体积的 4.0 倍，占围桩内土体总量的 1.6%。

通过压力灌浆，证实北半部地基内孔隙较多，有 7 个孔，单孔注浆量达 1~1.9 立方米，相当于孔体自身体积的 26~45 倍最多的孔注入水泥 42 包（2.1 吨），有的浆液穿透 3~4 个孔。

灌浆施工过程对塔体位移、沉降、裂缝变化的数据较小。但毕竟对地基有所搅动，由于滞后效应关系，从施工到产生影响有一个时间差，在施工后期也产生一定影响。

（三）壳体基础及地基防水

这是对塔基加固和地基防水相结合的工程。在塔下建造一个较大的钢筋混凝土壳体基础。于 1984 年 6 月 23 日开工到 1985 年 5 月完成。

壳体是一个直径为 19.5 米，厚度为 45~65 厘米的"覆盆式"的构件。由塔内底板、上环、下环以及吊口板几部分组成。上环与下环之间约成 37 度的斜坡。其下环（即外端）与围桩相联结，以围桩为边缘构件；上环和底板则与各个塔廊下部相交接；交接部位都伸进各塔墩周围 25~30 厘米，脱换其四周已经破坏压碎压酥的砖砌体，代之以钢筋混凝土。脱换的总面积占塔墩总面积的 40%。因而扩大了塔体与地基的接触面，扩散了压应力，达到扩大基础的效果；又有效地制止塔墩外移。同时，增强了塔墩底部的强度。

在壳体上面再浇钢筋混凝土防水板。上面再重新铺设方砖地面，恢复塔座台基形式。

施工技术措施：

由于施工部位都在塔身自重影响下施工，因此难度更大、技术要求更高，有一定风险。不仅要伸进塔墩四周，且要开挖一定埋置深度（在现在塔内方砖地坪以下 0.75 米，塔外最低部位 2.03 米），又要保证塔体安全。所以必须谨慎和精心施工。在继续加强精密的施工跟踪监测外，采取以下施工技术措施：

1. 控制各次施工开挖范围，小面积快速施工，当天开挖当天完成。塔内北半部最小施工面积控制在只占塔内总面积的 2.5%，预留接点，联为整体。整个壳体共分 33 次施工。塔内基础板分 20 次，塔身外围上环分 3 次，下环分 7 次。吊口板 3 次，每次施工都间隔 7~10 天的保养期。

2. 恰当选择各次施工部位，也是最重要关键之一。先塔内，后塔外，先塔北，后塔南，以先稳住危险部位，步步为营，逐步加强。

3. 严格操作规程，加强各道工序验收，保证工程质量。开挖到达设计深度后，认真清理浮土，铲平压实，用 5 厘米厚 100# 细石混凝土填平拍实。然后绑扎钢筋，搭接采取点焊 30 倍 D，分段施工，用 200# 混凝土配比。每次施工接茬预留凹凸施工缝。壳体工程共做混凝土试块 31 组，平均强度达 322.1 公斤/厘米^2。达到设计要求。

4. 加强现场技术指导和安全措施。加强专职技术人员现场指导。对危险部位施工，主要工程技术人员、设计人员、行政领导都亲临现场，及时处理疑难问题。每次施工都集体研究，分析监测资料，防患未然。

壳体工程量：

共挖土方近 300 立方米，灌浇混凝土 305 立方米。壳体伸进塔墩四周 25~30 厘米，最深部位达 38 厘米。倚柱、槏柱部位伸进 45~70 厘米。脱换底部砖砌体 26 平方米（按平面计算），占塔墩总面积的 40%，脱换高度 20~40 厘米。

重建了塔座台基、台阶、重铺方砖地面青石锁口等，为防止地基潮湿，挖掘清除台基外围高 70 厘米、宽 6~8 米左右的垫土 700 多立方米，恢复到古地坪标高，重铺塔外周围道路 500 平方米。

壳体基础施工，对塔体变化反应较大，在北部施工各项数据反映敏感。在施工结束后，渐趋稳定均匀。不均匀沉降有所控制。位移也相对稳定。壳体基础的施工过程，也对围桩、灌浆工程的质量进行直观检查。见围桩圈梁顶以下 2 米这一段，桩与桩之间联接密实钻孔注浆工程，在块石填层有空隙地方浆液扩散充满孔隙，填实较好。

（四）塔墩砌体补换工程

这是对破坏严重的塔墩砖砌体进行加固的工程。

工程自 1986 年 3 月开始到 1986 年 7 月结束。

1. 以西北、东北两个险情大的内墩为重点，作较大面积的砌体补换，拆除其四周外圈、高度在 1.7 ~ 2.0 米左右（北倚柱最高拆砌到 2.3 米），一砖深度（16 ~ 32 厘米，最深的部位 40 ~ 48 厘米）已经压碎剪断的砖砌体（包括 4 个圆倚柱全部拆换）。换上定制的同尺寸的高标号黏土砖，并作配筋砖砌体加固。配筋环通塔墩，防止横向扩张。内外新老砌体之间又用交叉砌筑和钢筋浆铆加强整体连结。新换砌体呈下部深，上部略浅的梯形结构。在 1.2 米以下更换的面积（按截面计算），也是分别为 50 ~ 60%，1.2 ~ 1.7 米之间约 40%。以提高塔墩砌体强度和承载力。对其外貌则仍保持砖结构形式和原体量。同时，更换四个壶门（即北、东、西三个和塔心室北壶门）拱顶已经腐朽或压损的木过梁，并重新拆砌。为防止木过梁容易腐朽，故本次加固改用预制钢筋混凝土过梁，并恢复砖砌叠涩顶，拆除原来的水泥喷浆。

2. 对南面两个内塔墩的北侧壁，也因塔身北倾变形压缩的破坏，对其在 1 ~ 1.2 米以下的已经破坏的砖砌体也作更换。

3. 对北、东北、西北面三个外塔墩壶门两侧壁面，因裂缝较宽较长，所以分别对其在 0.8 ~ 1.3 米高度这一段砖砌体也作局部更换，深度 16 厘米，局部 32 厘米，对 1.2 米以上则再用 φ10 螺纹钢作钢铆栓加固，每间隔 25 ~ 30 厘米一档用钻孔灌浆，埋筋深度 30 厘米。

4. 加固后，全部拆除了长达 8 年之久的 1978 年应急临时加固设施，恢复塔内墩原貌。

换砖工程仍在险情依然存在的情况下直接在塔身上施工，所以安全施工，是成败关键。主要措施：

1. 利用砖砌体拱形作用，合理选择先后换砖部位的顺序和控制各次更换的长度、高度和深度至关重要。逐段逐块小面积脱换。须留接点，连成整体。逐段更换的过程，也是逐块加强的过程，因此起步宜小。每次更换，控制在 0.6 ~ 1.2 平方米左右（按砖砌体表面积计算），每墩分 14 ~ 16 次施工。每次都要有适当间隔期。

为了确保安全，施工阶段增设临时安全设施。

2. 为了提高砌体结构强度，防止新砌体灰缝变形，加固换砖部位，作配筋砖砌体结构。环通塔墩。为加快新砌体灰缝早期强度，防止变形压缩和钢筋锈蚀，采用 1∶1.5 水泥砂浆砌筑。

3. 加强内外新老砌体结构搭接，采取内外、丁条交差砌筑和钢筋浆铆连结，每间隔 0.4 ~ 0.5 米间距以梅花形布置铆杆（即每 0.2 ~ 0.25 平方米），加 φ10 螺纹钢筋铆杆一根，一端用钻孔灌浆铆入老砖砌体内 20 厘米，另一端（15 ~ 30 厘米）砌入新砌体内。以加强新老砌体的整体性。

4. 用多种手段加强施工监测。除仪器监测外，在换砖壁面附近再增添石膏点，以便及时直接观察施工反映。观察表明，在换砖部位以上 30 厘米的石膏点基本无开裂现象。施工对塔体变形影响甚微。

5. 在施工过程中逐段解除 1978 年对塔内墩的临时加固设施。采取逐步小量放松钢箍的松紧螺丝逐段逐个地拆除。到 1986 年 7 月 29 日全部解除，恢复了塔内墩塔心室的原状。

经过换砖加固的塔墩壁面裂缝已迎刃而解，不复存在。塔墩砖结构强度得到提高。用砖回弹仪对加固前后测试：东北内墩换砖前在 50 厘米以下的旧砖因损坏严重已测不出数据；换砖后的新砖强度为 230 公斤/厘米²。由于更换的新砖又作配筋砌体，因此其强度又有较大的提高。

从加固后对两个内墩布置的沉降观察点和 6 只千分表，经过 2 个月的观察，基本无变形情况，效果较好。

此外，对塔身外壁从上到下全面作了检查、整修。由于长期失修和塔体变形，外壁斗拱损坏较多，有的斗拱托木已经腐朽。有的砖已经移动；还因鸟虫筑窝和风吹雨淋砖块和粉刷剥落而造成的空洞也很多；还有石蜂等昆虫，在黄泥灰缝中挖孔做窝的甚多，孔深10多厘米，虽孔径细小，但累计就不少了，这些对保护古塔都有所影响，这次都作整修加固，并注意保持现状。共整修斗拱40多个，对空洞缝隙也作了填补，对塔顶灰缝脱落造成漏雨地方也作了修补，对各层木梯扶、木栅栏都进行加固整修油漆。

（五）施工勘查、试验与监测

本次加固工程，采用多种现代手段对地基、塔基、塔体的勘查，进行了地质勘察，开挖探槽、探井及塔身检查，以及模拟试验、电应变测试等。施工前后及施工过程中进行了长期的观察和测量。主要作三项监测：1.沉降；2.位移；3.裂缝。采用的仪器有 DS1 精密水准仪，T3 经纬仪、手持式应变仪和千分表等精密仪器，共布置沉降观测点 57 个，位移观察点 15 个，裂缝观察点 22 个。施工中做到配合施工，跟踪监测，定点、定人、定仪器，以保证测量正确性。

以上各项加固工程，对云岩寺塔加固是成功的、有效的，也符合文物维修原则。

围桩、灌浆及壳体工程，达到了对地基和塔基的加固要求，稳定基土、填实孔隙，提高地基强度；壳体工程，又扩大了塔基与地基的接触面，扩散压应力，达到扩大基础的效果和防水的功能，使地基塔基的受力状态得到了改善和加强。补换砖工程，加固了塔的主要承重结构底层塔墩的强度，提高承载力。

各项加固工程，既有其各自的功能，又是相互联系，在共同作用下发挥总体效果，对稳定塔基的不均匀沉降取得了成效，对由此产生的塔体位移也相应得到控制。

四、工程成果

云岩寺塔通过加固工程后，经三年多来的使用、观察，实践证明加固效果是好的，工程是成功的。

（一）1986 年 11 月经国家文物局领导组织有关专家对云岩寺塔加固工程进行全面验收，认为整个工程质量优良，取得了重大成果。对四项工程全面验收。验收意见如下：

（苏州云岩寺塔维修加固工程）几年来在各级政府和主管部门的领导、有关部门专家的支持下，经修塔办全体同志的共同努力，取得了重大成果。施工中，用现代科技和传统做法相结合，控制了长期存在的塔基不均匀沉降和塔体的倾斜位移，使濒临危险的国家重点文物得到保护，对类似文物的维修也有一定的参考价值。在整个工程的设计、施工中还认真贯彻了文物维修保护的原则。

整个工程质量优良，同意全面验收。

（二）设计和施工是成功的。以严谨的科学态度，和刻苦求实的作风相结合。根据云岩寺塔的特殊条件，采取独特的施工手段，以现代科学技术与传统手工操作方式相结合的方法。加固工程都是采取小面积的、由点到面的加固，逐点逐块加强、逐步巩固，然后连成整体，达到全面加固。同时采用多种现代测试、测量手段（包括对地质基础的砌体、勘探，加固模拟试验、电应变测试以及对塔体沉降、位移、裂缝的精密仪器的测量等），为古塔"治病"动"手术"量"血压"、"脉搏"，为工程提供科学的分析资料。整个加固施工对塔体的影响比预料的要好。施工的近五年累计增加的位移量小于施工前的正常速率累计位移量，即 1981 年 12 月开工前测定塔顶向北位移速率为 3.6 毫米/年，五年施工期间累计位移量应为 3.6 毫米/年 × 5 年 = 18 毫米（未考虑突变及加速度因素），而从 1981 年 1 月始至 1986 年 12 月塔顶向北增加的总位移量为 17.37 − 3.6 毫米 = 13.77 毫米。

（三）云岩寺塔加固工程竣工的三年多来通过定人、定观察标志、定仪器、定期的继续跟踪观测，数据表明：

1. 塔基的不均匀沉降已经稳定。从1987年1月至1990年1月，三年来连续每月一次的测量，用DS1精密水准仪的测量数据表明：塔基的高差累计仅为0.2毫米（包括允许的测量误差在内）。（注：1981年加固前据同济大学测量报告：平均沉降高低差速率为0.47毫米/年）

2. 由于塔基的不均匀沉降得到稳定，由此产生的塔体位移相应也得到了控制。经加固工程后三年来（1987.1～1990.1）用T3经纬仪对位移测量数据的分析显示：塔体呈有规律的年周期变化，扣除温、湿度和台风等突发性影响外，三年来塔顶向北位移增加总量为0.8～1.0毫米（注：1987年7～8月受当时7号强台风影响，塔体向北增加位移量3mm左右）。

3. 底层裂缝须加固的部位至今没有再发现新裂缝。

4. 贯彻了文物保护维修原则。这次对虎丘塔的加固，在设计、施工上都比较注意文物保护和维修的原则，如塔墩加固，虽有多种设想，但最后仍以黏土砖作砖砌体形式，并保持原有体量，加固壶门仍用砖砌叠涩恢复。对塔外形整修仍保持现状。同时，施工过程对塔内外出土文物注意搜集，如搜到刻有考证造塔年代、塔名等铭文的砖块和唐碑、古钱币以及过去造塔、修塔的材料，对这次加固替换下来的朽木、碎砖、黄泥中的虫孔等标本也取样保留，以供考证研究。

对严重倾斜古塔的地基、基础和砌体的加固技术以及根据云岩寺塔的特殊情况采取独特的施工方法，既动大的"手术"又保证古塔安全。整个工程未发生任何责任事故及质量事故。这样全面地加固一座大型的千年古塔，在国内尚属首创。

苏州市修塔办公室

一九九〇年八月

苏州云岩寺塔排险加固工程
监测报告（1990 年）

苏州市修塔办公室

云岩寺塔监测方案由江苏省建筑设计院于 1979 年 9 月拟定并实施，尔后又由同济大学测量系和苏州市修塔办公室监测小组沿用原技术方案，使用 DS1 水准仪、T3 经纬仪、手持式应变仪等仪器，采用多种监测手段（沉降、位移、裂缝观测等）进行监测（其中 1982.11～1984.1 由同济大学测量系和苏州市修塔办公室共同监测）。共设监测标志 73 个（底层塔沉降监测标志 24 个、塔基沉降监测标志 9 个、位移监测标志 16 个、各层层面倾斜监测标志 24 个），历时 10 年，获得 60000 余个监测数据（其中位移数据 25000 个，沉降数据 25000 个，层面倾斜数据 3000 个，裂缝监测数据 7000 个）。经过大量的计算、分析和整理，获取约 20000 个测量成果。现将有关监测情况用图表的形式报告如下：

表一　　　　　　　　　　底层塔壁部分沉降观测点竣工后沉降值表　　　　　　　　　　单位：毫米

点号 ＼ 时间	1987 年	1988 年	1989 年	累计
1	− 0.2	+ 0.1	0	− 0.1
2	+ 0.2	+ 0.2	0	+ 0.4
3	+ 0.2	− 0.1	+ 0.3	+ 0.4
4	0	+ 0.2	+ 0.1	+ 0.3

由表中可推知，竣工后塔体底层南北沉降速率为 0.17mm/年，东西沉降速率为 0.03mm/年，比较施工前的平均沉降速率 0.47mm/年来，大大减小。

表二　　　　　　　　　　竣工后塔基沉降观测点沉降值表　　　　　　　　　　单位：毫米

点号 ＼ 时间	1987 年	1988 年	1989 年	累计
	1987 年	1988 年	1989 年	累计
E 内	+ 0.3	− 0.3	− 0.1	− 0.1
S 内	+ 0.4	− 0.4	− 0.2	− 0.2
W 内	+ 0.3	− 0.3	− 0.3	− 0.3
N 内	+ 0.2	− 0.3	− 0.3	− 0.4

由表中可推知，塔基在竣工后，东西方向和南北方向的沉降速率均为0.06mm/年，也即塔基的不均匀沉降基本消失。

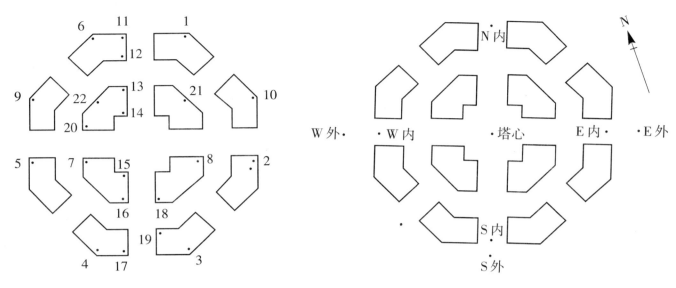

图一　底层塔壁沉降观测点布置示意图　　　图二　塔基沉降观测点布置示意图

图三和图四为塔基北壶门处沉降点 N 和竣工后底层塔壁沉降点（1 号点）内的沉降变化曲线图。由图中可知沉降值变化呈波形的年周规律变化，且变化数值非常接近，相应时期的较差较小，一般均小于0.3mm。

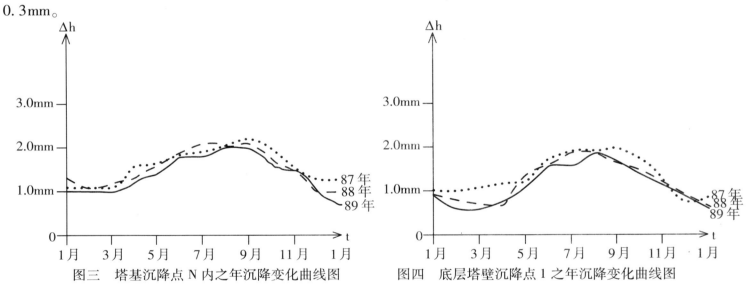

图三　塔基沉降点 N 内之年沉降变化曲线图　　　图四　底层塔壁沉降点 1 之年沉降变化曲线图

表三　　　　　　　　竣工后 E7 点每年位移极值表（以 1981 年 1 月 25 日为 0 的向北位移值）

极值 ＼ 时间	1987 年	1988 年	1989 年	1990 年
极大值	19.0mm	20.0mm	20.0mm	20.0mm
极小值	15.2mm	17.1mm	17.1mm	17.9mm

表三中 1987 年的极小值 15.2mm 系当年 7 号台风前测定，其余相当条件下的极值较差为 0.8 至1.0mm，比较施工前塔顶位移速度 3.6mm/年，可知塔体倾斜已极其微小。E7 点竣工后的位移变化见图五。

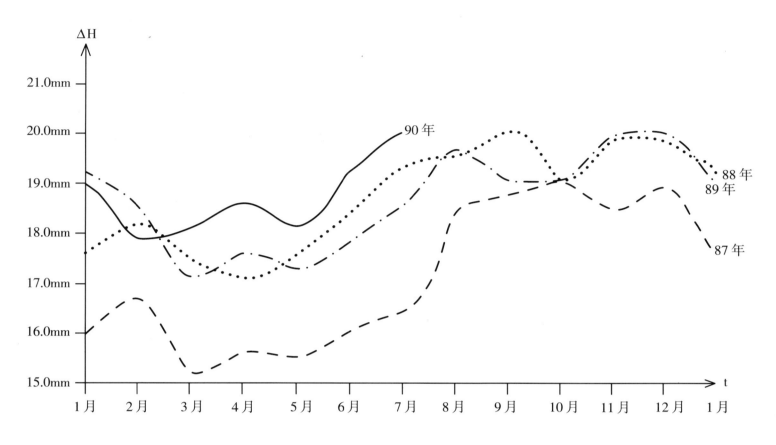

图五　塔体第七层位移观测点 E7 位移变化曲线（竣工后）

表四 竣工后塔顶偏移值表

月 ＼ 年	1987 年	1988 年	1989 年	1990 年
一月	2. 339m	2. 342m	2. 343m	2. 344m
四月	2. 338m	2. 340m	2. 342m	2. 343m
七月	2. 340m	2. 344m	2. 343m	2. 345m
十月	2. 344m	2. 344m	2. 344m	

　　表四中偏移值中，因受 1987 年 7 月 28 日 7 号台风影响，塔顶明显偏移故 1987 年 7 月以后偏移值均偏大一些。

　　1987 年 7 月 28 日当年的 7 号台风经过苏州境地，当时风力达 17 米/秒，降雨量达 64.7mm，其对塔体位移影响稍大，台风前后位移相对变化见表五。

表五 1987 年 7 号台风前后塔体东壁观测点位移相对变化表

时间 ＼ 点号 相对位移差	E1 （mm）	E2 （mm）	E3 （mm）	E4 （mm）	E5 （mm）	E6 （mm）	E7 （mm）
台风前（87.7.16）	0	0	0	0	0	0	0
台风后（87.8.4）	+ 0. 8	+ 0. 9	+ 0. 6	+ 1. 0	1. 1	+ 1. 3	+ 1. 7

1990 年 2 月 10 日发生于距云岩寺塔 40 余公里的常熟、太仓间的 5.1 级地震，影响到云岩寺塔处的烈度为 5 度，其对塔体影响见表六：

表六　　　　　　　　　　　　　常熟地震前后塔体东壁观测点位移相对变化表

相对位移　点号 时间　　移差	E1 （mm）	E2 （mm）	E3 （mm）	E4 （mm）	E5 （mm）	E6 （mm）	E7 （mm）
地震前（90.1.20 测）	0	0	0	0	0	0	0
地震后（90.2.16 测）	−0.5	−1.0	−1.0	−0.7	−0.7	−1.2	−1.1

由于塔体向北倾斜 2.34 米，本次地震并未使塔体向北位移，而塔体仍按其年变化规律向南位移，可知本次地震对塔体倾斜影响甚微。

以上监测数据表明，由于排险加固工程的实施，塔基沉降已趋稳定，塔体的倾斜也得到控制，这说明，这次云岩寺塔排险加固工程是成功的，有效的。

苏州市修塔办公室
一九九〇年八月

120

关于云岩寺塔监测资料的评价（1990年）

鉴定委员会下设的测试组听取了苏州市修塔办公室关于云岩寺塔监测情况的汇报，检查了部分观测数据并到云岩寺塔现场察看了监测设施，经过认真分析，得出如下结论：

1. 云岩寺塔监测采用了多种监测手段（沉降、位移，裂缝观测等）历时十年。获得了六万多个观测数据。为云岩寺塔排险加固工程的设计、施工以及竣工后工程质量分析提供了可靠的依据，在工程竣工验收后，继续监测达三年半之久，测试小组对监测人员的刻苦求实作风及苏州市修塔办公室领导的严谨的科学态度表示赞赏。

2. 云岩寺塔监测技术方案，以及五定的观测原则，由江苏省建筑设计院于1979年拟定，参与监测的同济大学测量系和苏州市修塔办公室监测小组沿用原技术方案，增加了资料的连续性和可比性，观测台及各类标志设置符合要求，测试小组认为是合适的。

3. 云岩寺塔监测工作所使用的仪器（DS1水准仪、T3经纬仪及手持式应变仪），观测人员均能符合变形观测的要求。

4. 基于对监测数据的分析，云岩寺塔监测资料齐全，符合变形观测的有关技术要求。观测成果是客观的，能反映整个排险加固工程各阶段及工程竣工后塔体变形的情况。

5. 从1986年11月工程竣工到1990年7月的监测数据表明，云岩寺塔经排险加固工程后，塔基最大沉降差仅为0.3毫米，第七层观测点水平方向最大位移仅1.0毫米，表明塔基的不均匀沉降及塔体的倾斜得到了控制。

6. 持续十年的监测获得了大量的观测资料，在会议资料中应给予足够的反映。

对监测资料，特别是竣工验收后表明塔体趋于稳定的资料，应进一步加工整理，使资料更加明了、易读。

鉴定委员会测试评审组

组长：黄翔

成员：尹献年　黄兴棣　王春令　王伯明　胡清亮

一九九〇年八月十八日

附表

附表一

钻孔注浆一览表

孔号	钻孔日期 （年、月、日）	钻孔类型	孔径(mm) 开孔	孔径(mm) 钻孔	孔底深度 (m)	孔底标高 (m)	钻孔体积 (dm)³	注浆体积 (dm)³	注浆体积与 钻孔体积之比	注浆压力 （kg／cm²）	浆液配比 （水∶水泥∶膨润土）
1	1982.10.20-10.22	直孔	110	90	9.45	-9.82	60.5	93.2	1.5	3	0.5∶1∶0.05∶0.03
2	10.23	直孔	110	90	6.47	-6.84	41.4	69.7	1.7	3	0.6∶1∶0.03∶0.03
3	10.24	直孔	110	90	8.1	-8.45	51.8	83.8	1.6	3	0.6∶1∶0.03∶0.03
4	10.24-10.25	直孔	110	90	7.0	-7.35	44.8	251	5.6	3	0.55∶1∶0.03
5	10.25-10.26	直孔	110	90	6.55	-7.1	41.9	209	5	3	0.55∶1∶0.03
6	10.28-11.2	直孔	110	90	6.65	-7.25	42.6	280	6.7	3	0.55∶1∶0.03
7	11.2-11.4	直孔	110	90	7.6	-8.1	49	1919	39	4	0.55∶1∶0.03∶0.5（沙）
8	11.4-11.5	直孔	110	90	6.3	-6.8	40	800	20	4	0.55∶1∶0.03∶0.5（沙）
9	11.6-11.7	直孔	110	90	6.7	-7.24	43	712	17	3	0.55∶1∶0.03∶0.5（沙）
10	11.8-11.10	直孔	110	90	5.3	-5.6	40	1121	33	4	0.55∶1∶0.03∶0.5（沙）
11	11.10-11.17	直孔	110	90	7.8	-8.3	50	1383	28	3	0.55∶1∶0.03∶0.5（沙）
12	11.18	直孔	110	90	7.8	-8.3	50	503	10	3.5	0.55∶1∶0.03∶0.5（沙）
13	11.19	直孔	110	90	8.15	-8.65	52	1372	26	3	0.55∶1∶0.03
14	11.20-11.21	直孔	110	90	7.9	-8.4	51	75	1.5	3	0.55∶1∶0.03
15	11.24	直孔	110	90	7.4	-7.9	47	76	1.6	3.5	0.55∶1∶0.03
16	11.25	直孔	110	90	6.8	-7.3	44	1038	24	3.5	0.55∶1∶0.03
17	11.29-11.30	直孔	110	90	5.5	-6	35	1433	41	3.5	0.55∶1∶0.03∶0.5（沙）
18	12.1-12.2	直孔	110	90	7.9	-8.4	51	490	9.8	3	0.55∶1∶0.03
19	12.3	直孔	110	90	7.9	-8.4	51	193	4	3.5	0.55∶1∶0.03
20	12.4	直孔	110	90	5.9	-6.4	38	1510	40	3.5	
21	12.6	直孔	110	90	6.1	-6.3	39	130	3.3	2	
22	12.7-12.9	直孔	110	90	4.6	-5.1	29.2	1327	45.4	2	
23	12.9-12.14	直孔	110	90	6.8	-7.3	43.2	129	3	2	
24	12.14-12.15	直孔	110	90	7.9	-8.4	50.2	96	1.9	2	
25	12.16-12.17	直孔	110	90	6.2	-6.5	39.4	106	2.7	2	
26	12.17-12.18	直孔	110	90	6.0	-6	38.1	80	2.1	2	
27	12.18-12.19	直孔	110	90	5.75	-5.75	36.6	100	2.7	2	
28	12.2	直孔	110	90	7.9	-7	50.2	108	2.2	2	
29	12.21	直孔	110	90	6.5	-6.5	41.3	110	2.7	2	
30	12.22	直孔	110	90	8.6	-8.6	54.7	130	2.4	2	
31	12.23	直孔	110	90	6.3	-6.3	40.1	98	2.4	2	
32	12.24	直孔	110	90	7.2	-7.2	46.4	190	4.1	2.5	
33	12.25-12.26	直孔	110	90	5.8	-5.8	36.9	90	2.4	2.5	
34	12.26-12.27	直孔	110	90	6.8	-6.8	43.2	88	2	2	
35	12.27	直孔	110	90	8.3	-8.3	52.8	170	3.2	2	
36	12.28	直孔	110	90	7.1	-7.1	45.1	130	2.9	2	0.55∶1∶0.03
37	1983.1.4-1983.1.5	直孔	110	90	6.6	-6.6	42	216	5.1	2	
38	1.5-1.6	直孔	110	90	8.1	-8.1	51.5	1703	3.3	2	
39	1.6-1.7	直孔	110	90	6.35	-6.35	40.4	140	3.5	2	

续表

孔号	钻孔日期 （年、月、日）	钻孔类型	孔径(mm)		孔底深度 (m)	孔底标高 (m)	钻孔体积 (dm)³	注浆体积 (dm)³	注浆体积与 钻孔体积之比	注浆压力 （kg／cm²）	浆液配比 （水：水泥：膨润土）
			开孔	钻孔							
40	1.7-1.8	直孔	110	90	6.95	-6.95	44.2	90	2	3	
41	1.8-1.9	直孔	110	90	7.9	-7.9	50.2	96	1.9	3	
42	1.9-1.10	直孔	110	90	6.0	-6	38.2	84	2.2	3	
43	1.10-1.12	直孔	110	90	6.2	-6.2	39.4	150	3.8	3	
44	1.12-1.13	直孔	110	90	7.0	-7	44.5	108	2.4	3	
45	1.13	直孔	110	90	6.6	-6.6	42	102	2.4	3	
46	1.18	直孔	110	90	6.5	-6.5	41.3	91	2.2	2.5	
47	1.18-1.19	直孔	110	90	8.0	-8	50.9	100	2	2.5	
48	1.19	直孔	110	90	8.7	-8.7	55.3	92	1.7	2.5	
49	1.20	直孔	110	90	6.3	-6.3	40.1	65	1.6	2.5	
50	1.20	直孔	110	90	6.7	-6.7	42.6	93	2.2	2.5	
51	1.21	直孔	110	90	6.6	-7.15	42	84	2	2.5	
52	1.22	直孔	110	90	6.2	-6.8	39.4	70	1.8	2.5	
53	1.22	直孔	110	90	2.15	-2.75	13.7	26	1.9	2.5	
54	1.23	直孔	110	90	7.6	-8.2	48.3	110	2.3	2.5	
55	1.23	直孔	110	90	5.85	-6.45	37.2	68	1.8	2	
56	1.24	直孔	110	90	5.8	-6.4	36.8	64	1.7	2.5	
57	1.25	直孔	110	90	2.6	-2.85	16.5	40	2.4	2.5	
58	1.25	直孔	110	90	2.7	-3.3	17.2	30	1.7	2.5	
59	1.26	直孔	110	90	2.7	-3.3	17.2	24	1.4	3	
60	1.26	直孔	110	90	2.55	-3.1	16.2	43	2.7	2.5-3	
61	1.26	直孔	110	90	2.8	-3.4	17.8	33	1.9	3	
62	1.27	直孔	110	90	3.1	-3.7	19.7	42	2.1	3	
63	1.31-2.1	直孔	110	90	3.45	-4.05	21.9	43	2	3	
64	2.1	直孔	110	90	3.2	-3.8	20.3	54	2.7	3	
65	2.2	直孔	110	90	3.2	-3.8	20.3	38	1.9	2.5	
66	2.3	直孔	110	90	3.3	-3.9	21	38	1.8	2.5	
67	2.4	直孔	110	90	4.35	-4.95	27.7	115	4.2	1.5	
68	2.4-2.5	直孔	110	90	4.6	-5.2	29.2	60	2.1	2	
69	.2.5	直孔	110	90	3.85	-4.15	24.5	55	2.2	2	
70	2.19-2.21	直孔	110	90	4.8	-4.8	30.5	55	1.8	2	
71	2.22-2.24	直孔	110	90	5.0	-5	31.8	58	1.8	2	
72	2.25-2.26	直孔	110	90	7.75	-7.75	49.2	88	1.8	2.5	
73	2.26-2.27	直孔	110	90	4.3	-4.3	27.3	60	2.2	2	
74	2.27-2.28	直孔	110	90	7.5	-7.5	47.7	82	1.7	2	
75	3.2	直孔	110	90	6.3	-6.3	40.1	80	2	2	
76	3.2-3.3	直孔	110	90	6.0	-6	38.2	82	2.1	2	
77	3.8	直孔	110	90	5.6	-5.6	35.6	60	1.7	2	
78	3.8-3.9	直孔	110	90	5.4	-5.4	34.3	62	1.8	2	
79	3.9-3.10	直孔	110	90	7.5	-7.5	47.7	120	2.5	2	
80	3.10	直孔	110	90	7.55	-7.55	48	104	2.2	2	
81	3.11	直孔	110	90	6.6	-6.6	42	76	1.8	2	0.55：1：0.03
82	3.12	直孔	110	90	7.7	-7.7	49	98	2	2	
83	3.14	直孔	110	90	6.1	-6.1	38.8	80	2.1	2	
84	3.15	直孔	110	90	6.5	-6.5	41.3	75	1.8	2	
85	3.15-3.16	直孔	110	90	8.5	-8.5	54	100	1.9	2	

续表

孔号	钻孔日期（年、月、日）	钻孔类型	孔径(mm) 开孔	孔径(mm) 钻孔	孔底深度 (m)	孔底标高 (m)	钻孔体积 (dm)³	注浆体积 (dm)³	注浆体积与钻孔体积之比	注浆压力 (kg／cm²)	浆液配比（水：水泥：膨润土）
86	3.16	直孔	110	90	6.5	-6.5	41.3	95	2.3	2	
87	3.17	直孔	110	90	6.9	-6.9	43.9	180	4.1	2	
88	3.22	直孔	110	90	7.0	-7	44.5	173	3.9	2	
89	3.22-3.23	直孔	110	90	6.9	-6.9	43.9	77	1.8	2	
90	3.23-3.24	直孔	110	90	5.0	-5	31.8	60	1.9	2	
91	3.24	直孔	110	90	6.6	-6.6	42	94	2.2	2	
92	3.25	直孔	110	90	11.2	-11.2	71.2	195	2.7	1.5	
93	3.26	直孔	110	90	5.9	-5.9	37.5	72	1.9	2	
94	3.26	直孔	110	90	7.0	-7	44.5	86	1.9	2	
95	4.5-4.6	直孔	110	90	7.7	-7.7	49	86	1.8	1.5	
96	4.7	直孔	110	90	7.3	-7.3	46.4	86	1.9	2	
97	4.8-4.9	直孔	110	90	6.45	-6.45	41	82	2	1.5	
98	4.10-4.11	直孔	110	90	5.0	-5	31.8	55	1.7	1.5	
99	4.11-4.13	直孔	110	90	7.4	-7.4	47.1	112	2.4	1.5	
100	4.13-4.14	直孔	110	90	8.1	-8.1	50.9	120	2.4	1.5	
101	4.19-4.20	直孔	110	90	5.65	-5.65	35.9	94	2.6	1.5	
102	4.21	直孔	110	90	5.8	-5.8	36.6	76	2.1	1.5	
103	4.22-4.23	直孔	110	90	4.1	-4.1	26.1	60	2.3	1.5	
104	4.23-4.24	直孔	110	90	6.35	-6.35	40.4	76	1.9	1.5	
105	4.25-4.26	直孔	110	90	4.8	-4.8	30.5	62	2	1.5	
106	4.26-4.27	直孔	110	90	8.3	-8.3	52.8	90	1.7	1.5	
107	4.27-4.28	直孔	110	90	6.2	-6.2	39.4	72	1.8	1.5	
108	5.5-5.6	直孔	110	90	3.9	-3.9	24.8	52	2.1	1.5	
109	5.6-5.7	直孔	110	90	6.95	-6.95	44.2	90	2	1.5	
110	5.8-5.10	直孔	110	90	6.95	-6.95	44.2	71	1.6	1.5	
111	5.10-5.11	直孔	110	90	5.0	-5	31.8	64	2	1.5	
112	5.11	直孔	110	90	9.9	-9.9	62.9	128	2	1.5	
113	5.17	直孔	110	90	9.2	-9.2	58.5	100	1.7	1.5	
114	5.21-5.22	直孔	110	90	9.64	-8.95	61.3	85	1.4	1.5	
115	5.23	直孔	110	90	9.3	-8.68	59.2	78	1.3	1.5	
116	5.24-5.26	直孔	110	90	5.95	-5.59	37.9	163	4.3	2	
117	5.31-6.1	直孔	110	90	7.2	-6.7	45.8	96	2.1	1.5	
118	6.4-6.5	直孔	110	90	5.8	-5.43	36.9	250	7	1.5	
119	6.5-6.6	直孔	110	90	5.8	-5.38	36.9	76	2	1.5	
120	6.6-6.7	直孔	110	90	10.15	-9.48	64.5	120	1.8	1.5	
121	6.8	直孔	110	90	8.7	-8.2	55.3	86	1.5	1.5	
122	6.14	直孔	110	90	5.15	-4.85	32.7	50	1.5	2	0.55：1：0.03
123	6.16	直孔	110	90	4.6	-4.29	29.2	45	1.5	2	
124	6.16-6.17	直孔	110	90	4.2	-3.92	26.7	50	1.9	2	
125	6.17	直孔	110	90	4.1	-3.82	26.1	80	3.1	2	
126	6.18	直孔	110	90	3.7	-3.5	23.5	45	1.9	2	
127	6.18-6.19	直孔	110	90	3.8	-3.56	24.2	55	2.3	2	
128	6.19	直孔	110	90	3.2	-2.99	20.3	50	2.5	1.5	
129	6.21	直孔	110	90	6.35	-5.91	40.4	70	1.7	2	
130	6.22	直孔	110	90	8.25	-8.25	52.5	135	2.57	1.5	
131	6.23	直孔	110	90	8.35	-8.35	53.1	130	2.45	1.5	

续表

孔号	钻孔日期（年、月、日）	钻孔类型	孔径(mm)		孔底深度(m)	孔底标高(m)	钻孔体积(dm)³	注浆体积(dm)³	注浆体积与钻孔体积之比	注浆压力(kg／c㎡)	浆液配比（水：水泥：膨润土）
			开孔	钻孔							
132	6.28	直孔	110	90	6.2	-6.2	39.4	95	2.4	1.5	
133	6.28-6.29	直孔	110	90	2.7	-2.7	17.2	35	2	2	
134	1983.6.29	直孔	110	90	3.0	-3	19.1	35	1.8	2	
135	1981.9.2-1981.9.3	直孔	110	90	3.03	-3.03	19.3	40	2.1	自重压力	1：0.7（水：水泥）
136	1983.7.1	直孔	110	90	3.21	-3.21	20.4	40	2	2	
137	7.1	直孔	110	90	3.6	-3.6	22.9	70	3.1	1.7	
138	7.2	直孔	110	90	3.35	-3.35	21.3	70	3.3	1.5	
139	7.2	直孔	110	90	3.55	-3.55	22.6	45	2	1.5	
140	7.2	直孔	110	90	3.8	-3.8	24.2	40	1.7	2	
141	7.3	直孔	110	90	3.75	-3.75	23.9	65	2.7	2	
142	7.3	直孔	110	90	3.85	-3.85	23.5	50	2	2	
143	7.6	直孔	110	90	3.75	-3.75	23.8	45	1.9	1.5	
144	7.6	直孔	110	90	3.9	-3	24.8	40	1.6	1.5	
145	7.6	直孔	110	90	3.25	-3.25	20.7	70	3.4	1.5	
146	7.7	直孔	110	90	3.25	-3.25	20.7	45	2.2	1.5	
147	7.7	直孔	110	90	4.4	-4.4	28	215	7.7	1.5	
148	7.7	直孔	110	90	4.6	-4.6	29.3	70	2.4	1.5	0.55：1：0.03
149	7.14	直孔	110	90	4.6	-4.6	29.3	45	1.5	1.5	
150	7.14-7.15	直孔	110	90	4.65	-4.65	29.6	60	2	1.5	
151	7.15	直孔	110	90	4.35	-4.35	27.7	80	2.9	1.6	
152	7.16	直孔	110	90	3.95	-3.95	25.1	70	2.8	1.5	
153	7.16-7.17	直孔	110	90	3.8	-3.8	24.2	80	3.3	1.5	
154	7.17-7.18	直孔	110	90	3.45	-3.45	21.9	35	1.6	1.5	
155	7.18	直孔	110	90	3.6	-3.6	22.9	40	1.7	1.5	
156	7.19	直孔	110	90	3.7	-3.7	23.5	57.5	2.4	1.5	
157	7.19-7.20	直孔	110	90	3.35	-3.35	21.3.	35	1.6	2	
158	7.20-7.21.	直孔	110	90	4.0	-4	25.4	40	1.6	1.8	
159	7.27	直孔	110	90	3.7	-3.7	23.5	50	2.1	1.5	
160	7.28	直孔	110	90	3.85	-3.85	24.9	60	2.4	1.5	
161	7.28-7.29	直孔	110	90	3.55	-3.55	22.6	35	1.5	1.5	
总计	1982.10.20-1983.7.29				944.65 平均5.87		6009.38	26637.5	平均4.43		
备注	N0.135孔的数据是根据我所1981年试验结果整理所得										

128

附表二

Ⅰ号探槽土试验报告

同 济 大 学
建筑材料实验室试验报告

送验单位：苏州市虎丘塔修塔领导小组办公室　　　　　　　　　　　　　　（抄件）

品名：砖（五代末年）来源：来样　　　试验项目：测定塔砖标号抗压强度

试样编号	试验日期（年月日）	试样尺寸（厘米）			截面积（平方厘米）	试验结果		备注
						破坏荷载 T	抗压强度 kg／cm²	
		长	宽	高				五代末年制造的
1	78.10.24	33.2	16.1	4.5	534.5	46	85.9	塔砖约公元 959
								年前
2	78.10.24	33.6	16.6	5	557.8	53	95	
3	78.10.24				520	56	108	

试验者：冯、颜、郑　　　　　　　　　　　　　报告日期：78 年 10 月 24 日

Ⅰ号探槽土分析总表

土 分 析 总 表

工程编号 虎丘塔Ⅰ号探坑

第　页共　页 P.3
试验日期　年　月　日

土样编号	取土深度		天然状态的基本物理性指标							流限	塑限	塑性指数	压缩系数	抗剪强度试验		渗透系数	有机质含量	压缩模量	土的颗粒组成 计算的强度
	天然地面下 公尺	绝对标高 公尺	含水量 W %	湿 γ	干 γD	土粒比重 γo	孔隙比 e	饱和度 G	稠度 B	WT %	Wp %	Wn %	a	E		Kv		E	R
Ⅰ-(1)			15.3	2.89	1.770	2.72	0.537	77.6	<0	坚硬	30.1	18.7	10.4						何 析 着 後
〃 (2)			16.8	2.040	1.745		0.557	82.2	<0	坚硬	28.4	18.3	10.1						
〃 (3)			14.4	2.040	1.783		0.525	74.6	<0	坚硬	30.5	19.7	10.8						
〃 (4)			18.7	1.935	1.631		0.667	76.3	<0	坚硬	29.4	18.2	11.2						
〃 (5)			17.0	2.040	1.744		0.558	83.2	<0	坚硬	31.0	19.7	11.3						
〃 (6)			15.4	1.956	1.695		0.605	69.3	<0	坚硬	28.2	19.1	9.1						
〃 (7)			18.5	1.940	1.510		0.800	63.0	<0	坚硬	28.7	19.5	9.2						
〃 (8)			18.5	2.021	1.705		0.594	84.8	<0	坚硬	28.1	19.1	9.0						
〃 (9)			19.5	2.031	1.700		0.600	88.5	0.073	硬塑	28.4	18.8	9.6						
〃 (10)			20.1	1.990	1.657		0.640	85.5	0.122	硬塑	27.3	20.5	8.2						
〃 (11)			19.0	1.967	1.653		0.645	80.2	0.028	硬塑	29.2	18.7	10.5						
〃 (12)			22.8	1.990	1.620		0.678	91.3	0.407	可塑	27.9	19.3	8.6						
〃 (14)			21.4	2.020	1.664		0.634	91.8	0.334	可塑	27.8	18.2	9.6						
〃 (15)			22.4	1.963	1.603	2.72	0.697	87.4	0.395	可塑	28.7	18.3	10.4						
〃 (17)			23.2	1.999	1.624		0.675	33.6	0.464	可塑	28.8	18.4	10.4						
〃 (18)			25.0	1.942	1.552		0.753	90.5	0.423	可塑	32.1	19.8	12.3						

一、从目前的探槽工的情况看，塔基地踏时，先在具有一定坡度的岩面上，用经过人工琢磨的岩石作基石，然后即在其上垒砌加建塔基，塔基是逐皮砌垒、流砌筑而成，无大放脚。

二、观石垫底情况，在塔基底下70公分左右处是以填渣和填碎粘土为主，无块石含量甚少 有不同风化程度的角石砾及小石子等组成的素填土，块下的或石含量较高深夯而填筑，当时施工时，很可能是铺一皮素填土，经夯实后，再铺一皮块石夯入土中加强，也可能是用经石分皮填充含铺垫捣而夯实的。总之，塔基是经过分皮夯实的。

三、大剪试验：无法用环刀取完状土样，也不能用灌砂法来测定其 向密实，故试验是以小块土样用铅刀来固定其土围夯实，仅代表收接基。由于不能用环刀取试样，故无法做压缩试验及渗尺剪切试验。

四、从土的风化程度及其状态来分析：
(1) 在整个向底力分布范围内的观石，因受后期的氏密化作用，就此整硬些，反之，在浅向底力分布范围外的基土，就地质软坡状态。
(2) 观石垫底的上部呈较坚硬状态，下就随深度逐渐由硬渐到可塑状态；与堆岩触面的的基土含水量越大。
(3) 在块石有顶、底接触面间的基力土比较硬些，在块石侧缝间隙内土，则比较软些。

五、整个塔身向东北倾斜，塔底基底是西南处高，东北处低，这次测得其基底相对高差为45.35公分。

注：Ⅰ-(1)~Ⅰ-(8)试样由于探槽外露暴晒时间过长（约3~4天）其土水份受损失，含水量偏小。

填表　　　　修塔指挥部　　1978.10.

附表四

Ⅱ号探槽土分析总表

工程编号 虎丘塔Ⅱ号探坑

土 分 析 总 表

土样编号	取土深度		天然状态的基本物理性指标								流限	塑限	塑性指数
			含水量	容量		土粒比重	孔隙比	饱和度	稠度	按规定的状态范围属			
	天然地面下	绝对标高	W	湿 γ	干 γH	γ_0	e	G	B		W_t	W_p	W_n
	公尺	公尺	%	克/厘米	克/厘米			%			%	%	
Ⅱ—1	参看探槽展视图		17.3	2.018	1.721	2.72	0.580	81.3	<0		31.0	18.5	12.5
Ⅱ—2			16.5	2.025	1.737	"	0.564	79.8	<0		29.0	19.2	9.8
Ⅱ—3			15.9	2.020	1.744	"	0.560	77.3			29.2	18.2	11.0
Ⅱ—4			16.4	1.965	1.687	"	0.625	72.0			29.8	18.6	11.2
Ⅱ—5			19.4	1.965	1.645	"	0.653	80.7			28.7	18.5	10.2

说 明

(1) 探坑暴露在阳光下照晒时间很长，基土水份损失严重，故含水量均偏小。

(2) 试样中含有较多小石砾，在石缝中取样困难，仅能取出小块土样进行蜡封法测定容重。

虎丘塔修塔指挥部

131

附表五

Ⅲ号探井天然石料试验报告

抄件（Ⅲ号探井 6 米处风化岩石试验记录）

同济大学道路材料实验室　　　　　　　　道材 NO.0000044

天然石料试验报告

品名	风化岩	收到日期	1979 年 10 月
来源	虎丘塔东北端	验收日期	1979 年 12 月 24 日
送验者	苏州虎丘塔指挥部		
极限抗压强度	干燥的：111、117、133（公斤／厘米²）		
试验意见	由委托单位提供岩样、岩石为已风化岩石。按规定应测定饱水后抗压强度，但因该岩石遇水即溶化为泥浆状，不能进行饱水抗压强度，故仅做干燥状态下的抗压强度，此数据不能作为设计依据，仅供参考。		
	试验者：王炳辉 校　核：林金奎 主　管：严家伋		

附信

　　上次你们拿来的石头太难加工了，这种石头简直就不能碰到水，石头遇到水不到一分钟就能用手剥下来了，就象砂粒一样，放在水中十分钟以后就象泥浆一样。我们克服了不少困难好不容易才加工成三块试样，而且表面不太标准，而且石料本身中间裂缝很多。本想等你来领石料来重新加工的，可是你们石料又没有了，只好用这几块试件进行试验，这些试件是烘干以后进行试验的，强度很低：

　　2.1T、2.2T、2.5T 平均 120 公斤／厘米²

同济大学道路实验室

王炳辉

1979. 12. 26

附表六

Ⅲ号探井土试验报告

土 试 验 报 告

工程编号 — — 工程名称 兜兰塔东北探井(Ⅲ)　　报告日期 1979年 10月 5日　图号

土样号数	探井号数	取土深度 M	天然含水量 W%	容重 g/cm³ 自然状态 γ。	容重 g/cm³ 干燥状态 γH	比重 G	孔隙比 e。	孔隙率 n%	饱和度 Sr%	液限 WL	塑限 Wp	塑性指数 Ip	稠度 IL	无侧限抗压强度 qu Kg/Cm²	渗透系数 K Cm/Sec	内摩擦角 Ø°	内聚力 C Kg/Cm²	压缩系数 a₁₋₂ Cm²/Kg	压缩系数 E₁₋₂ (1.2Kg/Cm³)	土的名称	备注
1	Ⅲ	3.33	23.6	1.910	1.546	2.72	0.758	43.1	84.7	28.9	18.6	10.3	0.485							亚粘土(亚壤土)	顶部用腊封底很容重
2	″	3.37	22.9	1.926	1.566	2.72	0.737	42.4	84.5	29.2	18.6	10.6	0.405							″ ″	″
3	″	3.34	22.7	1.930	1.573	2.72	0.730	42.1	84.6	30.3	18.6	11.7	0.350							″ ″	″
4	″	3.85	22.0	1.931	1.583	2.72	0.719	41.7	83.4	28.6	18.4	10.2	0.353		0.025				67.5	″ ″	以下用环刀取试样%
5	″	3.98	25.3	1.870	1.493	2.72	0.822	45.1	83.7	29.7	18.4	11.3	0.611		0.035				47.8	″ ″	
6	″	4.21	22.9	1.995	1.624	2.72	0.675	40.2	92.3	28.4	18.4	10.00	0.450		0.012				137.6	″	含水量风化岩碎屑
7	″	4.88	23.8	1.948	1.573	2.72	0.729	42.1	89.0	28.5	18.5	10.00	0.530		0.021				80.0	″	
8	″	4.88	25.9	1.894	1.504	2.72	0.807	44.6	87.3	31.4	19.4	12.00	0.542		0.023				77.0	″	
9	″	4.28	28.6	1.730	1.346	2.72	1.020	50.5	75.8	31.8	18.5	13.3	0.760		0.040				49.5	″	
10	″	5.40	27.5	1.894	1.486	2.72	0.830	45.3	90.1	30.5	19.0	11.5	0.738		0.017				106.0	″	
11	″	5.34	23.1	1.962	1.594	2.72	0.707	41.4	89.0	29.4	19.0	10.4	0.395		0.015				112.0	″	土质均匀竹质沙
12	″	5.52	24.2	1.973	1.587	2.72	0.713	41.6	92.4	30.4	19.0	11.4	0.456		0.011				153.6	″	″ ″

试：上述土试样为人工填土老素填土，精黄色组成以亚粘土为主分别夹有含量不同的风化岩碎屑属极少量如探硐气隙周碎光等…密度一般中密个别精密漫基呈可塑状态为人工自然堆积堆积期伝新在建塔时或其之前为中密之…中密偏高压缩性土质均习耕度较差。

试验室　　　　　　　审核　　　　　　　制表 兜兰塔修塔指挥部

附表七

Ⅲ号探井土壤压缩试验曲线图

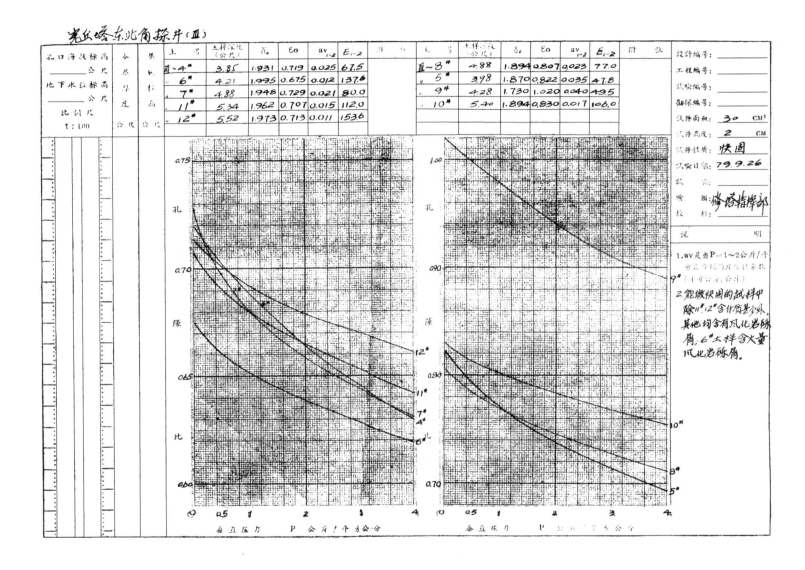

光岳塔东北角探井(Ⅲ)

孔口海拔标高 ______ 公尺
地下水位标高 ______ 公尺
比例尺 1:100

土号	土样深度（公尺）	γ_0	ε_0	av_{1-2}	E_{1-2}	附注
Ⅲ~4#	3.85	1.931	0.719	0.025	67.5	
〃 6#	4.21	1.995	0.675	0.012	137.6	
〃 7#	4.88	1.948	0.729	0.021	80.0	
〃 11#	5.34	1.962	0.707	0.015	112.0	
〃 12#	5.52	1.973	0.713	0.011	153.6	

土号	土样深度（公尺）	γ_0	ε_0	av_{1-2}	E_{1-2}	附注
Ⅲ~8#	4.88	1.894	0.807	0.023	77.0	
〃 5#	3.98	1.870	0.822	0.035	47.8	
〃 9#	4.28	1.730	1.020	0.040	49.5	
〃 10#	5.40	1.894	0.830	0.017	106.0	

设计编号：
工程编号：
试验编号：
勘探编号：
试件面积：30 CM²
试件高度：2 CM
试件性质：快固
试验日期：79.9.26
试验：
绘图：修塔指挥部
校核：

说明

1.av是当P=1~2公斤/平方公分时的压缩系数（平方公分/公斤）

2.能做快固的试样中除11#、12#含什质甚少外，其他均含有风化岩砾屑，6#土样含大量风化岩砾屑。

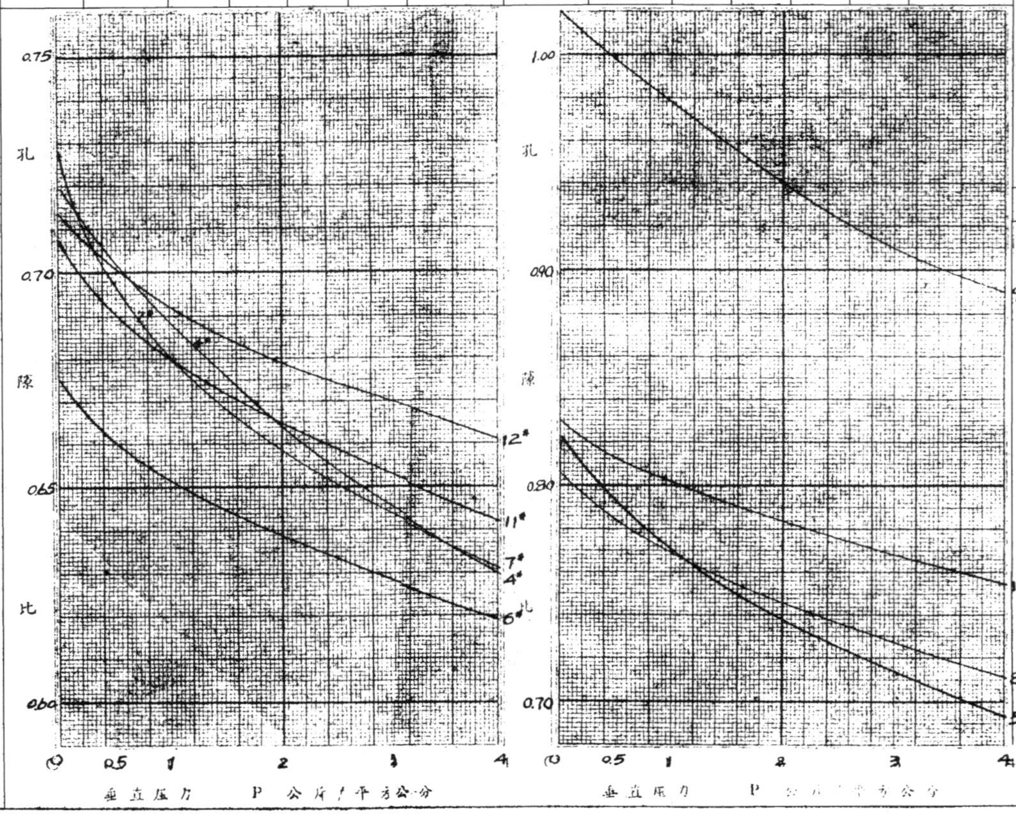

附表八

Ⅲ号探井土分析总表

土 分 析 总 表

土样编号	取土深度 天然地面下 公尺	绝对标高 公尺	含水量 W %	容重 湿 γ 克/厘米³	干 γ干 克/厘米³	土粒比重 γ₀	孔隙比 e	塑和度 G	稠度 B	缩限 W_T %	缩限 W %	塑性指数 W_s %	压缩系数 a 厘米²/公斤	抗剪强度试 凝聚力 c 公斤/厘米²	内摩擦角 φ 度	垂直渗透系数 K_v 厘米/秒	有机质含量 %	压缩模量 Es 公斤/厘米²	卵石或碎石 >20 %	圆砾或角砾 20~10 %	砾 粗 10~2 %	中及细 2~0.5 %	砂 粗 0.5~0.25 0.23 %	中 0.25~0.1 0.1 %	细 0.1~0.05 0.05 %	粉粒 0.05~0.005 0.005 %	粘粒 <0.005 %	土类名称	计算容许承载力 R 公斤/厘米²
							<3>层																						
Ⅰ-1			15.3	2.039	1.770	2.72	0.537	77.6	<0	30.1	18.7	10.4																	
Ⅰ-2			16.8	2.040	1.745	2.72	0.557	83.2	<0	28.4	18.3	10.1																	
Ⅰ-3			14.4	2.040	1.783	2.72	0.525	74.6	<0	30.5	19.7	10.8																	
Ⅰ-4			18.7	1.935	1.631	2.72	0.667	76.3	<0	29.4	18.2	11.2																	
Ⅰ-5			17.0	2.040	1.744	2.72	0.558	83.2	<0	31.0	19.7	11.3																	
Ⅰ-6			15.4	1.956	1.695	2.72	0.605	69.3	<0	28.2	19.1	9.10																	
Ⅰ-7			18.5	1.900	1.510	2.72	0.800	63.0	<0	28.7	19.5	9.20																	
Ⅰ-8			18.5	2.022	1.705	2.72	0.594	84.8	<0	28.1	19.1	9.0																	
一般值			16.8	2.001	1.699	2.72	0.605	77.1		29.3	19.1	10.2																	
								<4>层																					
Ⅰ-9			19.5	2.031	1.700	2.72	0.600	88.5	0.073	28.4	18.8	9.60																	
Ⅰ-10			20.1	1.990	1.657	2.72	0.646	85.5	0.122	27.3	20.5	6.80																	
Ⅰ-11			19.0	1.967	1.653	2.72	0.645	80.2	0.028	29.2	18.7	10.5																	
一般值			19.5	1.996	1.670	2.72	0.630	85.0	0.766	28.3	19.3	9.0																	
								<5>层																					
Ⅰ-12			22.8	1.990	1.620	2.72	0.678	91.3	0.607	27.9	19.3	8.60																	
Ⅰ-14			21.4	2.020	1.664	2.72	0.634	91.8	0.314	27.8	18.2	9.60																	
Ⅰ-15			22.4	1.963	1.603	2.72	0.697	87.4	0.395	28.7	18.3	10.4																	
Ⅰ-17			23.2	1.999	1.624	2.72	0.675	93.6	0.664	28.8	18.4	10.4																	
Ⅰ-18			25.0	1.962	1.552	2.72	0.753	90.5	0.623	32.1	18.8	12.3																	
一般值			26.0	1.983	1.612	2.72	0.687	90.9	0.605	29.1	18.9	10.21																	
								<6>层																					
Ⅲ-1	3.29		23.6	1.910	1.566	2.72	0.758	84.7	0.685	28.9	18.6	10.3																	
Ⅲ-2	3.37		22.9	1.936	1.566	2.72	0.737	84.5	0.665	29.2	18.6	10.6																	
Ⅲ-3	3.34		22.0	1.931	1.573	2.72	0.730	84.6	0.61	29.7	18.0	11.7																	
Ⅲ-4	3.85		22.0	1.931	1.583	2.72	0.719	83.4	0.353	28.6	18.0	10.2	0.025					67.5											
Ⅲ-5	3.98		25.3	1.870	1.493	2.72	0.822	83.7	0.61	29.7	18.4	11.3	0.035					67.8											
Ⅲ-6	4.21		22.9	1.995	1.624	2.72	0.675	92.3	0.650	28.4	18.4	10.0	0.012					137.6											
Ⅲ-7	4.88		24.8	1.948	1.562	2.72	0.729	89.0	0.530	28.5	18.8	10.0	0.021					80.0											
Ⅲ-8	4.98		25.9	1.894	1.504	2.72	0.807	87.3	0.547	31.4	18.4	12.0	0.023					77.0											
Ⅲ-9	4.28		28.6	1.730	1.346	2.72	1.020	75.8	0.760	31.8	18.5	13.3	0.060					49.5											
Ⅲ-10	5.40		27.5	1.894	1.486	2.72	0.830	90.1	0.728	30.5	19.0	11.5	0.017					146.0											
Ⅲ-11	5.34		23.1	1.962	1.594	2.72	0.707	89.0	0.395	29.4	19.0	10.4	0.015					112.0											
Ⅲ-12	5.52		24.2	1.973	1.587	2.72	0.713	92.4	0.656	30.9	19.0	11.9	0.011					153.6											
一般值			26.3	1.913	1.540	2.72	0.771	86.4	0.506	29.8	18.7	11.1	0.022					92.3											

说明:

<3>层~<5>填土层,块石较多

无法用环刀取土,又就以小块土样

用蜡封方法测定其密度,实数成果供

参考。

試驗室負責人　　　　校核　　　　填表　李永增

附 图

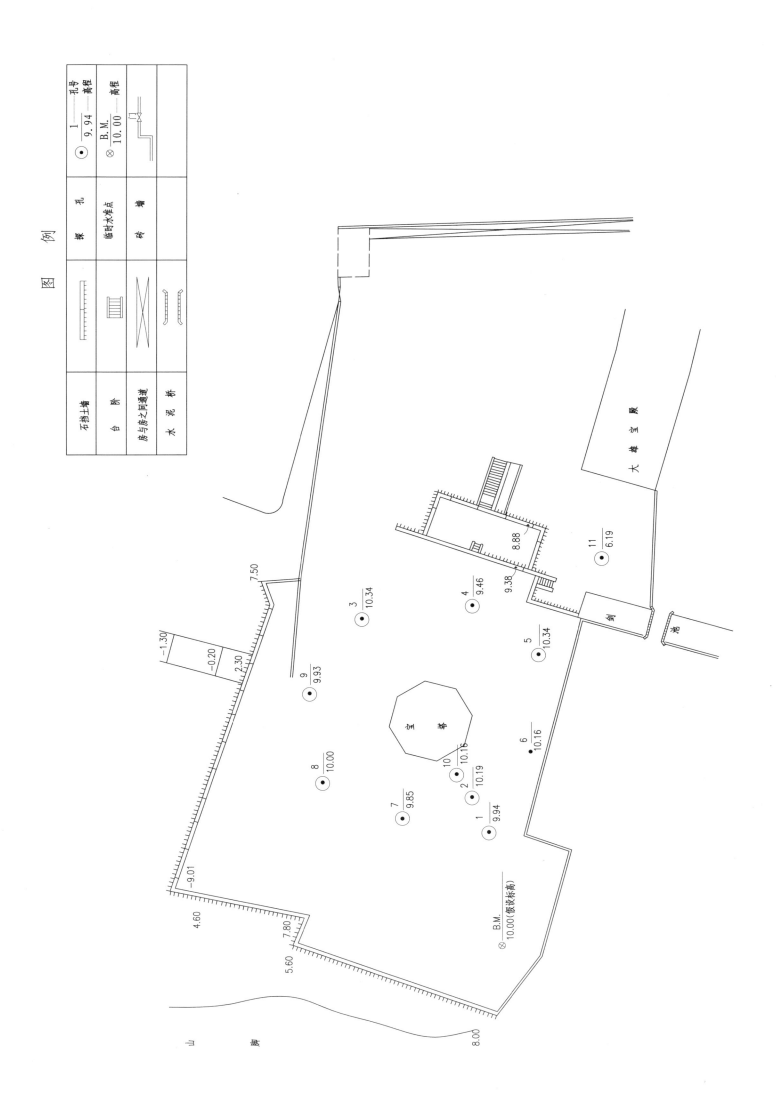

图 例

石挡土墙		探 孔	$\otimes \dfrac{1}{9.94}$ 孔号高程
台 阶		临时水准点	$\otimes \dfrac{\text{B. M.}}{10.00}$ 高程
房与房之间通道		砖 墙	
水 泥 桥			

宝 塔

大 雄 宝 殿

剑 池

$\dfrac{3}{10.34}$

$\dfrac{4}{9.46}$

8.88

9.38

$\dfrac{11}{6.19}$

$\dfrac{5}{10.34}$

$\dfrac{9}{9.93}$

7.50

−1.30

−0.20

2.30

$\dfrac{8}{10.00}$

$\dfrac{10}{10.16}$

$\dfrac{6}{10.16}$

$\dfrac{7}{9.85}$

$\dfrac{2}{10.19}$

$\dfrac{1}{9.94}$

$\otimes \dfrac{\text{B. M.}}{10.00\text{(假设标高)}}$

−9.01

4.60

7.80

5.60

8.00

山 脚

附图 1 地形图

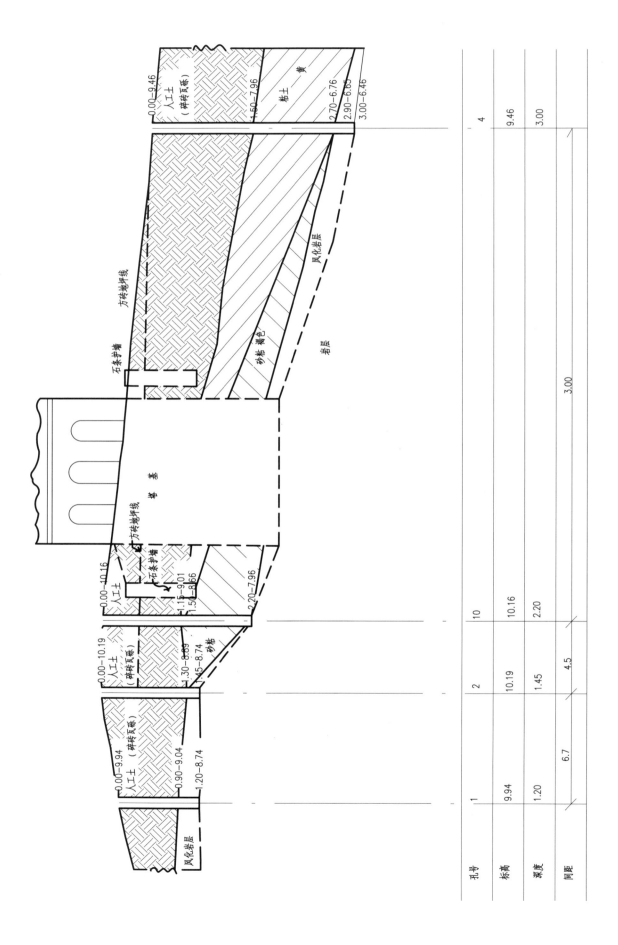

附图 2 地质剖面图（一）

孔号	1	2	10			4
标高	9.94	10.19	10.16			9.46
深度	1.20	1.45	2.20			3.00
间距	6.7	4.5		3.00		3.00

140

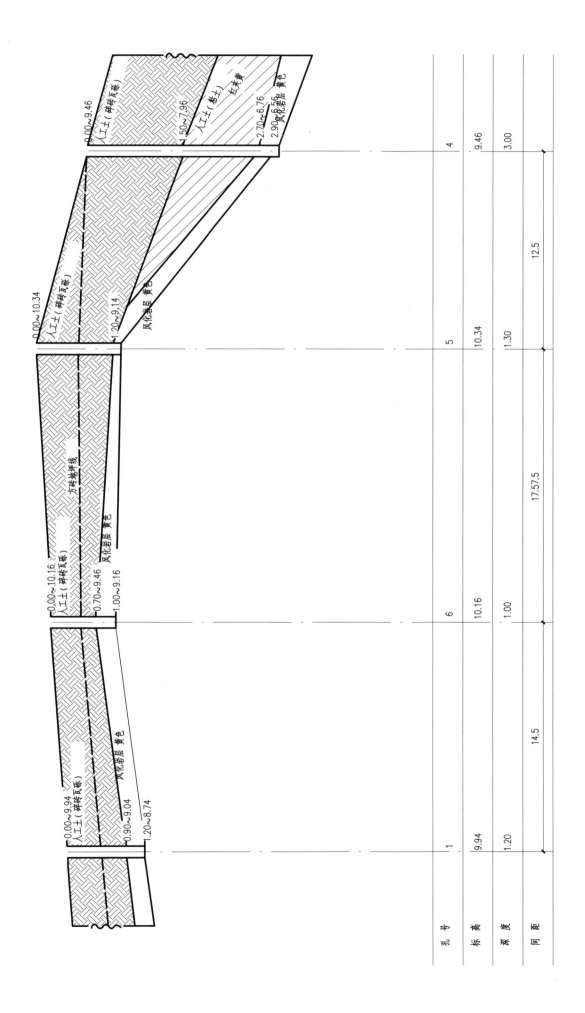

附图 3 地质剖面图（二）

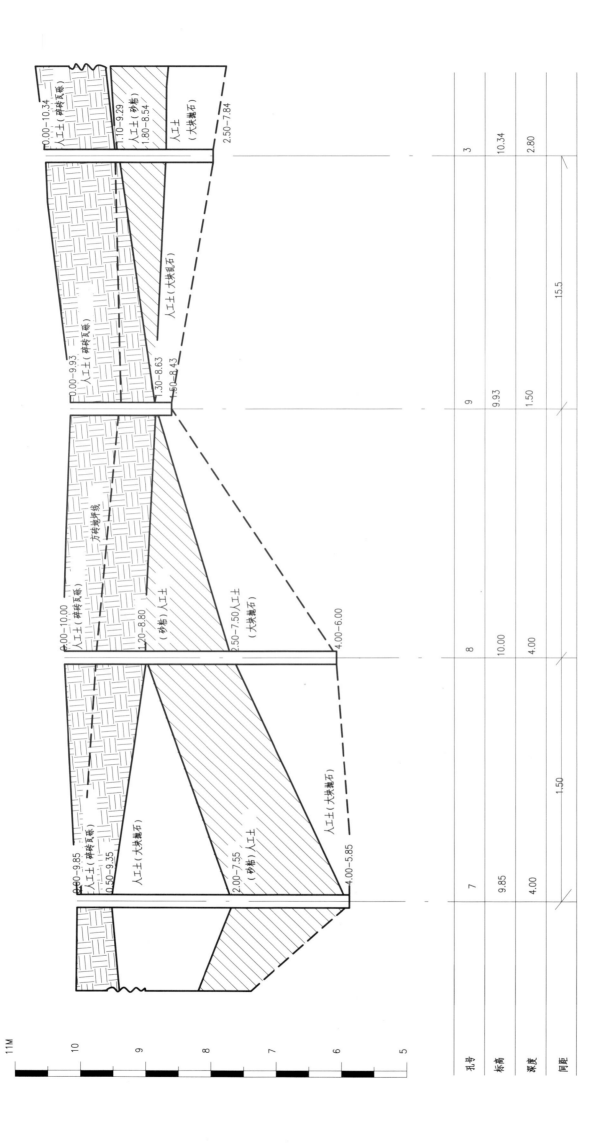

附图 4　地质剖面图（三）

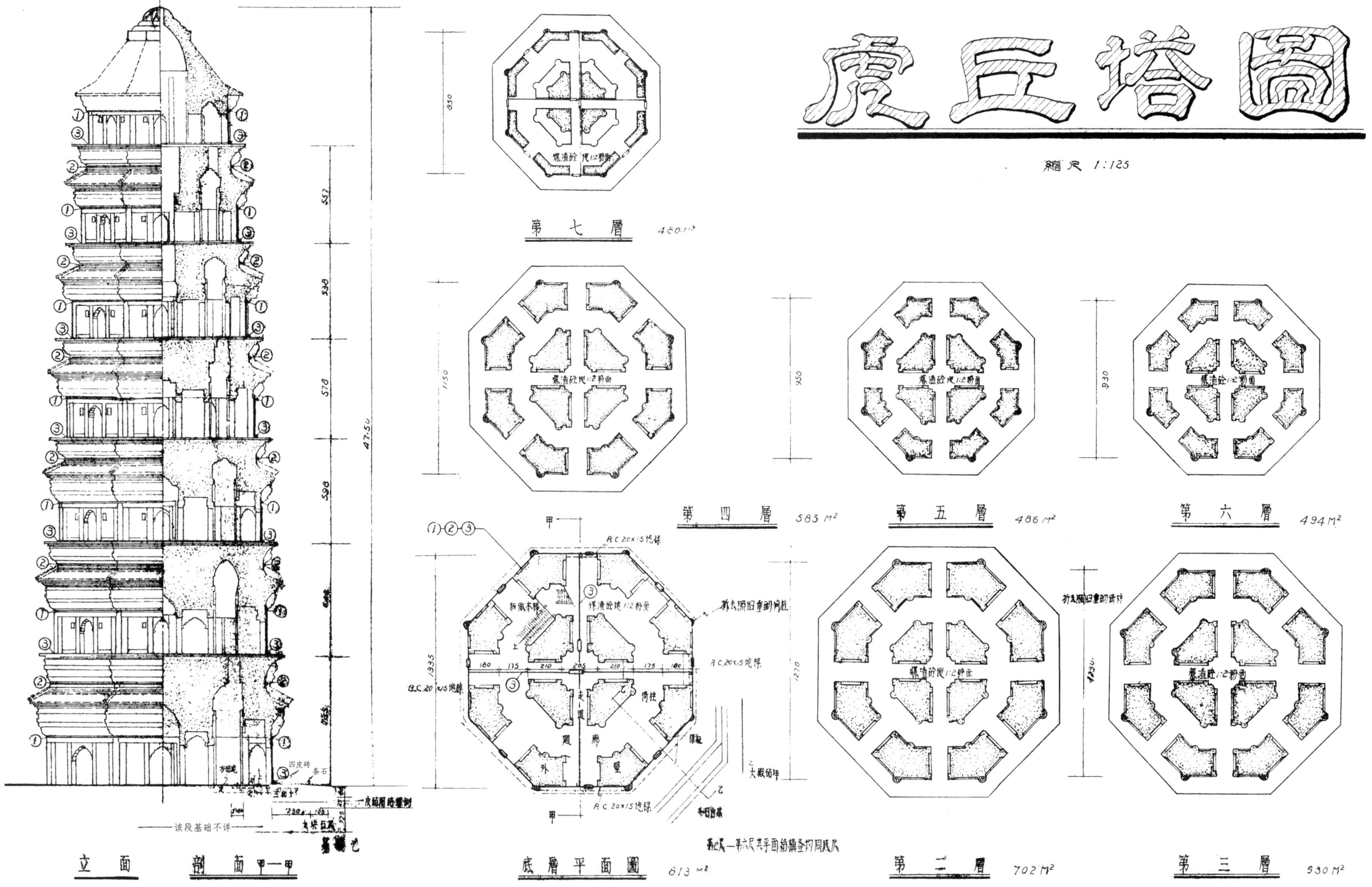

附图 5 建筑平、立、剖面图

比例尺 1:725

第六层 494 M²

第三层 530 M²

第五层 486 M²

第二层 702 M²

第七层 450 M³

第四层 585 M²

底层平面图 613 M²

立面 剖面 甲—甲

143

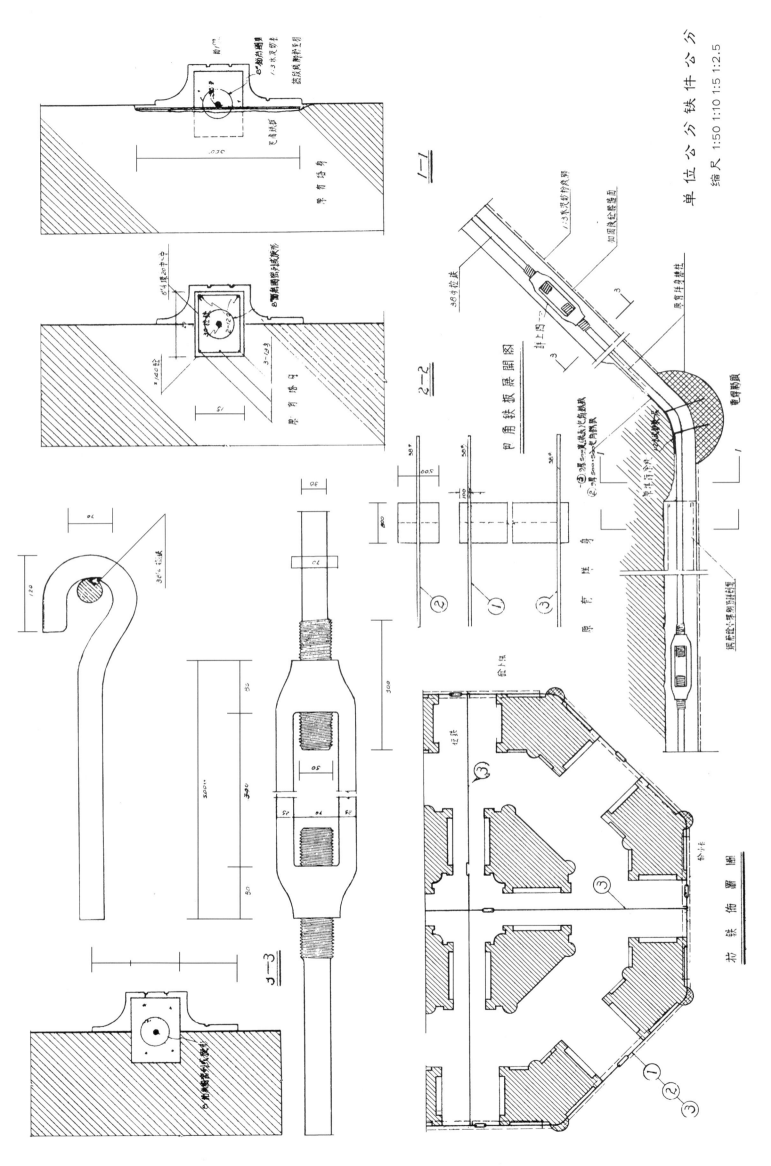

附图 6　拉铁布置图

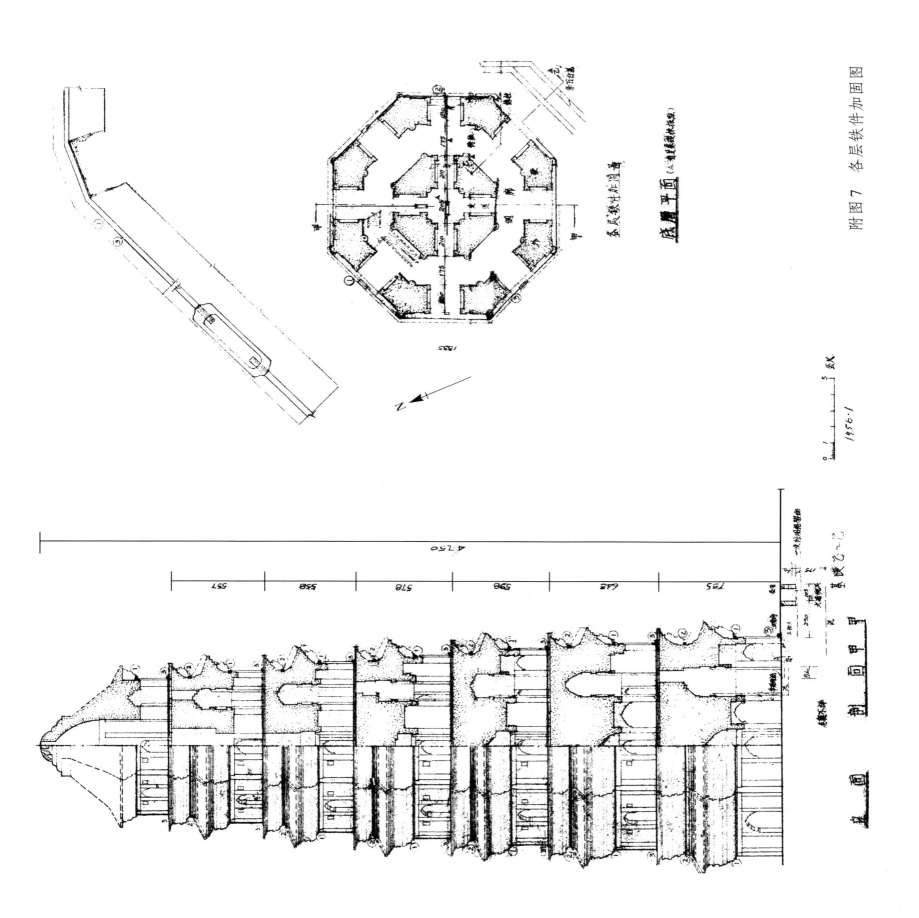

附图7 各层铁件加固图

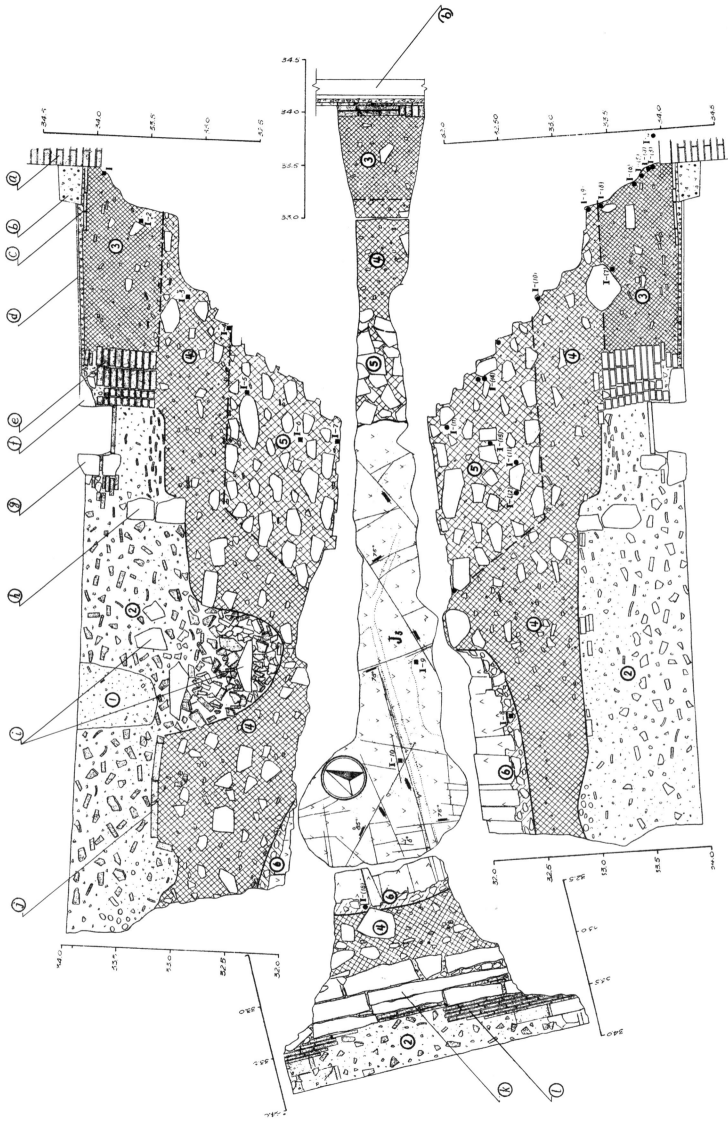

附图 8　1号探槽工程地质展开图（一）

图例与说明

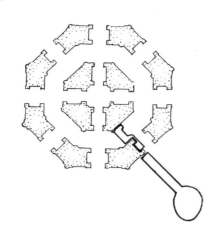

取样位置及编号

| I-7 | 观察样品及其编号 |
| I-(12) | 物探性质测试取土样编号 |

人工构筑物

- ⓐ 废丘岩体建筑排柱
- ⓑ 钢筋混凝土塔楼（1957年）
- ⓒ 厚4×34ᶜᵐ平面砖柱排柱
- ⓓ 水泥砂浆砌水（1957年）
- ⓔ 砖砌台基
- ⓕ 石灰岩条石护坡沟双道
- ⓖ 花岗岩条石护坡斜台、沟道
- ⓗ 尾石台基石灰条石碎石砌砌
- ⓘ 花岗岩块石
- ⓙ 厚9×22×40ᶜᵐ城砖铺古基外砌坪
- ⓚ 花岗条石旧房基
- ⓛ 旧房基砖砌坑

地基土岩性

① 新近杂填土：呈灰黄色，以亚粘土、石灰为主，含小块（<6ᶜᵐ）碎砖瓦片，干燥，疏松，呈粉状结构。

② 近代冲积填土：从峰碎石片为主，含石灰、灰色更新土砌孔及建筑垃圾，碎块、石碴尺寸较大，少量较碎碎，空隙较大，下部主灰色加颗粒较致，粗块状结构、砂砾、粗碴，西南侧碴口中部对一部份已填入，内右填大块碎砌孔片，并有风化的灰岩片最大直径>40ᶜᵐ，互相填空、空隙较大。

③ 古人工填土（地基持力层之一）：灰褐一褐灰色坡下碴亚粘土，含大量强风化碎石砌角，呈棕褐、紫灰、黄褐色土状明块，一般直径1~6ᶜᵐ，小量代砾物块砌状砖碴硬度较大，最大直径25ᶜᵐ，斗含少量灰，红褐碎石片、亚砾状、褐硬、黏砖、坚硬、岩实，以基碴砌填物碴碎填、碎台基碴内碴40ᶜᵐ粗碴碎砂较差，最大下10ᶜᵐ线埋各石灰层状，略经0.2~1ᶜᵐ以下间碴不见灰、碴碎以空隙碴。

④ 古人工填土（地基持力层之二）：棕黄一褐黄色粉土角碴状土含20~30%小块粉风碎石及少量砌碎风片，碴壁、砖碴，含碴砌内含碴多渗风双红土碎冲碎碴片，红碴泥砌内碴碴少，块片大碴碴角大碴，剖内洋碴碴，最入直径46ᶜᵐ，风化碎碴碎半部碴碎碎砂，成碴内呈碴砌碴碴碴硬碴及碴砌埋，块碴分布无规则碴，本层作为人工基碴碴碴与天明碴块土碴碴无埋程区别，故木材介。

⑤ 古人工填土（地基持力层之三）：棕黄一碴碴碴色渗土角碴土碴路土含50~40%块碴及小量碴碴碎片，亚碴土碴碴，亚碴土碴碴，可碴，呈碴、中碴、亚碴呈碴碴口，碴碴碴状，软可碴状，软可碴状，碴碴碴碴，块碴直径一般10~30ᶜᵐ，块碴直径，最大50ᶜᵐ，大碴碴碴碴状量碴碴碴，成碴及风化碴碴碴健身碴上层，本层块碴石可碴碴碴土碴碴碴碴碴碴层碴碴，大碴碴有出6~8层。

⑥ 终碴碴层：碴碴一棕碴碴色亚碴土及碴黄色碴碴风化碎碴片、块碴，上碴以亚碴土对比，呈碴、可碴，中碴状，其中碴碴碴碴阶碴成块状碴风化，用碴可碴碴碴，一碴碴碴碴碴线石对主，亚碴升碴风化碴岩，下碴从碴碴碴，下碴泥状碴口，一碴碴碴风化的亚碴碴碴长有碴花碴。

基岩岩性及产状

上碴界系火山碴碴丘出碴物凝灰碴碴层，暗碴色流纹碴碴碴角碴碴岩，某地碴碴碴碴碴分为灰碴色中碴碴灰色明化品碴碴片。

J₃	岩层产状
6°	砾碴排理产状
75°	直立转理产状

说 明

1. I号槽位置如下图所示。

2. 本图反映碴碴盆加碴碴碴碴碴情碴。据碴碴工碴碴样碴状大碴进同心碴碴。引自虎丘三碴某。

3. 本图反碴碴加碴碴碴碴碴碴碴，据碴碴工碴碴样碴状大碴进同心碴碴。据碴界线碴应碴碴碴0.8~0.9米，以⑤层碴界线碴应碴碴碴0.8~0.9米，从度较碴。

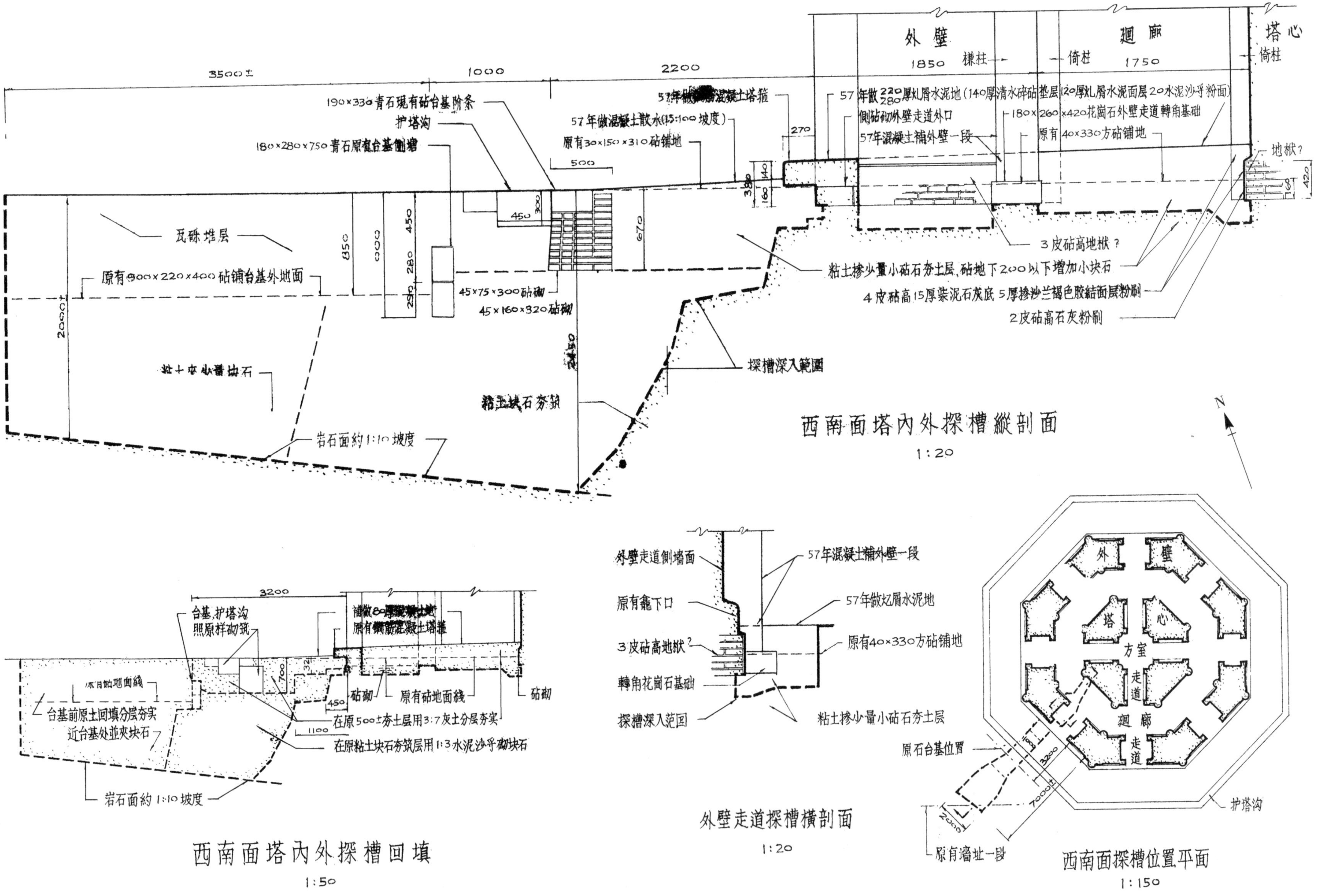

西南面塔内外探槽纵剖面
1:20

外壁走道探槽横剖面
1:20

西南面探槽位置平面
1:150

西南面塔内外探槽回填
1:50

附图10　西南面塔内外探槽图

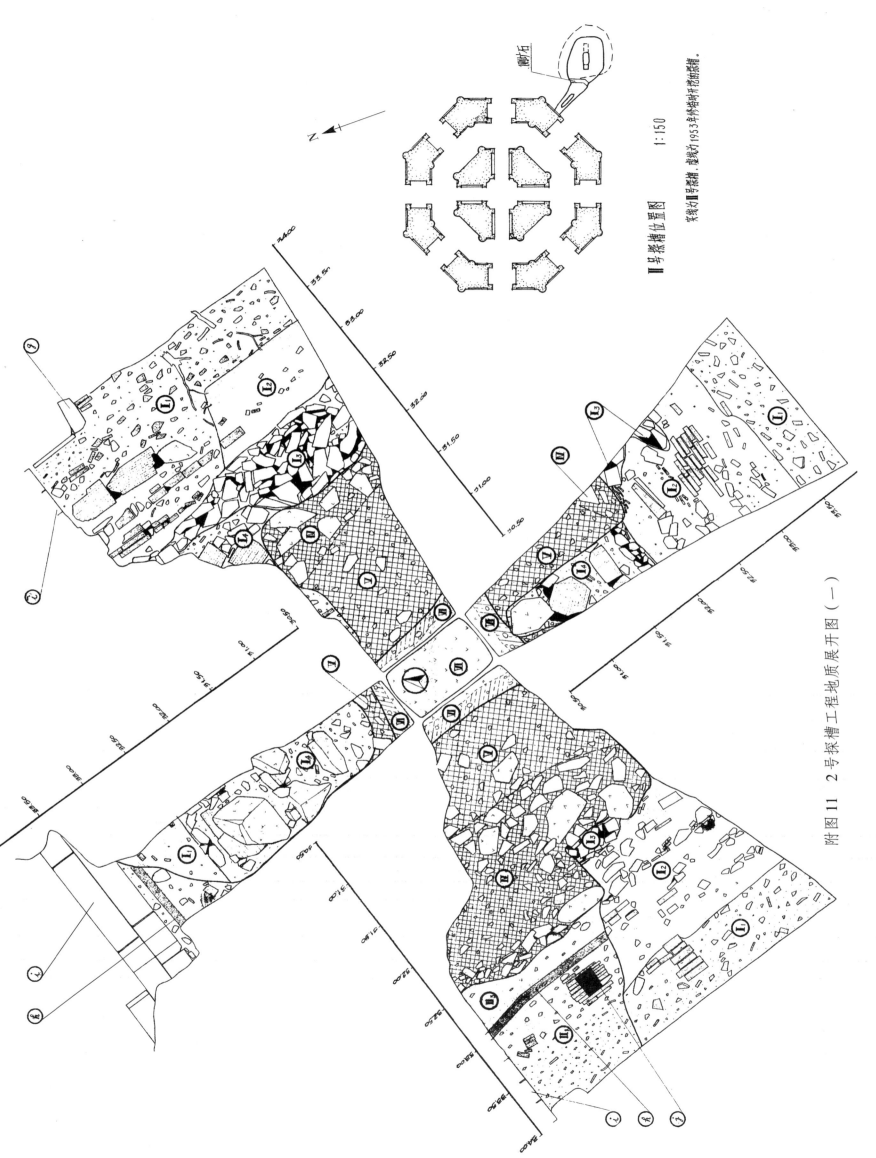

Ⅱ号探槽位置图

1:150

实线为Ⅱ号探槽，虚线为1953年修昭时开挖的探槽。

附图 11   2号探槽工程地质展开图（一）

149

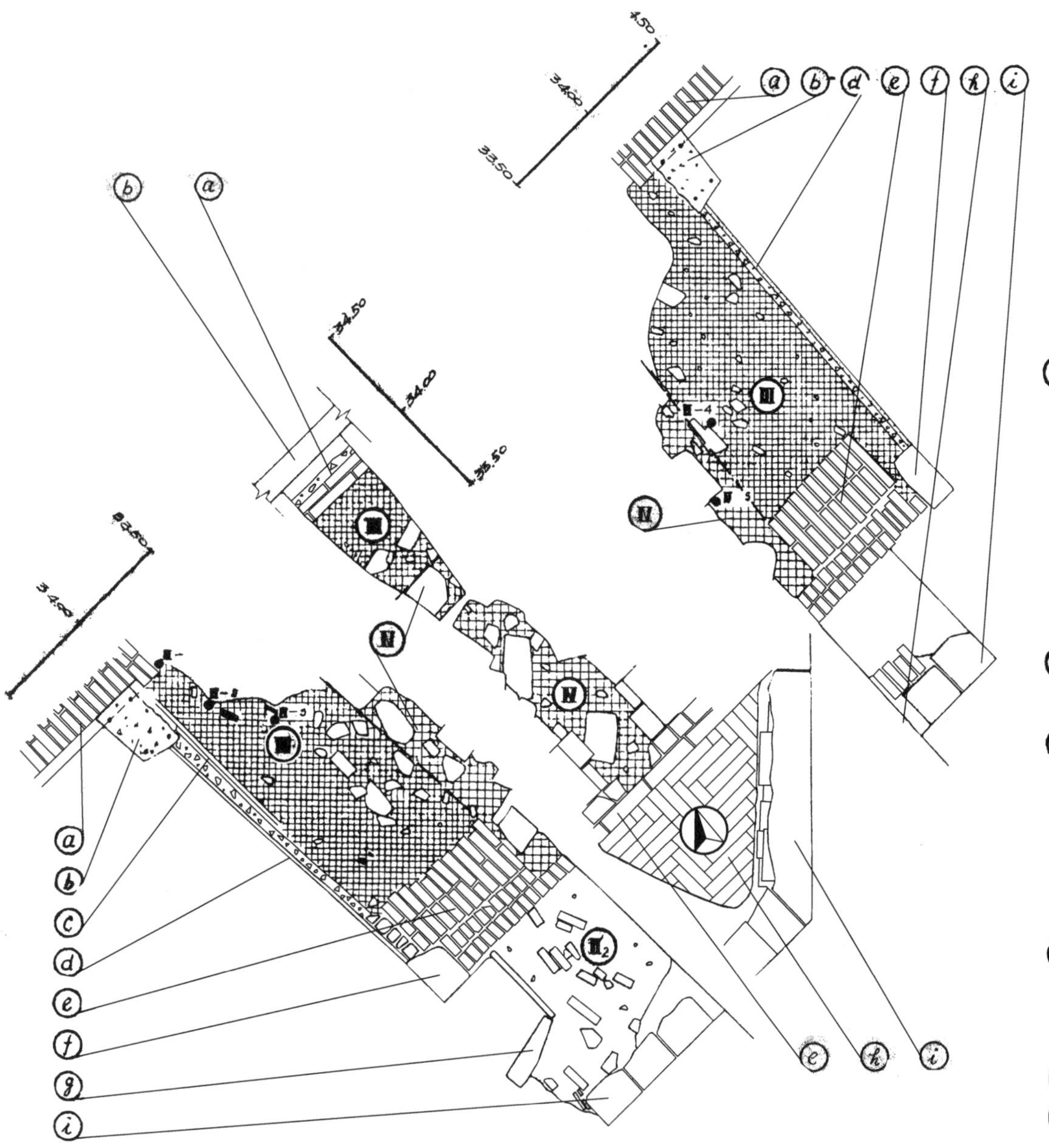

Ⅱ号探槽侧圹石以里部份工程地质展开图

岩性描述 图例与说明

1953年开挖探井的回填土 其特征为回填的松散杂乱、有很大空隙，块石成份除当地所产凝灰岩外还有外来的花岗岩、石英砂岩及石灰岩。按岩性可分四层

Ⅰ1 以砖瓦碎块为主，含多量石灰、灰黑色亚粘土团粒及少量碎石块石，有植物根穿插其间，局部有平砌状整砖及直径达80厘米的石英砂岩大块石。稍湿、松散。

以棕黄一褐黄色粉质亚粘土为主，含多量块石、整砖、砖瓦碎块及少量石灰颗粒。砖石含量极不均一，局部整砖呈平砌状排列；碎石块石直径5~40厘米，成份为流纹质晶屑凝灰岩个别为石灰岩。亚粘土状态：湿、松散—稍密、可塑。

Ⅰ3 全部为棱角尖锐，浅—中等风化的流纹质晶屑凝灰岩和绿帘石化晶屑凝灰岩成份的块石，块石间无任何充填，空隙极大

Ⅰ4 以略呈平铺的大块石为主，最大块石56×38×38厘米，成份有凝灰岩、花岗岩、石英砂岩及石灰岩，块石间充填有棕灰色含碎砖石灰的团粒状亚粘土，呈湿、松散、可塑状。块石侧面及底下常有很大空隙。

近代及古代杂填土

Ⅱ1 上部以砖瓦碎屑碎块为主，含灰黑色亚粘土及少量石灰颗粒，松散—稍密；下部以灰褐色亚粘土为主含多量碎砖瓦及石灰，亚粘土呈湿、稍密、可塑状。

Ⅱ2 灰黑色亚粘土含整砖及碎砖，湿，稍密，可塑。

Ⅱ3 棕灰色亚粘土含碎砖、碎石，湿、稍密—中密、可塑。顶部有侧砌席纹砖路面一层。

古人工填土—垫层

Ⅲ 灰黄—棕黄色不均质粉质亚粘土，含较多深风化凝灰岩碎屑呈黄黄绿及紫灰色土状团块，并含少量中等风化凝灰岩碎石及灰、红色碎砖瓦片。土层状态：稍湿—湿、中密、硬塑—可塑，基础底面下固结程度甚高，呈稍湿、密实、坚硬状。散水下10厘米含较多石粒，以下则不见。

Ⅳ 褐黄色粉质亚粘土含大量块石及少量红色碎砖。亚粘土呈湿、中密—密实，硬可塑—可塑状。块石成份单一，均系当地产凝灰岩，棱角形及浑圆形，风化程度中等—较深，最大直径50厘米，含量甚不均匀约占30~50%，分布杂乱无规则。

Ⅴ 棕褐色粉质亚粘土含大量深风化碎石及少量中等风化块石和红色砖屑。亚粘土呈湿—很湿、中密、可塑状；碎石一般2~6厘米，黄色浑圆形，易碎可用手捻成粉末。块石最大28厘米，半棱角形。

风化基岩—残积层

Ⅵ 灰黄—棕灰色亚粘土向下过渡为黄色深风化晶屑凝灰岩。亚粘土呈很湿、中密、可塑—软可塑状，常包含深风化凝灰岩团块。槽底全为深风化晶屑凝灰岩，需用镐挖，用刀可切削成粉末状。

人工构筑物

ⓐ 虎丘塔外壁砖墙
ⓑ 钢筋混凝土塔箍（1957年）
ⓒ 斥方砖铺室外地坪及砂垫层
ⓓ 水泥砂浆散水（1957年）
ⓔ 砖砌台基
ⓕ 石灰岩条石护塔沟沟沿
ⓖ 花岗岩条石护塔沟外沟沿
ⓗ 石灰岩条石侧坎
ⓘ 4×7.5×27厘米条砖侧砌席纹人行道路面
ⓙ 废旧砖砌下水道

岩石 土 土样符号

符号	说明	符号	说明
	花岗岩		古人工(素)填土
	石英砂岩		(残积)亚粘土
	石灰岩		物理性质试样及其编号
	流纹质晶屑凝灰岩		

本图採用旧吴淞高程系统，引自虎丘三角点。

附图12　2号探槽工程地质展开图（二）

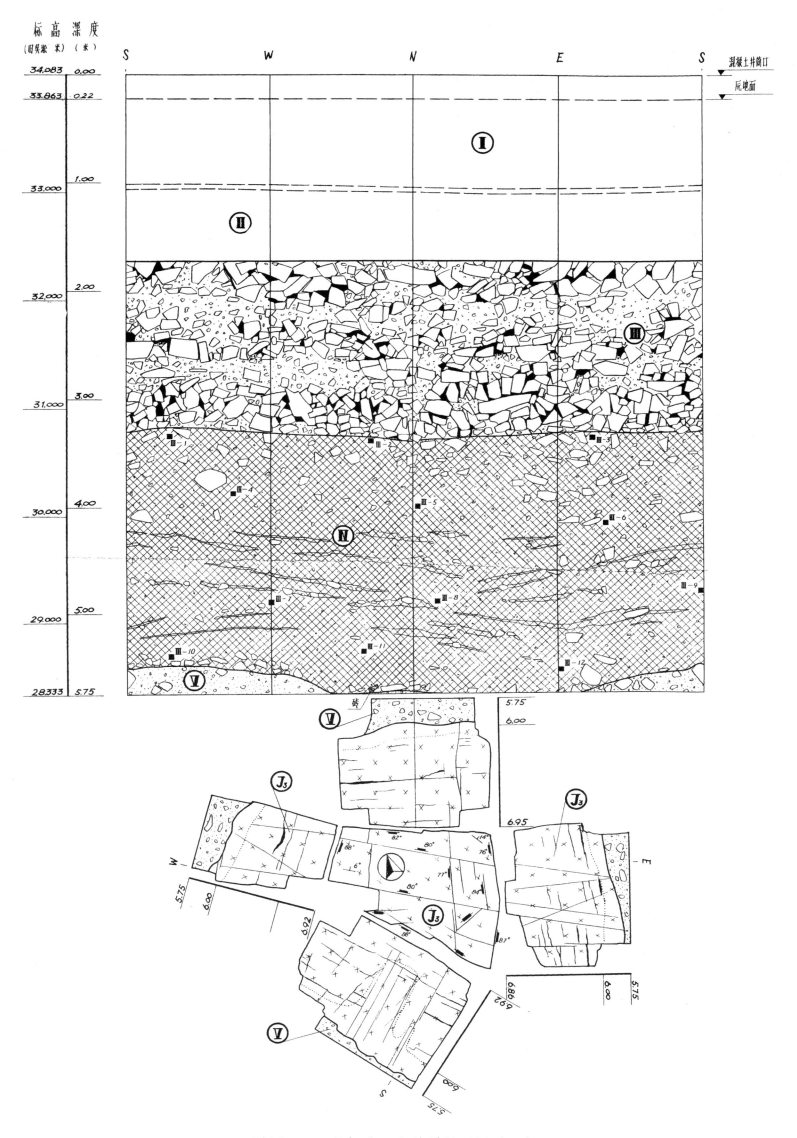

附图 13　3 号探井工程地质展开图（一）

岩性柱描述 图例与说明

图例

（古代）素填土	英安质角砾凝灰熔岩
块石垫层及其中空隙	岩层产状
深风化块石、碎石及岩屑	倾斜及垂直节理立状

Ⅲ-7　探井编号

物理力学浮样并有试验取土样反井编号

杂铺砌层空外地样

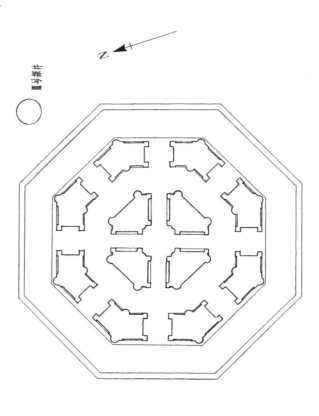

Ⅲ号探井位置示意图　1:150

说明

1. 1号探井深 0～5.75 米钻孔直径约 1.60 米，5.75 米以下直径缩为 1.20 米，至基岩后又过渡成方形，故探井展示图上。下两部份用砂砌不同形式展井。

2. 开始钻物描达时，探井深 1.72 米以上段已浇灌筑混凝土井首，仅深据施工同志介绍作简单说明。

附图 14　3号探井工程地质展开图（二）

Ⅰ　近代房渣土

Ⅱ　古代杂填土

Ⅲ　块石垫层

Ⅳ　古代人填土

Ⅴ　坡积层

J₃　基岩　英安质角砾凝灰熔岩

152

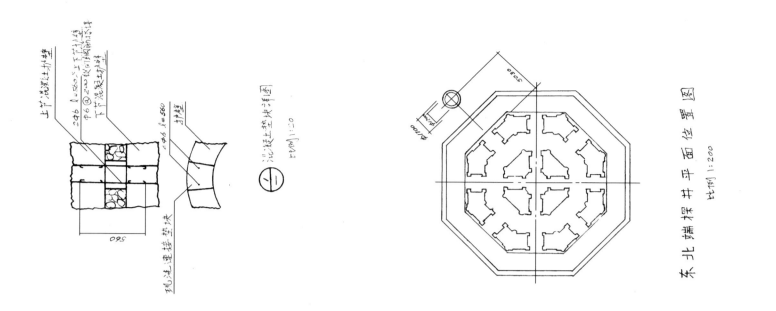

东北端探井平面位置图
比例 1:200

附图 15 探井竣工详图

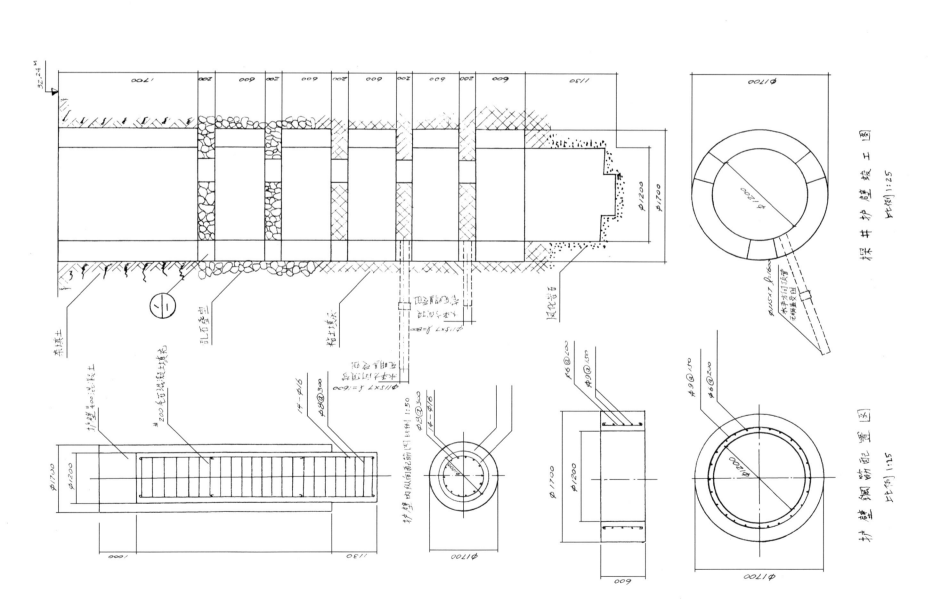

探井护壁竣工图
比例 1:25

护壁钢筋配置图
比例 1:25

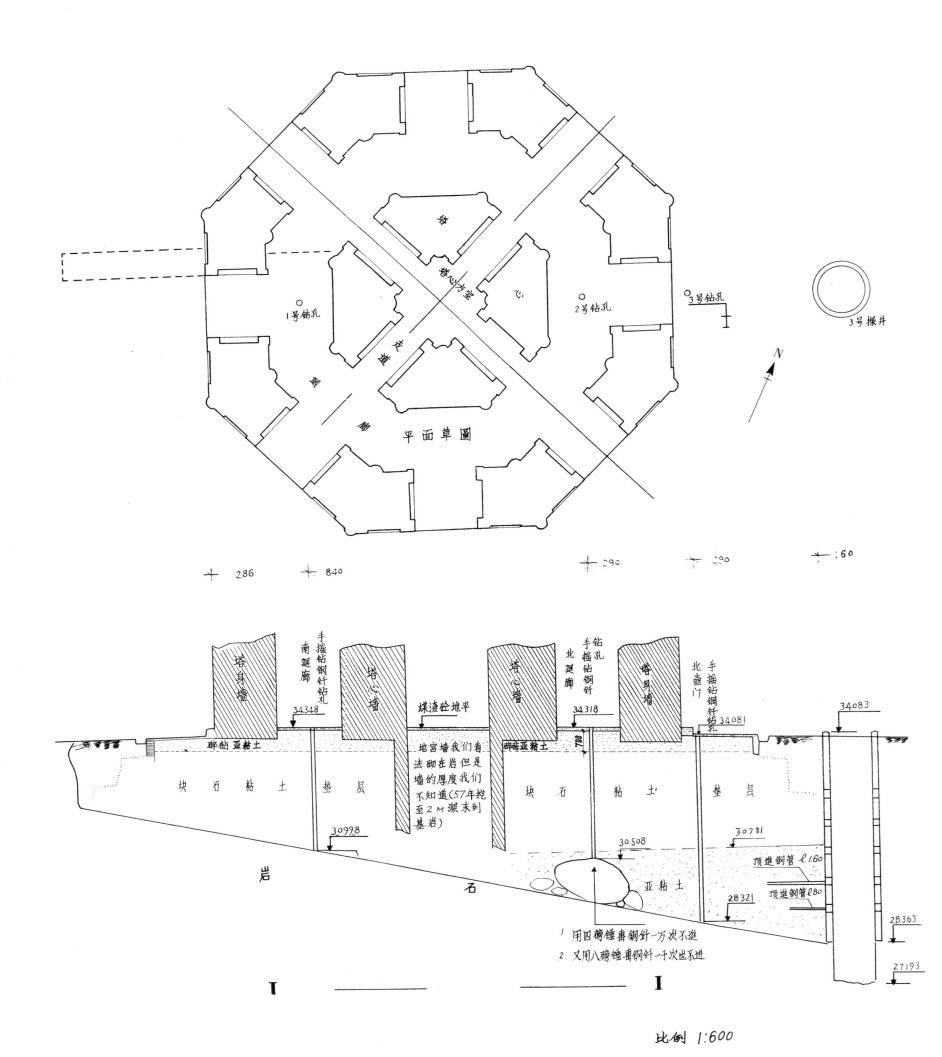

附图16　虎丘塔基础剖面草图

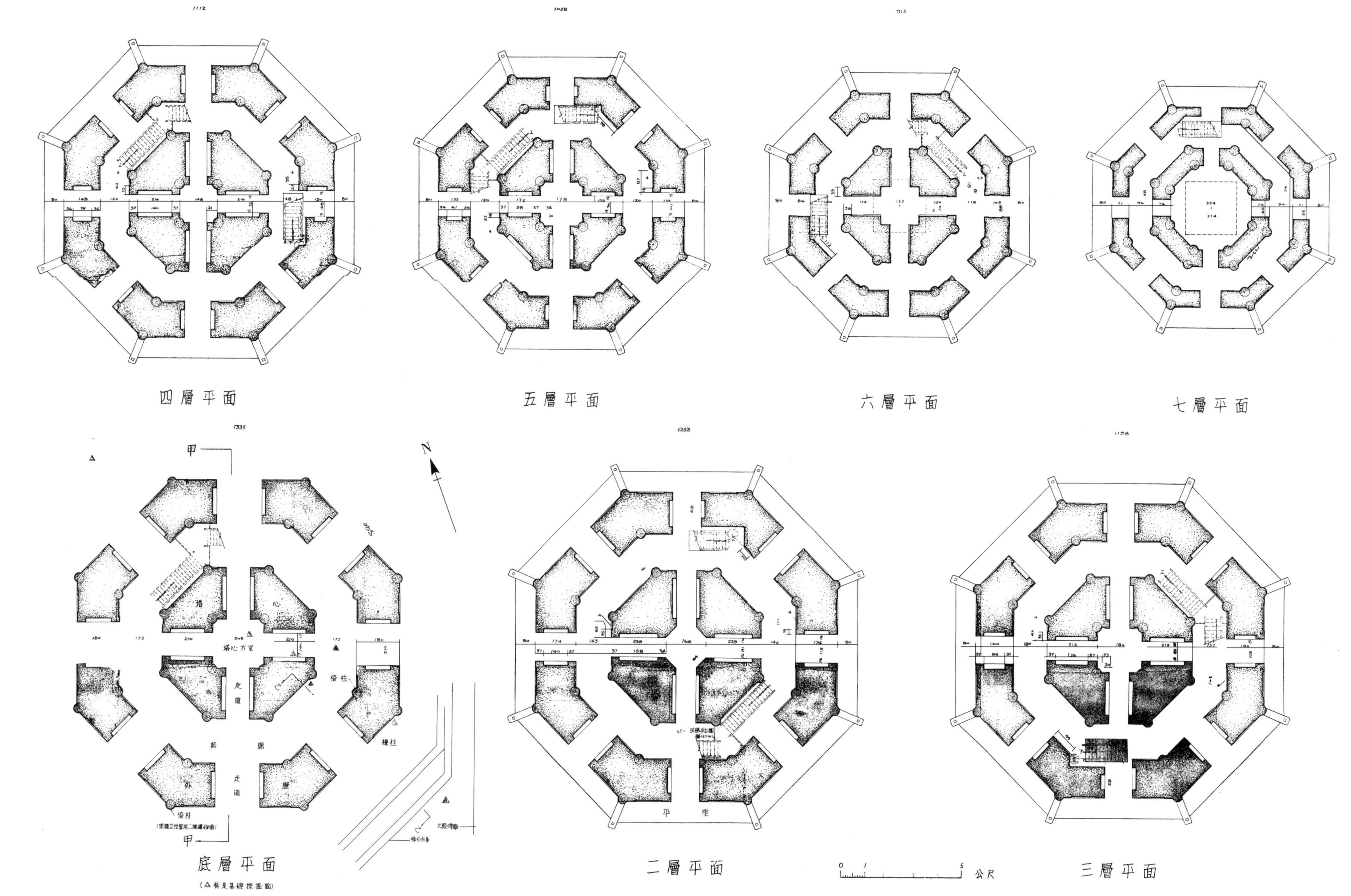

七層平面

三層平面

六層平面

二層平面

五層平面

附图 17 各层平面图

四層平面

底層平面
（仑有主是楼梯者崔楚监）

0　　　　　5　公尺

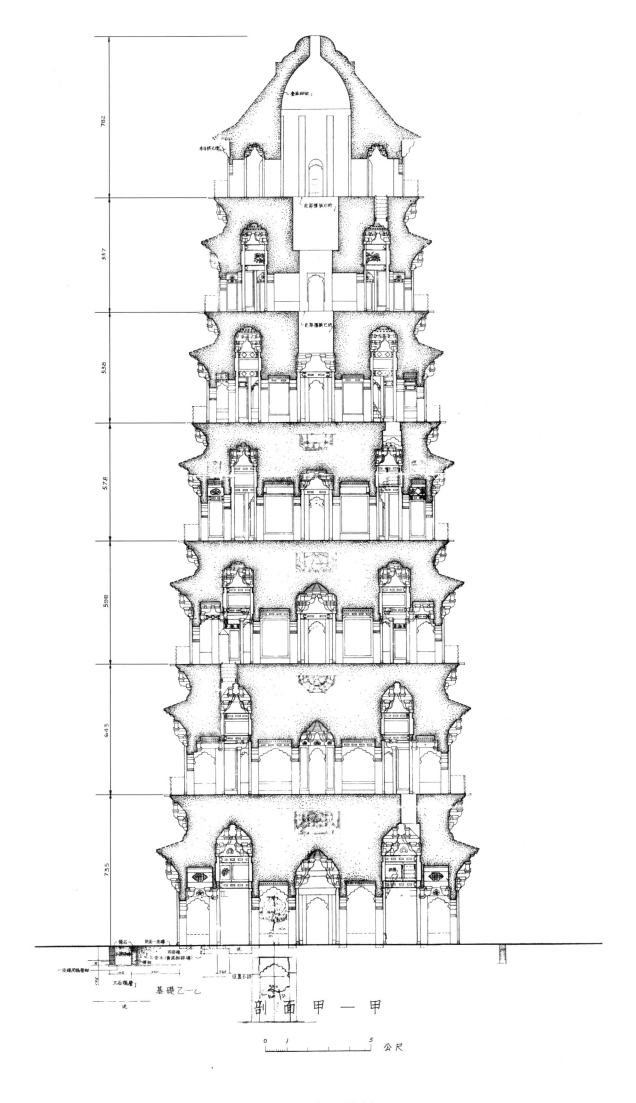

附图 18 虎丘塔剖面图

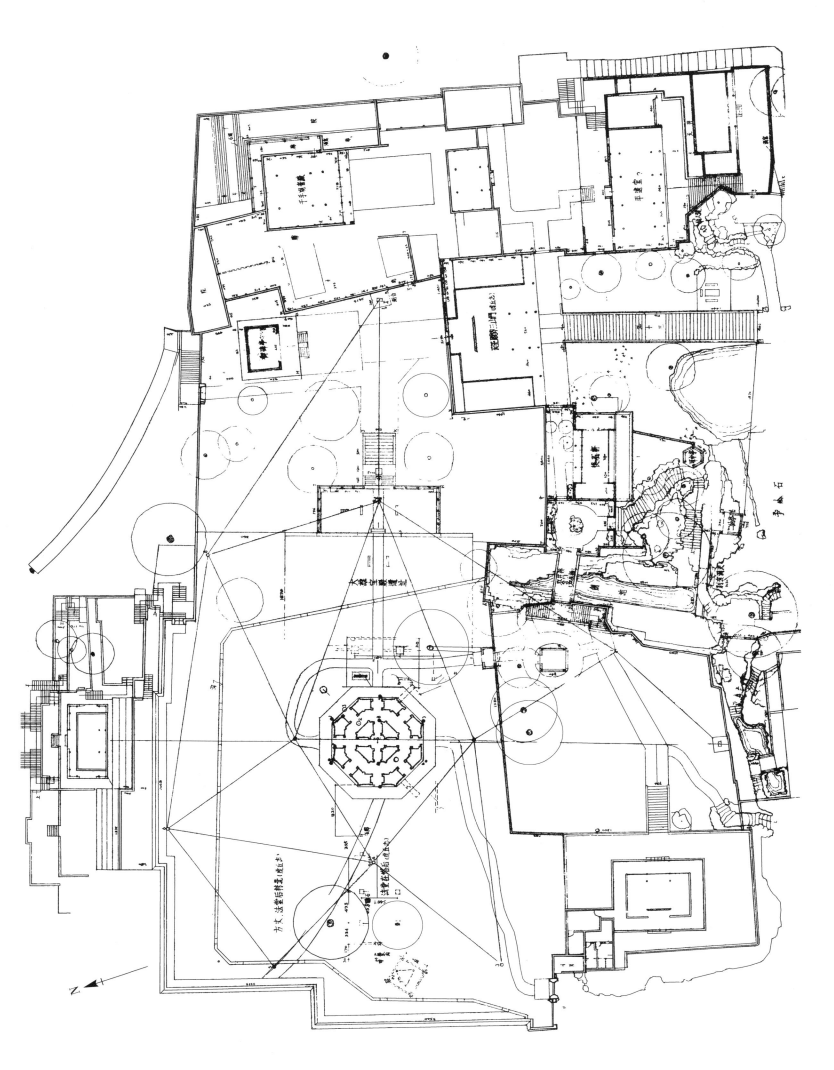

附图 19　塔院及附近平面图

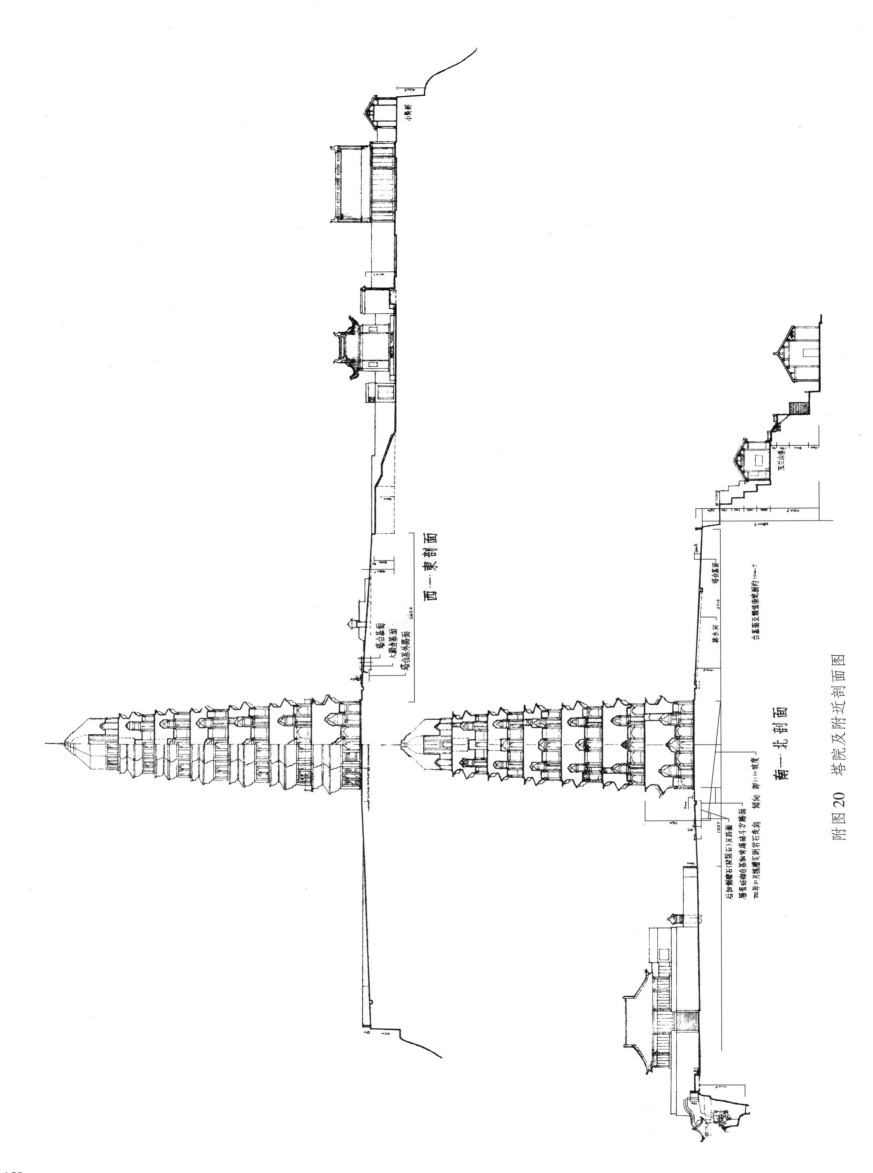

西—東剖面

南—北剖面

附图 20　塔院及附近剖面图

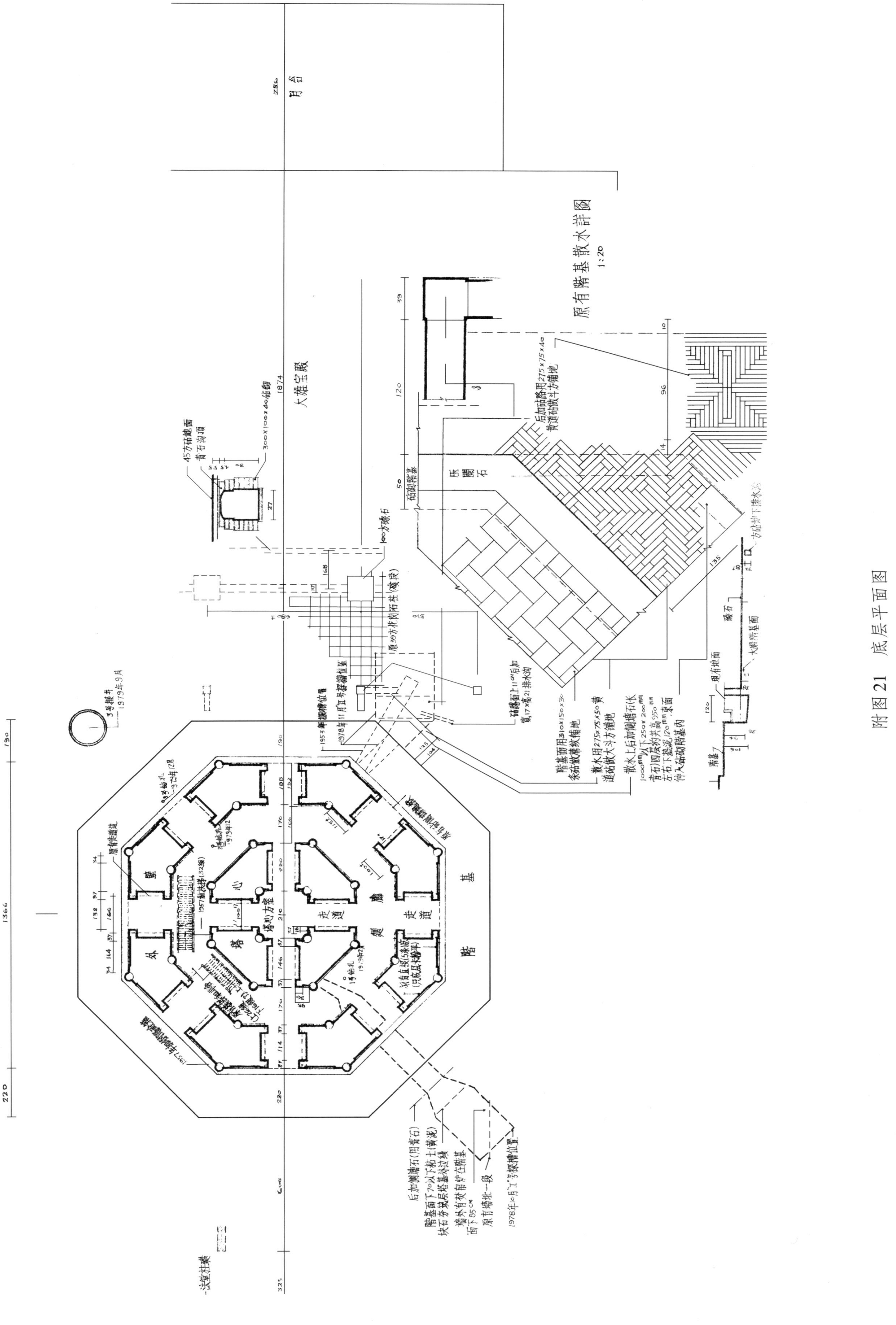

附图 21 底层平面图

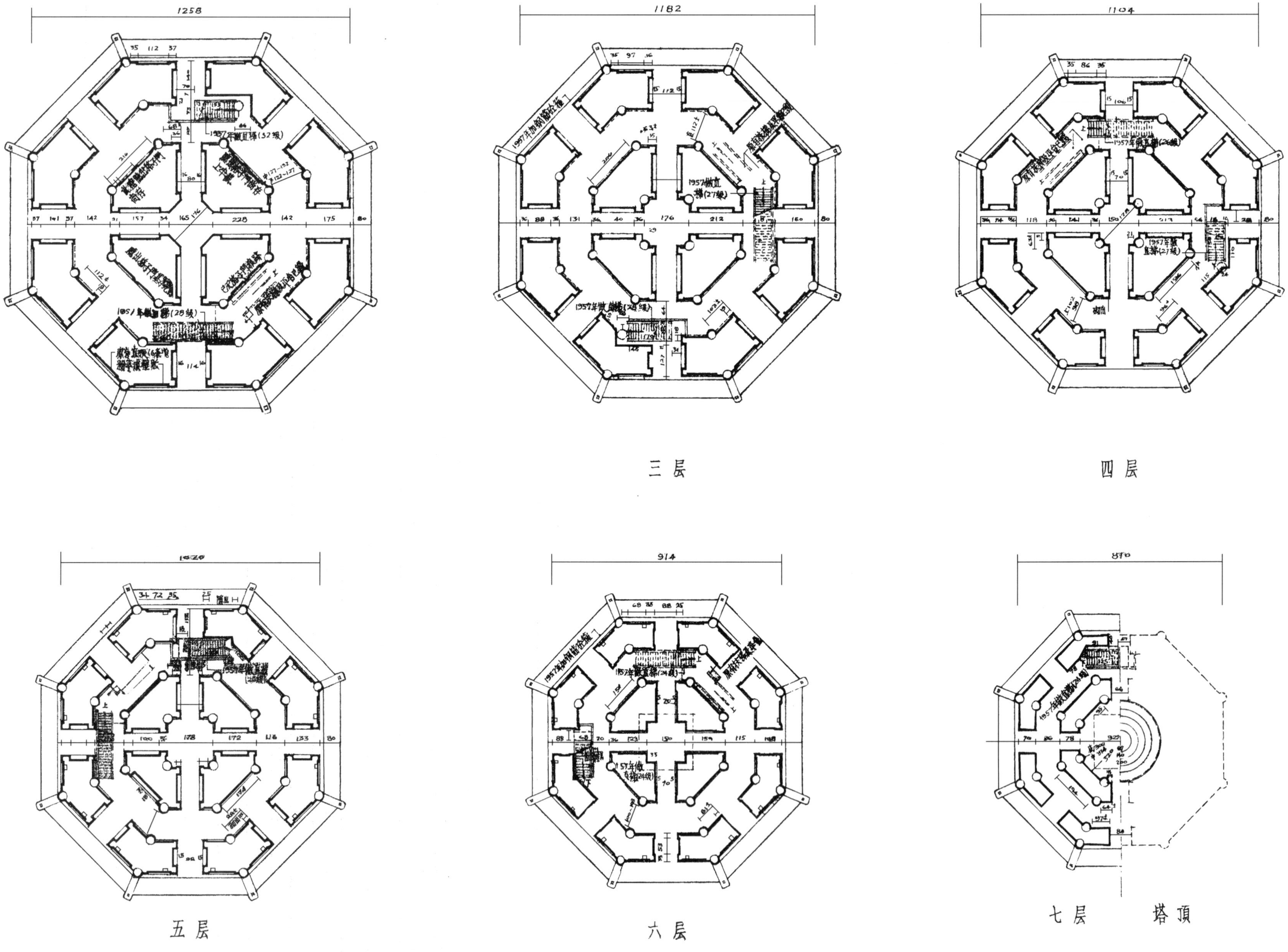

四层

三层

五层

七层 塔顶

六层

附图 22　二至七层及塔顶平面图

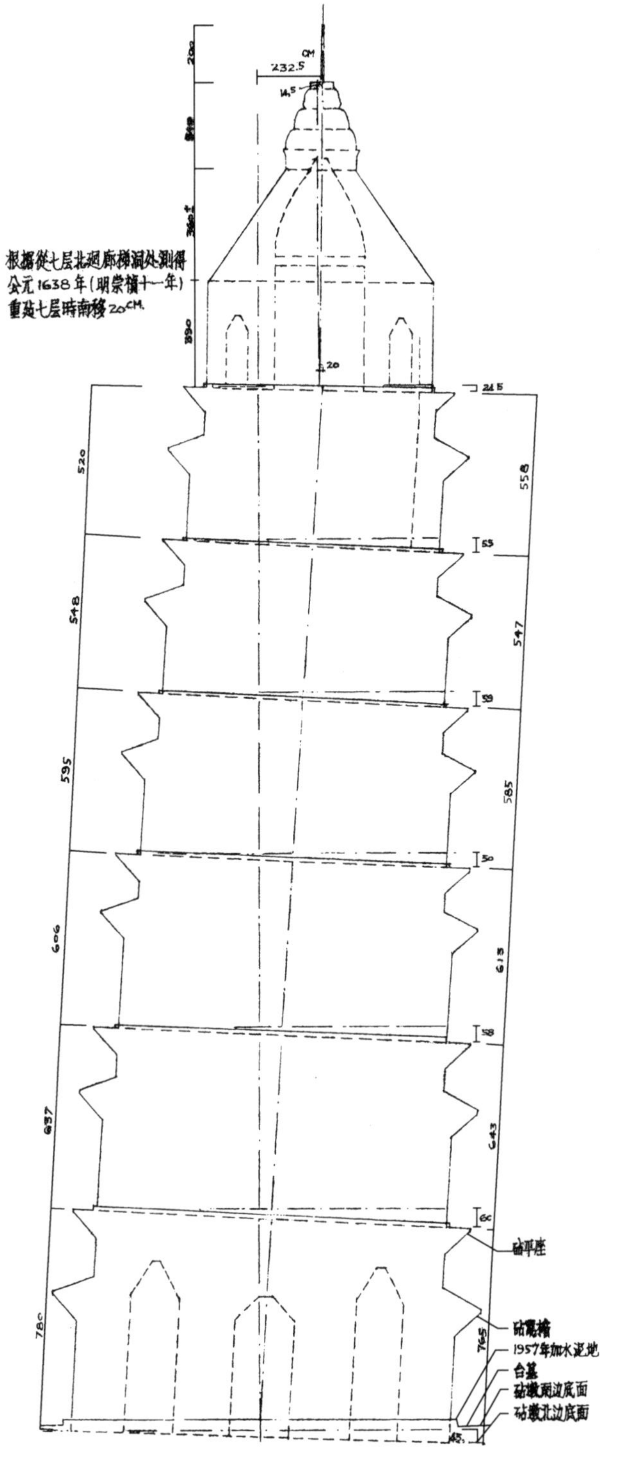

塔身倾斜测量

说 明

1. 对称的量测墩体所作的……

2. ……

3. ……

4. ……

5. ……

6. ……

7. ……

1957年加水泥楼地面斜测量

原有方砖平座楼面倾斜测量

倾斜前各层破坏位置示意图

各层平面及东北角砖墩平面现状示意图

塔身倾斜现状示意图

附图23 倾斜示意图

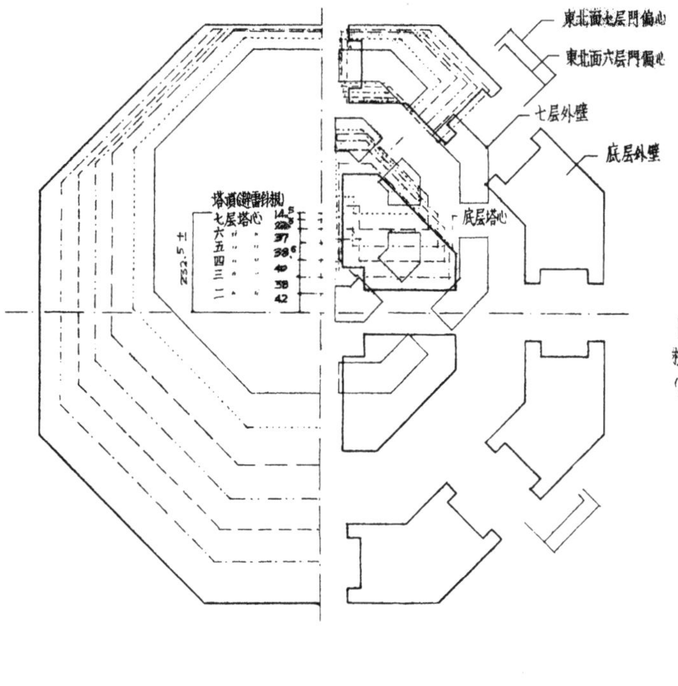

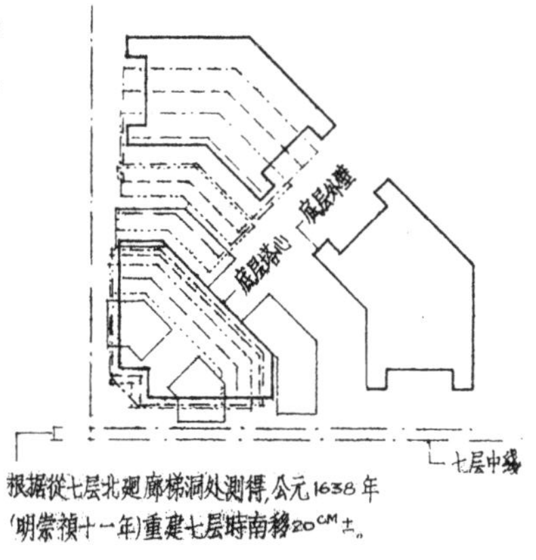

体积

层次	总体积	空間	砖体	1957年增加箍及水泥地 合計	钢筋混凝土箍	外壁走道砼地	廻廊砼地	塔心走道方室砼地	外壁墩子承载砖体	平座外檐及倚柱砖体	外壁 合計	外壁 走道空間	外壁砖体 合計	外壁砖体 壁身	外壁砖体 门券天花
台基及基础	900.76 249.12-11.23=237.89		台基平夯土砾石层 900.76 台基夯土层 237.89												
合計	4657.54M³	1375.25	3282.29M³	64.22 {39.70 / 24.52}	9.28	13.56	16.86 / 13.98	10.53	2178.12/8 = 272.265	305.00 {94.84 / 202.49 / 8.17}	1912.72	223.46	1689.26	1637.48	41.74 / 10.04
砖基	11.24		11.24						7.75/8 = 0.97		7.75		7.75	7.75	
底层	1187.09	346.42	840.67	15.52 {[illegible]}	2.88	3.74	3.82 / [illegible]	1.98	560.85/8 = 70.105	59.65 {19.04 / 38.96 / 1.65}	510.40	74.17	436.23	420.07	门 12.96 花 3.20
二 〃	874.16	239.12	635.04	10.52 {6.63 / 3.89}	1.28	2.40	2.95 / 2.45	1.44	427.70/8 = 53.46	52.55 {16.88 / 34.49 / 1.18}	382.48	39.84	342.64	335.28	5.36 / 2.00
三 〃	739.11	230.31	508.80	9.43 {5.89 / 3.54}	1.20	2.15	2.54 / 2.15	1.39	341.04/8 = 42.63	51.97 {16.07 / 34.72 / 1.18}	311.62	40.53	271.09	263.17	5.92 / 2.00
四 〃	626.78	178.26	448.52	8.28 {5.19 / 3.09}	1.12	1.86	2.21 / 1.86	1.23	294.26/8 = 36.78	49.20 {15.19 / 32.88 / 1.13}	255.31	31.22	224.09	215.23	8.06 / 0.80
五 〃	497.91	154.38	343.53	7.48 {4.61 / 2.87}	1.04	1.56	2.01 / 1.67	1.20	235.28/8 = 29.41	46.17 {14.16 / 30.96 / 1.05}	192.68	18.06	174.62	166.34	7.68 / 0.60
六 〃	395.73	125.04	270.69	6.44 {3.95 / 2.49}	0.96	1.14	1.85 / 1.49	1.00	183.68/8 = 22.96	42.46 {13.00 / 28.48 / 0.98}	135.31	12.38	122.93	121.25	1.28 / 0.40
七 〃	218.40	85.22	133.18	5.85 {2.99 / 2.86}	0.80	0.71	1.48 / 1.26	1.60	79.03/8 = 9.88	1.00 {— / 1.00}	68.64	7.26	61.38	59.86	0.48 / 1.04
七层锥尖	97.09 (七、锥尖、蓮座 合 325.[illegible])	16.50 (七、锥尖 合 101.72)	80.59 (七、锥尖、蓮座 合 223.[illegible])	0.69 {0.69}				0.69	48.53/8 = 6.065	127.56/8 = 15.945	48.53		48.53	48.53	
塔刹蓮座	10.03		10.03												

层次	廻廊 合計	廻廊	廻廊砖体 合計	楼板	天花	斗栱	倚柱	塔心壁 合計	走道	塔心壁砖体 合計	壁身	门券天花	方室 合計	方室	方室砖体 合計	楼板	天花斗栱	倚柱	塔心墩子承载砖体
台基及基础																			
合計	1263.46	98.58	344.88 {183.86 / 161.02}	135.69 / 111.77	29.97 / 24.70	10.84 / 11.91	7.36 / 12.64	1005.19	115.83	889.36	878.63	门 9.64 花 1.09 } 10.73	171.17	117.38	53.79	49.91	花 2.33 斗 1.81	2.34	1104.17/4 = 276.04
砖基								3.49		3.49	3.49								3.49/4 = 0.87
底层	351.04	130.52	120.52 {64.97 / 55.55}	52.25 / 42.44	8.92 / 7.25	2.56 / 3.76	外壁 1.24 塔心 2.10	232.48	27.06	205.42	202.26	门 2.96 花 0.20 } 3.16	33.52	14.67	18.85	14.69	[illegible]	[illegible]	[illegible]/4 = [illegible]
二 〃	230.66	172.16	58.50 {30.51 / 27.99}	19.89 / 16.51	6.89 / 5.72	2.56 / 3.76	1.17 / 2.00	191.49	20.88	170.61	169.16	1.36 / 0.09 } 1.45	14.98	6.24	8.74	7.09	1.41 / 0.24	无	207.31/4 = 51.83
三 〃	193.62	59.86	33.76 {17.98 / 15.78}	11.32 / 9.32	3.48 / 2.87	1.96 / 1.51	1.92 / 2.08	162.99	19.44	143.55	141.43	2.00 / 0.12 } 2.12	18.91	10.48	8.43	6.37	1.35 / 0.44	0.27	167.76/4 = 41.84
四 〃	160.07	120.54	39.53 {20.97 / 18.56}	15.01 / 12.66	2.94 / 2.48	1.92 / 1.52	1.10 / 1.90	148.92	19.26	129.66	128.02	1.56 / -0.08 } 1.64	13.28	7.24	6.04	5.13	0.32 / 0.34	0.25	154.26/4 = 38.565
五 〃	135.03	107.[illegible]	27.37 {14.49 / 12.88}	10.04 / 8.38	2.68 / 2.23	0.72 / 0.48	[illegible] / 1.79	106.59	11.63	94.96	93.32	1.56 / 0.08 } 1.64	17.44	17.03	0.41	—	0.06 / 0.11	0.24	108.25/4 = 27.06
六 〃	120.00	86.17	33.83 {18.29 / 15.54}	13.53 / 10.91	3.08 / 2.48	0.72 / 0.48	0.96 / 1.67	85.81	8.59 / 5.75	71.47	71.27	0.29 / — } 0.20	12.15	12.18	—	—	无	无	6[illegible].01/4 21.75
七 〃	73.04	41.67	31.37 {16.65 / 14.72}	13.65 / 11.55	1.98 / 1.67	0.40 / 0.40	0.62 / 1.10	41.36	3.22	38.14	37.62	— / 0.52 } 0.52	34.36	33.07	1.29			1.29	54.15/4 = 13.54
七层锥尖								32.06		32.06	32.06		16.50	16.50					32.06/4 = 8.015
塔刹蓮座													10.03		10.03	10.03			10.03/4 = 2.51

面积

层次	台基、平座	各层面积	外壁 合計	外壁 走道	外壁 墩子(带壁龛座)	外壁 墩子(除壁龛座)	廻廊	塔心壁 合計	塔心壁 走道	塔心壁 墩子(带龛座)	塔心壁 墩子(除龛座)	方室
合計	平座 179.43	712.14M²	321.82	90.40			206.13	158.08	40.16			26.11
底层	(270.20-1.21 = 268.99)	154.58	73.39	3.12×8 = 24.96	48.43/8 = 6.05	5.66	46.19	30.59	2.20×4 = 8.80	21.79/4 = 5.44	4.94	4.41
二	35.47	131.10	62.80	2.00×8 16.00	46.80/8 = 5.85	5.52	36.04	29.92	1.82×4 7.28	22.64/4 = 5.66	5.16	2.34
三	33.46	115.74	54.18	1.79×8 14.32	39.86/8 = 4.98	4.72	31.74	26.72	1.70×4 6.80	19.92/4 = 4.98	4.56	3.10
四	31.39	100.97	46.35	1.55×8 12.40	33.95/8 = 4.24	4.01	27.13	25.24	1.49×4 5.96	19.28/4 = 4.82	4.40	2.25
五	29.16	86.19	39.09	1.30×8 10.40	28.69/8 = 3.5	3.41	24.55	19.38	1.20×4 4.80	14.58/4 = 3.645	3.34	3.17
六	26.35	69.21	28.85	.95×8 7.60	21.25/8 = 2.66	无壁龛	22.22	15.89	1.11×4 4.44	11.45/4 = 2.86	无壁龛	2.25
七	23.60	54.35	17.16	.59×8 4.72	12.44/8 = 1.56	〃	18.26	10.34	.52×4 2.08	8.26/4 = 2.065	〃	8.59
七层锥尖		(底 〃 顶 5.18)										(底 〃 顶 [illegible])
塔刹蓮座		(底 7.07 顶 0.61)										

附註：

1、平面尺寸及高度根据多次实测综合，由此計算边长外接园直径、面积及体积。七层塔刹蓮座根据1957年修理时实测尺寸。

2、計算公式

八角形顶角 $\alpha=\frac{N-2}{N}\times180^\circ=\frac{8-2}{8}\times180^\circ=135^\circ$ N为多角形的边数。

内切园直径 a 根据实测尺寸综合都以槏柱面为八角形的外边計算。

八角形边长 $b=a\cot A=a\cot\frac{135^\circ}{2}=a\times0.4142$

外接园直径 $c=\frac{a}{\sin A}=\frac{a}{\sin\frac{135^\circ}{2}}=\frac{a}{0.9239}$

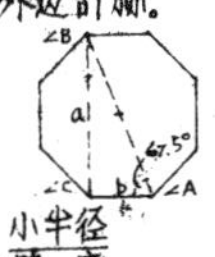

八角形面积 $A=r^2\times3.3137$　r为内切园半径。

七层屋顶截头棱锥体体积 $V=\frac{4.8284\times大边^2\times棱锥体高}{3}-\frac{4.8284\times小边^2\times\frac{小半径}{坡度}}{3}$

塔刹蓮座体积 $V=\frac{3.1416\times大半径^2\times园锥体高}{3}-\frac{3.1416\times小半径^2\times\frac{小半径}{坡度}}{3}$

坡度 $=\frac{大半径-小半径}{截头棱(园)锥体高}$　棱(园)锥体高 $=\frac{小半径}{坡度}+$截头棱(园)体高

(1)、八角棱锥用外接园直径。

(2)、按截头棱锥体体积計算公式：$V=\frac{h}{3}(A+a+\sqrt{Aa})$ 算出体积略小故未采用。（A为底面积，a为顶面积，h为截头棱锥体高）

3、外壁、塔心壁、廻廊、方室楼板都以平面垂直切断計算，外壁除去外檐上凹口，平座外檐单独計算，天花处叠涩、斗栱、倚柱都在廻廊、方室、走道内另外計算未計入楼板壁身。

4、斗栱宽0.20M，高0.35M，得断面积0.07M²，再乘累計长度求得。倚柱不計入外壁面积、体积，按φ0.38M求出断面积0.11M²，外檐外壁倚柱、廻廊塔心壁倚柱按$\frac{5}{8}$，廻廊外壁倚柱按$\frac{3}{8}$，方室塔心壁倚柱按$\frac{1}{4}$折算，再乘柱高求得。

5、塔身砖体合計3282.29M³（五层方室上楼板4.31M³及顶层方室和塔心壁上2.14M方2.47M高計11.31M³实际是空洞所以不算砖体）按普通砖1.9T/M³計6236.35T（1.8T/M³为5910T）。1957年增加砼64.22M³（只算一道钢筋砼箍）如果加闸额和博脊两箍为82.78M³，按2.4T/M³計200T。台基夯土层有232.89M³，按2T/M³計480T，台基下粘土块石层至少900M³，按2.2T/M³为1980T，总計台基以上6920T，按270M²計每平方公尺承载25.63T/M²。

6、墩子底面积都以計算求得（实际也大小不一），走道处壁龛凹入受力面缩小，所以除了壁龛的底层外壁墩子为5.66M²，塔心壁墩子是4.94M²（包括槏柱而不包括倚柱）。假定静荷载以廻廊中心线为界，外壁墩子承载砖体2178.12M³，平均每只墩子承受272.265M³，計517.30T，91.4T/M²。塔心壁墩子承载砖体1104.17M³，平均每只276.04M³，計524.50T，106.2T/M²（都不包括1957年增加外壁荷载39.70M³、塔心壁荷载24.52M³的砼重量）。

7、重心：按砖体重心 $\frac{3282.29^{M^3}}{2}-11.24-840.67-635.04-154.56=$（砖基）（底层）（二层）（三层之部分）

即在三层原有楼面上2.55M，底层地面起16.55M。

偏心为 $0.42+0.38+\frac{0.40}{6.10}\times2.55=0.97^M$

长宽

层次	外壁外边 实测南北径	外壁外边 实测东西径	外壁外边 内切园直径	外壁外边 边长	外壁外边 外接园直径	外壁内边 内切园直径	外壁内边 边长	外壁内边 外接园直径	塔心外边 内切园直径	塔心外边 边长	塔心外边 外接园直径	塔心内边(方室) 内切园直径	塔心内边(方室) 边长	塔心内边(方室) 外接园直径
台基		东面伸出30cm 220-30=190	1366+2×220 = 1806		1955									
底层	1374	1360	1366cm	566	1479	990	410	1072	650	269	704	方 210	210	297
二	1260	1255	1258	521	1362	908	376	983	624	259	675	小八角 168 (176)	70 (73)	
三	1188	1178	1182	490	1279	862	357	933	600	249	649	方 176	176	249
四	1108	1101	1104	457	1195	812	336	879	576	239	623	150	150	212
五	1022	1017	1020	423	1104	754	312	816	522	216	565	178	178	252
六	920	910	914	379	989	698	289	756	468	194	507	150	150	212
七	813	810	810	336	877	670	278	725	478	198	517	正八角 322	133	348
七层锥尖			底 810 顶 250											348 φ100
塔刹蓮座			底φ300 顶φ0.87											

高度

层次	层高 南平座面	层高 北平座面	层高 增加砼地	层高 計算采用	砼地厚	外壁倚柱	外壁 走道	外壁 下额底	廻廊 外壁倚柱	廻廊 南廊	廻廊 東西北廊	塔心倚柱	塔心壁 下额底	塔心壁 走道	方室 倚柱	方室 室心
台基				0.93												
底层	764+16	749	700	760+16		292+22 =314+16	325+22 =347+16		372+25 =397+16	525+30 = 555+16		375+[illegible] =409		274+34 =308+16	237+39 =276+16	388+39 =427+16
二 〃	637	643	642	640	15	235	261+15 276		376+15 391	524+15 539		384+15 399	220+15 235	256+15 271	—	322+15 337
三 〃	606	613	615	610	15	2.35	306+15 [illegible]		390+15 405	530+15 545		400+15 415		255+15 270	252+15 267	396+15 411
四 〃	595	585	586	590	15	2.25	285+15 300		350+15 365	473+15 488		365+15 380		282+15 297	238+15 253	347+15 362
五 〃	548	547	550	550	15	2.10	226+15 241		334+15 349	460+15 475		342+15 357		224+15 239	227+15 242	336+15 351
六 〃	520	558	560	540	15	1.95	170+15 185		306+15 321	415+15 430		318+15 333		183+15 198	—	278+15 293
七 〃			(1090)	400+ [illegible] 380	15	2.20	171+15 186		190+15 205	247+15 262		185+[illegible] 22[illegible]		165+15 180	415+15 430	400
塔刹蓮座				310												

附图24　体积、面积测量表

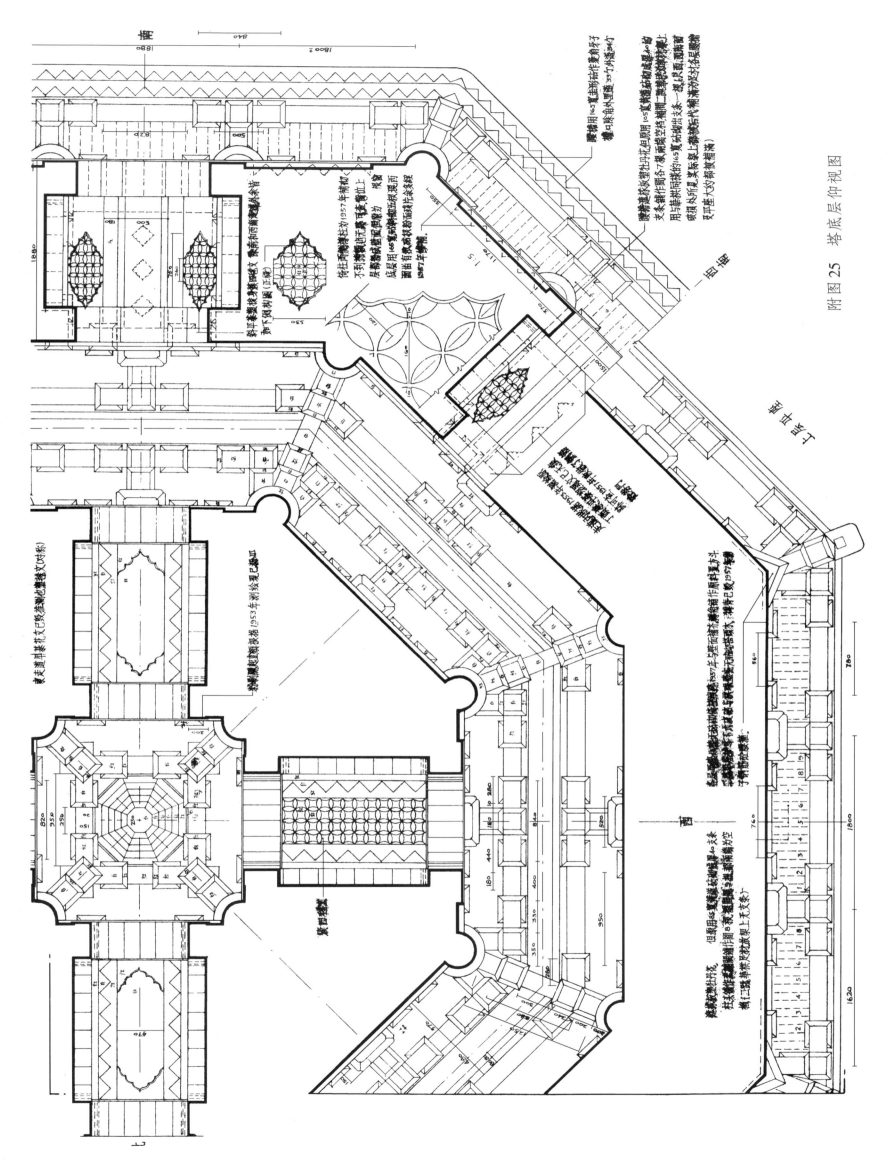

附图 25 塔底层仰视图

163

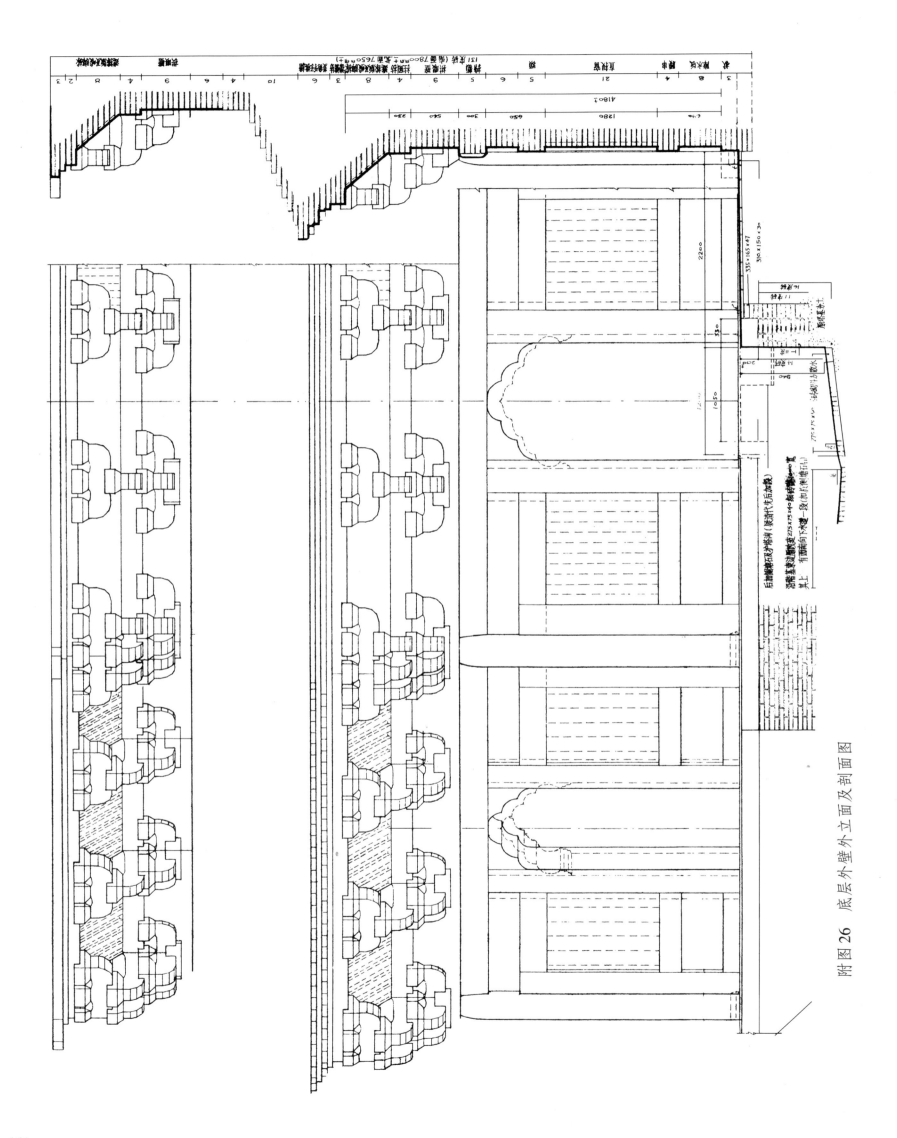

附图 26 底层外壁外立面及剖面图

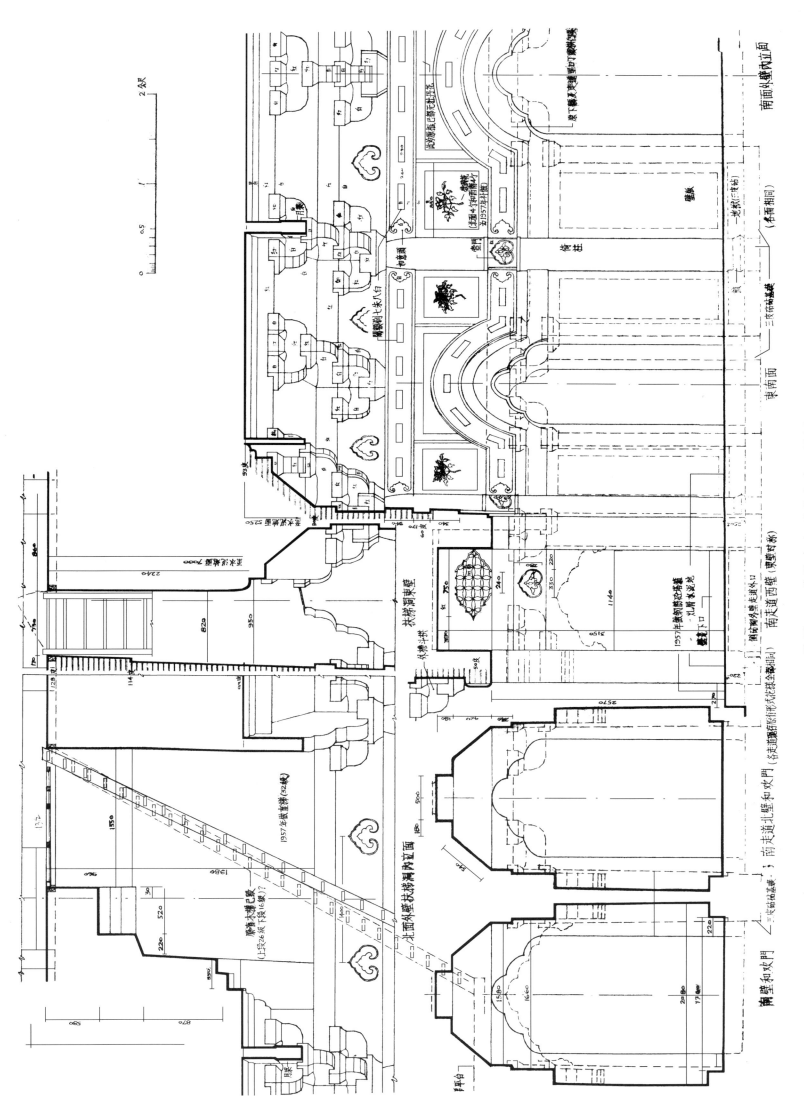

附图 27　外壁内立面及走廊四壁图

165

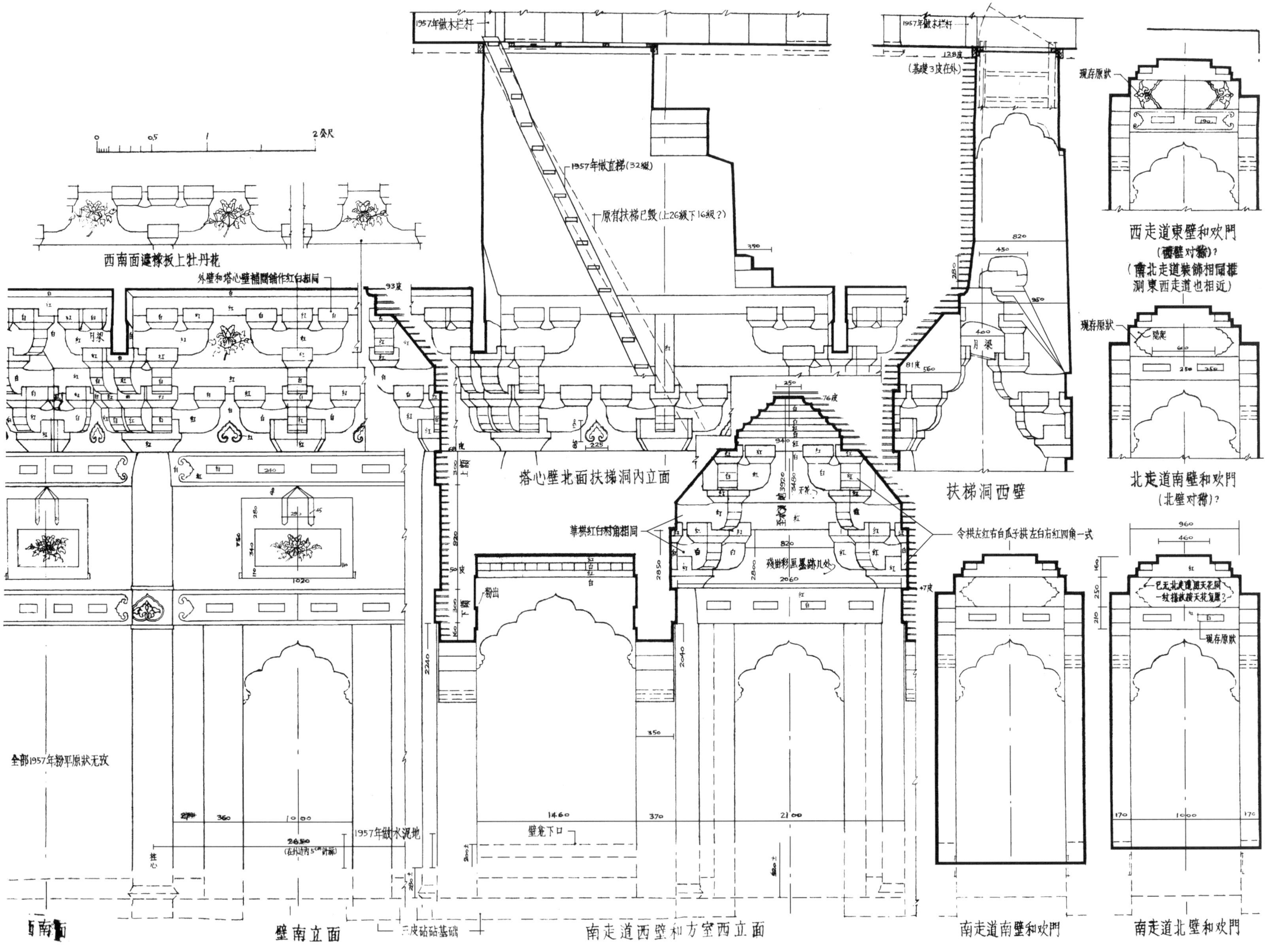

附图 28　塔心壁立面、剖面图

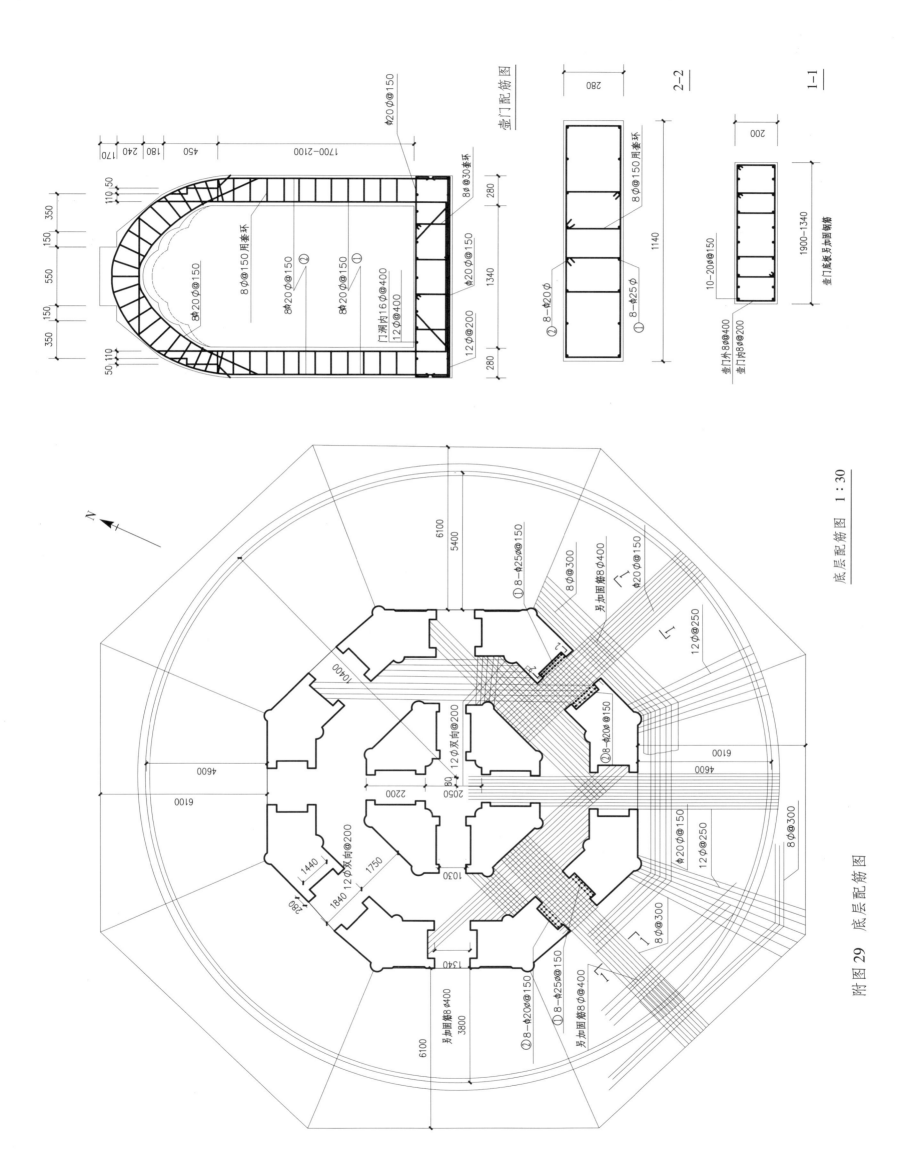

壸门配筋图

8φ@30套环

φ20φ@150

φ20φ@150

门洞内16φ@400
12φ@400

8φ@150用套环
8φ20φ@150 ②
8φ20φ@150 ①
φ20φ@150

12φ@200

2-2

1-1

8φ@150用套环

② 8—φ20φ
① 8—φ25φ

10-20φ@150

壸门底板另加面钢筋

壸门外8φ@400
壸门内8φ@200

底层配筋图 1:30

① 8—φ25φ@150
8φ@300
另加面筋8φ@400
φ20φ@150
12φ@250

12φ双向@200

① 8—φ20φ@150

8φ@300

8φ@300

φ20φ@150
12φ@250

12φ双向@200

① 8—φ20φ@150
① 8—φ25φ@150
另加面筋8φ@400

附图29　底层配筋图

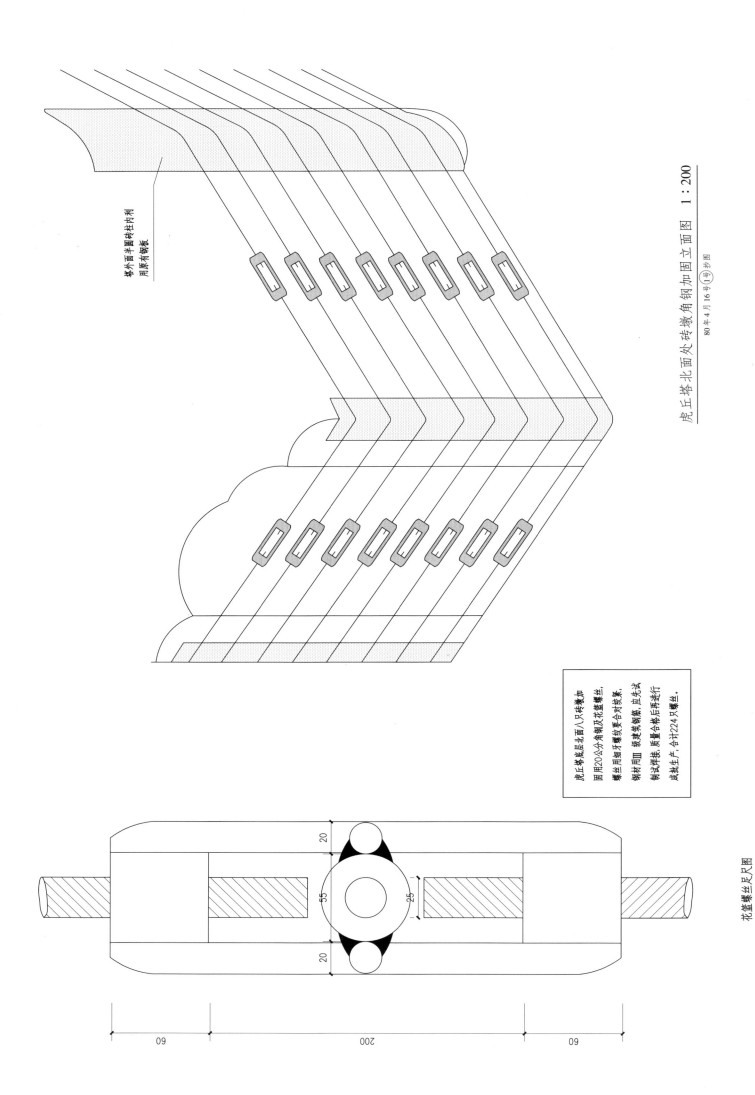

塔外面半圆砖柱内利
用原有钢板

虎丘塔北面处砖墩角钢加固立面图　1∶200

80年4月16号①号抄图

虎丘塔底层北面八只砖墩加
固用20公分角钢及花篮螺丝，
螺丝用细牙螺纹复要合对丝，
钢材用Ⅲ级建筑钢筋，应先试
制试样表质量合格后再进行
成批生产，合计224只螺丝。

花篮螺丝尺寸图

附图 30　北面外砖墩角钢加固立面图

168

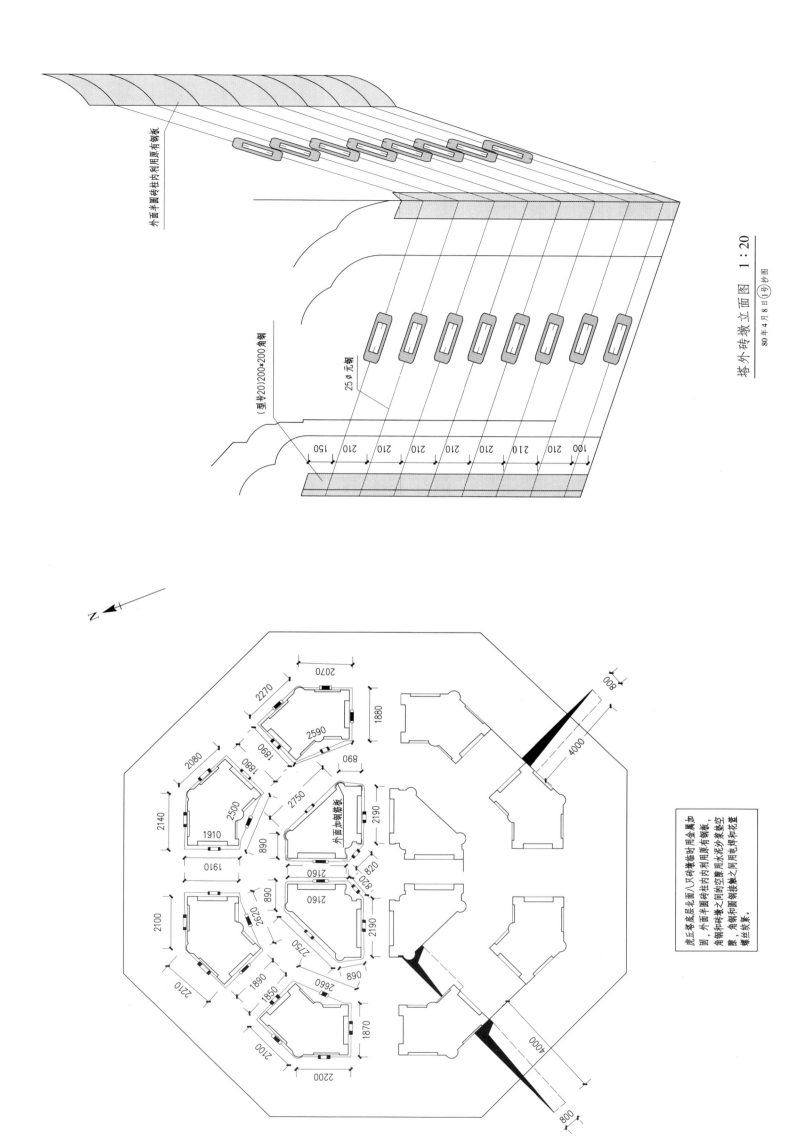

塔外砖墩立面图 1：20

80 年 4 月 8 日 ⑤（号）抄图

外面半圆砖柱内利用原有钢板

（型号20)200*200角钢

25φ元钢

150 210 210 210 210 210 210 210 100

2070

2270

2590

1880

1890

1880

2080

2500

890

2750

外面加钢筋板

2140

1910

890

2160

2190

1910

2100

890

2620

820 820

2160

890

2190

1851

1850

2660

890

2750

2210

1870

2100

2200

4000

800

800

4000

虎丘塔底层北面八只砖墩修时用金属加固，外面半圆砖柱内利用原有钢板，角钢和砖墩之间的空隙用水泥沙浆堵空隙，角钢和圆钢接触之间用电焊和花篮螺丝紧。

附图 31 塔外砖墩立面图

169

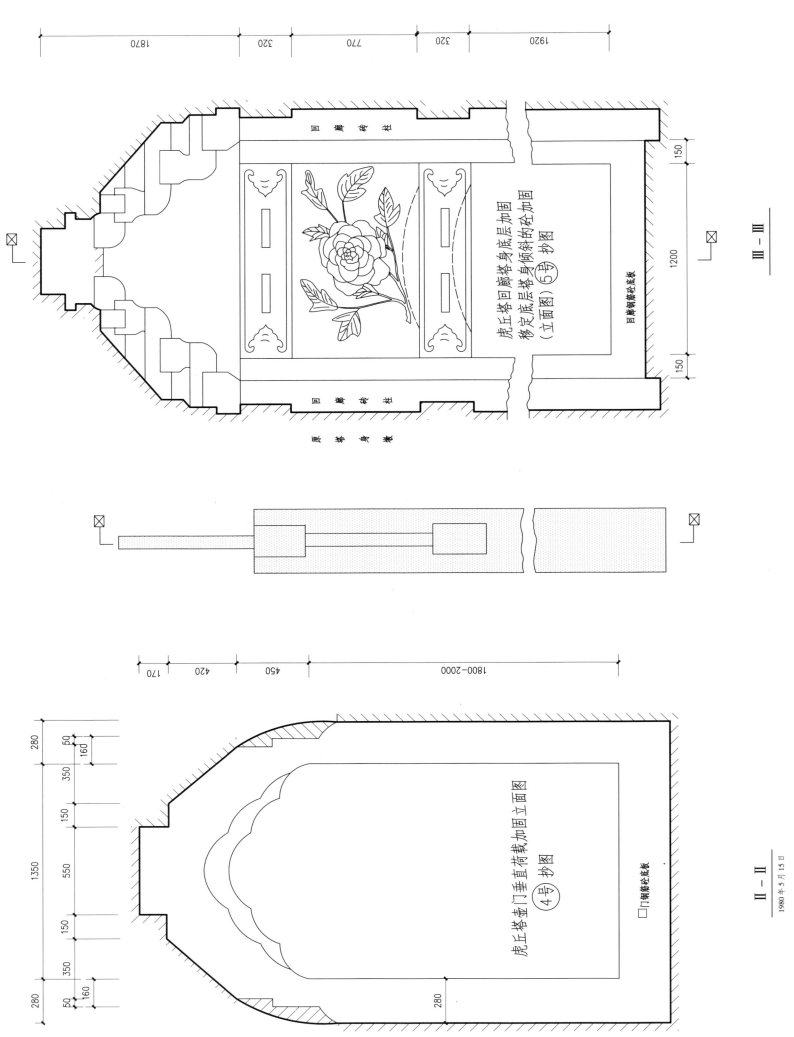

附图 32 壶门、回廊钢筋砼底板

170

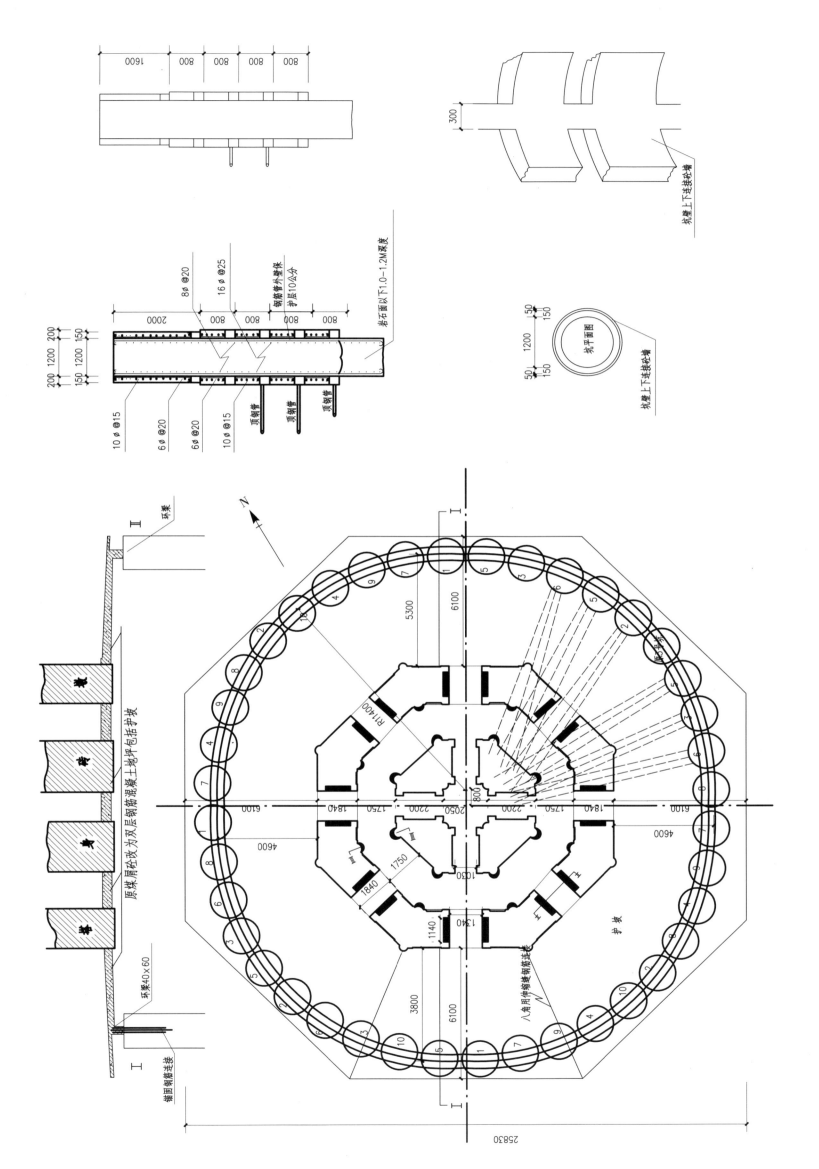

附图 33　基础加固及地坪改造和塔身加固平面布置图

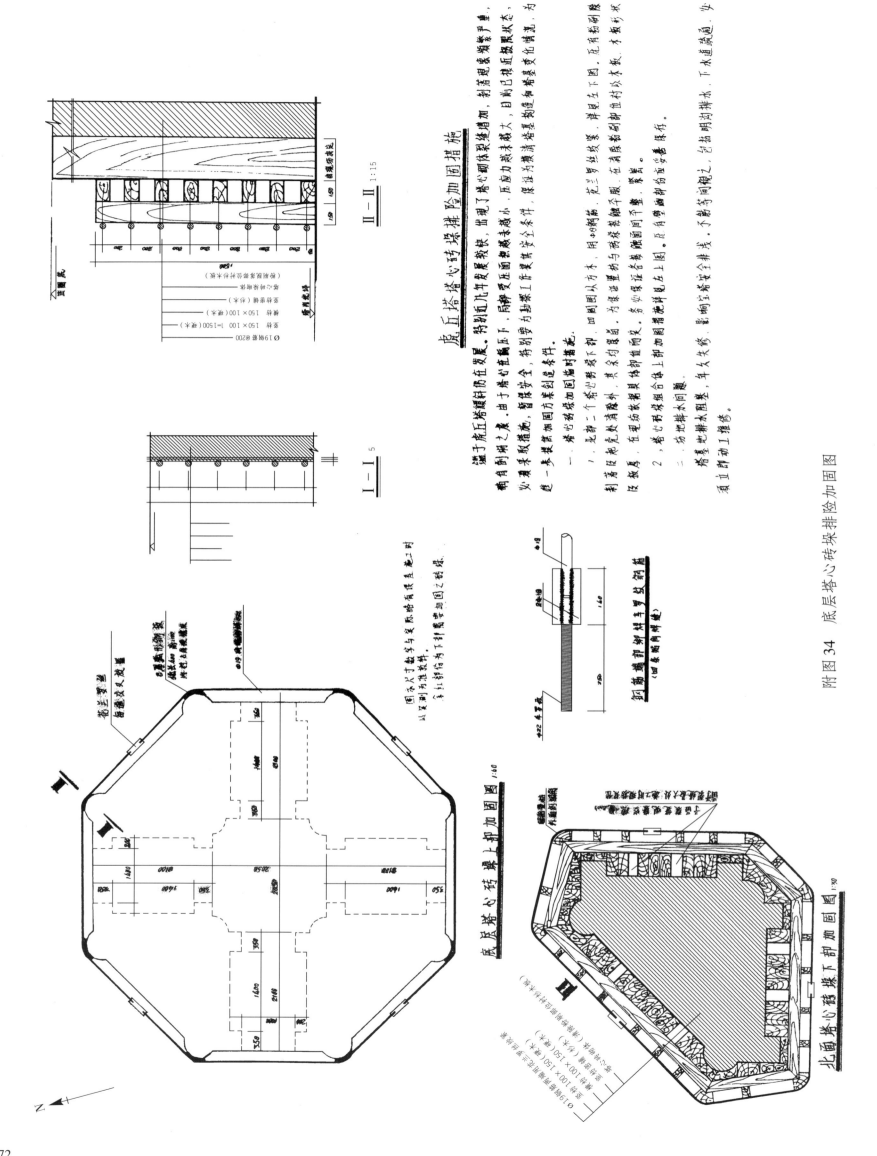

底层塔心砖垛排险加固措施

鉴于底层塔顶斜裂在发展，将别几年展较快，将别了塔心即使裂缝继续增加，封着现象变严重，构角剥离加之度。由于塔心在偏压下，同种受压面积如未较小，压应力就未较大，目前已接近极限现状态，必要采取措施。暂时乃不安全。督察下动加塔工作更货安全条件，保证为模清理塔基变色情况，为使一步提供加固方案创造条件。特别严为内动塔基随和塔基变形的。才有彩状

一、希心砖垛急待采取下卸。回脚因以为末。用φ9钢筋。花三罗沙块等。老三罗沙纹。省目左下图。足有粉剥除。着有现象急性在量片。其急切清景外。为使砼置更触乎服。在青展粉剥卸的应必安置保存。利着规起急快清看看。在更均砼据具冷护也向支。少必保证各砖砌面砼面平整。

反板层。希心砖垛组合体上卸加固措施使详死祥见右上图。后月季脚砌卸也安置保存。

2、砖心砖垛组合体上卸加固措施的与两砖砖触乎服。在青展粉剥卸的应必安置保存。

二、场地排卸不同题。本塔地排木图整。车头大修。影响主塔安全易支。不卸号均观之。已抬明沟卸卸。下水道漏港。少须重下的动工措场。

底层塔心砖垛排险加固图

I—I 5

II—II 1:15

附图34　底层塔心砖垛排险加固图

底层塔心砖垛上卸加固图 1:40

底层塔心砖垛下卸加固图 1:30

北面塔心砖垛下卸加固图 1:30

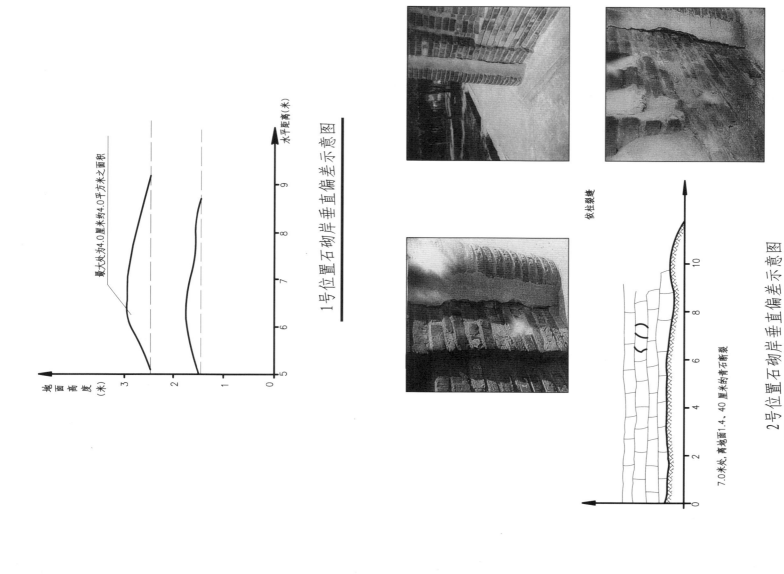

最大处为4.0厘米约4.0平方米之面积

1号位置石砌岸垂直偏差示意图

依柱裂缝

7.0米处,青面1.4、40厘米的青石断裂

2号位置石砌岸垂直偏差示意图

虎丘云岩寺塔位置示意图

后护墙裂缝

1号位置石砌岸损坏情况示意

	文字说明
1	1.6米处的青石断裂.
2	4.5米处,块石位置错动,裂缝15厘米,深度约60厘米.
3	6.5米处,花岗石位置错动裂缝8厘米.
4	6.9米处,石砌岸块石错动延伸至围墙顶部.
5	7.9米处,18厘米厚的块石裂断,裂缝2厘米.
6	14.9米处,青1.4厘米的青石(厚35厘米)有二次裂缝.

附图 35 石砌岸损坏情况报告图

173

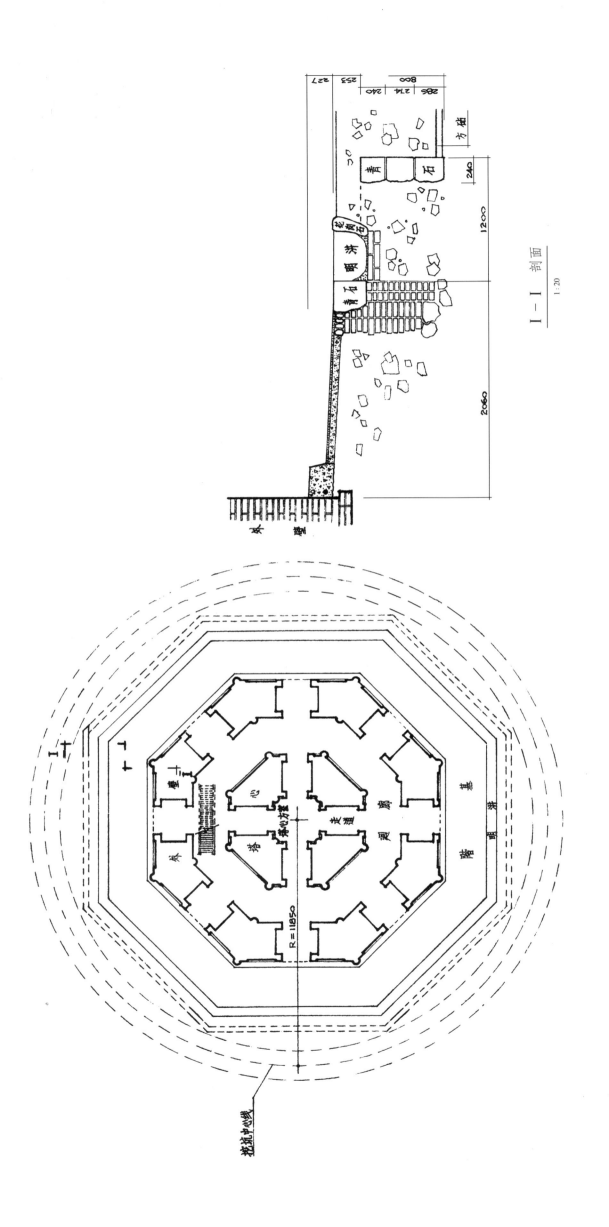

附图 36　地下塔体右侧搪搪原样图

附图 37　基础加固桩柱平面图

桩柱平面 1 : 30

附注：
1、西南侧图示120°范围内相邻桩柱之间留出钢筋，浇灌砼时使其连成一体。
2、图示桩柱编号为施工顺序号，先以1号桩柱做施工试点，以后每次三个，按桩柱号顺序施工。
3、据现有资料，塔基东北侧的绝对标高30.71米以下至岩石为亚粘土层，在桩柱范围内采用水平顶管进行加强，各层顶管的分布及数量于现场试验定方案后再行施工。

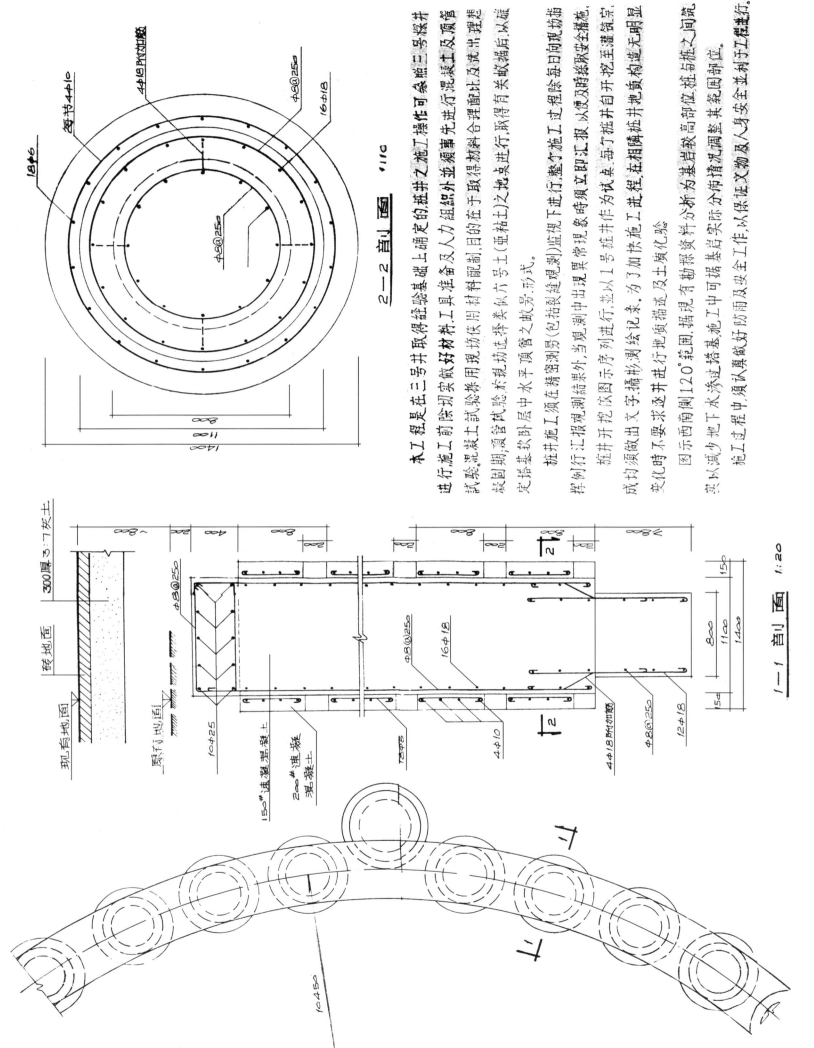

2—2 剖面 1:10

1—1 剖面 1:20

本工程是在三号井取得经征验基础上确定的桩井之施工操作化，务令三号探井进行施工前除初实做好材料工具准备及人力组织外并须事先进行混凝土及顶管试验。混凝土试验除用现场拟采用坊号三号土(亚粘土)之地采进行，取得有关数据后，以确定凝固期。顶管试验，系求提拔坊井号示三号顶管至取样侧之坊号形式。

桩井施工须在精密监测具(包括裂缝观测)监视下进行，整个施工过程除每日向现场指挥例行汇报观测结果外，当观测中出现异常现象须及时汇报，以便及时采取安全措施。

挖井开挖须按图示序列进行，并以1号桩井作为试点，每了桩井自开挖至灌筑完成均须做出文字摄形测记录表，为了加快施工进程，在相隔桩井地负构造无明显变化时不要求逐井进行地质描述及土质化验除。

图示西南则120°范围，据提有勘探资料分析为基岩载荷部位桩与施之间范另以减少地下水添过基础施工中可据基岩实际分布情况调整其范围部位。

施工过程中须认真做好防雨及安全工作，以保征文物及安全并利于工程进行。

附图 38　基础加固桩柱详图

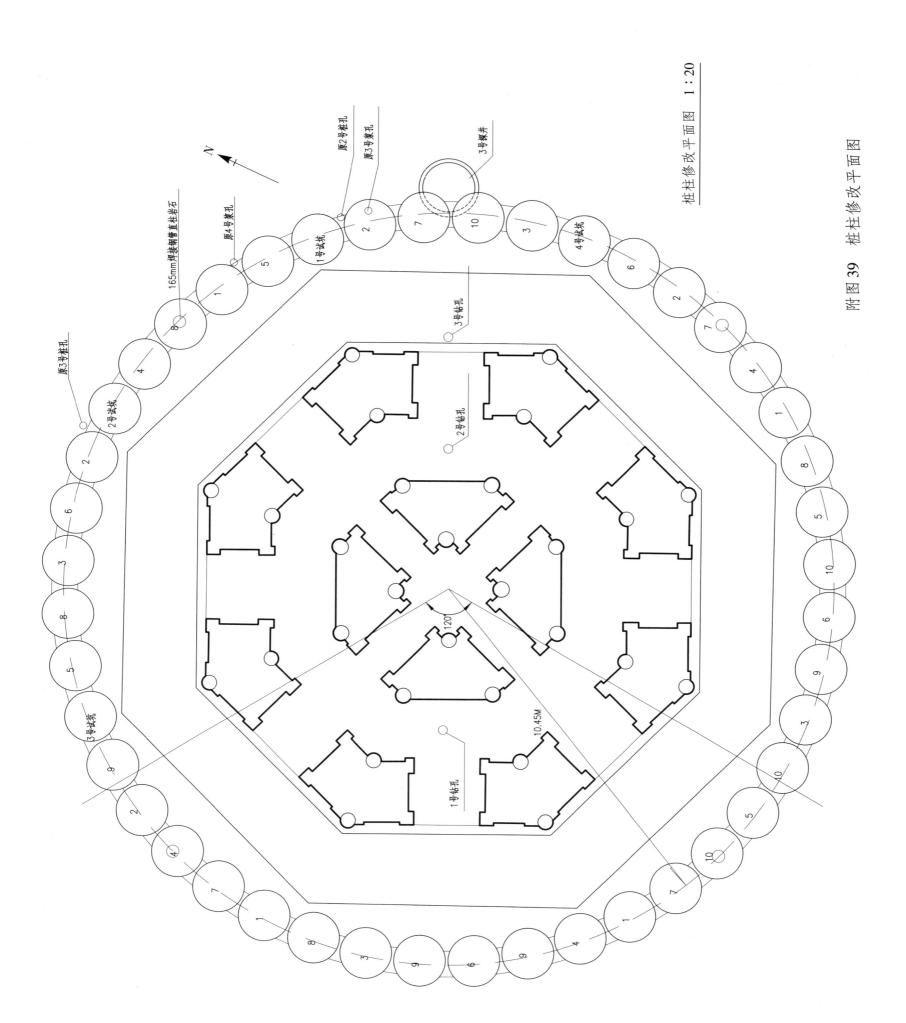

桩柱修改平面图　1∶20

附图 39　桩柱修改平面图

177

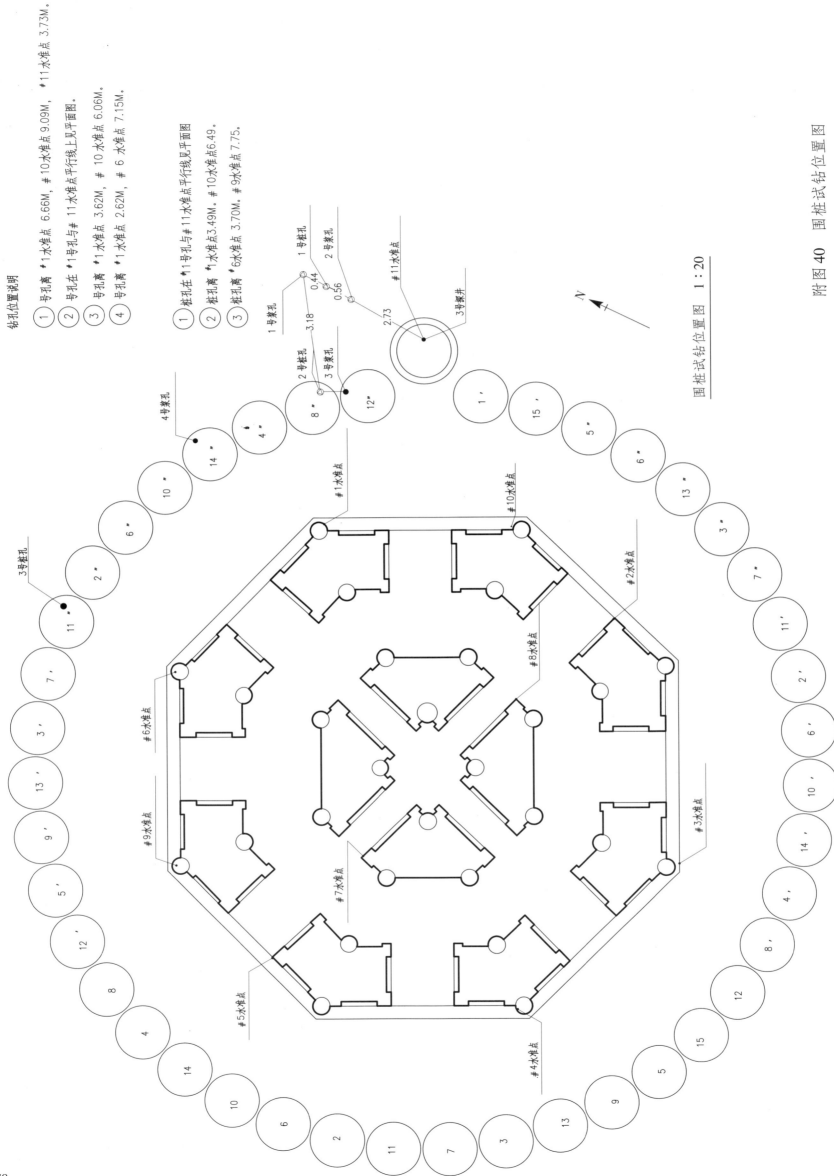

钻孔位置说明

① 号孔离 #1水准点 6.66M，#10水准点 9.09M，#11水准点 3.73M。

② 号孔在 #1号孔与#11水准点平行线上见平面图。

③ 号孔离 #1水准点 3.62M，# 10 水准点 6.06M。

④ 号孔离 #1水准点 2.62M，# 6 水准点 7.15M。

① 桩孔在 #1号孔与#11水准点平行线见平面图。

② 桩孔离 #1水准点3.49M。#10水准点6.49。

③ 桩孔离 #6水准点3.70M。#9水准点7.75。

围桩试钻位置图 1：20

附图 40 围桩试钻位置图

附图 41　桩排式连墙基础加固图

桩排式连墙基础加固　1：30

虎丘塔加固围桩排式连墙基础加固图

坑编号	开工日期	竣工日期	坑深度	护壁200级	桩柱150级
				混凝土工程量	
1号坑	81年12月18号开工	82年1月11号竣工	9.27M	3.6684 M3	7.95430 M3
2号坑	82年6月20号开工	6月30号竣工	9.30M	2.87221 M3	7.98281 M3
3号坑	82年3月18号开工	4月7号竣工	8.97M	3.23929 M3	7.60267 M3
4号坑	82年7月16号开工	7月31号竣工	9.20M	2.92640 M3	7.88777 M3
5号坑	82年4月12号开工	4月28号竣工	8.73M	2.77466 M3	7.43161 M3
6号坑	82年2月12号开工	3月16号竣工	10.68M	4.17283 M3	9.12321 M3
7号坑	82年7月1号开工	7月15号竣工	10.65M	3.52252 M3	9.14221 M3
8号坑	82年3月19号开工	4月2号竣工	9.00M	3.19736 M3	7.60267 M3
9号坑	82年7月27号开工	8月9号竣工	8.90M	2.92640 M3	7.50764 M3
10号坑	82年6月17号开工	6月26号竣工	8.32M	2.54705 M3	7.03247 M3
11号坑	82年2月26号开工	3月17号竣工	8.57M	2.92640 M3	7.34608 M3
12号坑	82年7月9号开工	7月26号竣工	8.15M	2.51454 M3	6.84240 M3
13号坑	82年4月7号开工	4月27号竣工	8.18M	2.99685 M3	7.31757 M3
14号坑	82年1月12号开工	2月24号竣工	9.45M	3.30575 M3	7.98281 M3
15号坑	82年6月27号开工	7月8号竣工	9.20M	1.81545 M3	7.79274 M3
16号坑	82年5月26号开工	6月17号竣工	9.00M	2.81802 M3	7.60267 M3
17号坑	82年3月28号开工	4月21号竣工	8.55M	2.70963 M3	7.17502 M3
18号坑	82年2月23号开工	3月15号竣工	7.62M	2.99685 M3	6.29121 M3
19号坑	82年6月18号开工	6月26号竣工	7.25M	1.02966 M3	5.98210 M3
20号坑	82年4月17号开工	5月6号竣工	7.40M	0.65031 M3	6.08214 M3
21号坑	82年3月17号开工	4月5号竣工	7.36M	1.19224 M3	6.04412 M3
22号坑	82年5月17号开工	5月29号竣工	5.50M	0.75870 M3	4.27650 M3
23号坑	82年1月18号开工	2月14号竣工	3.72M	0.75870 M3	2.58491 M3
24号坑	82年4月3号开工	4月12号竣工	3.62M	0.75870 M3	2.48988 M3
25号坑	82年5月21号开工	5月28号竣工	3.67M	0.65031 M3	2.53739 M3
26号坑	82年3月6号开工	3月25号竣工	3.87M	0.70450 M3	2.72746 M3
27号坑	82年5月30号开工	6月5号竣工	4.18M	1.08385 M3	3.02206 M3
28号坑	82年6月9号开工	6月17号竣工	4.70M	1.19224 M3	3.51624 M3
29号坑	82年5月17号开工	5月28号竣工	4.40M	1.23560 M3	3.23114 M3
30号坑	82年3月7号开工	3月18号竣工	4.40M	1.13805 M3	3.23114 M3
31号坑	82年4月20号开工	4月29号竣工	4.70M	1.38191 M3	3.51624 M3
32号坑	82年2月16号开工	3月1号竣工	4.75M	1.19224 M3	3.56375 M3
33号坑	82年3月30号开工	4月17号竣工	5.10M	1.54449 M3	3.89637 M3
34号坑	82年5月3号开工	5月14号竣工	5.55M	1.62578 M3	4.32402 M3
35号坑	82年7月6号开工	6月11号竣工	5.42M	1.62578 M3	4.20048 M3
36号坑	82年3月3号开工	7月15号竣工	5.78M	1.51739 M3	4.54260 M3
37号坑	82年4月20号开工	3月25号竣工	7.10M	1.57159 M3	5.79704 M3
38号坑	82年6月11号开工	5月7号竣工	7.96M	2.98059 M3	6.70936 M3
39号坑	82年1月8号开工	6月19号竣工	6.35M	2.24899 M3	5.17932 M3
40号坑	82年4月8号开工	1月14号竣工	5.85M	1.97803 M3	4.70415 M3
41号坑	82年6月27号开工	4月23号竣工	7.24M	2.57415 M3	6.02512 M3
42号坑	82年6月5号开工	7月5号竣工	7.50M	3.6684 M3	6.27220 M3
43号坑	82年6月6号开工	6月17号竣工	8.40M	2.78550 M3	7.12750 M3
44号坑	82年3月20号开工	4月7号竣工	8.50M	3.54962 M3	7.22254 M3
围桩					
小计			312.01M	38.41078	135.49001M3
合计				392.41872M3	256.92871M3

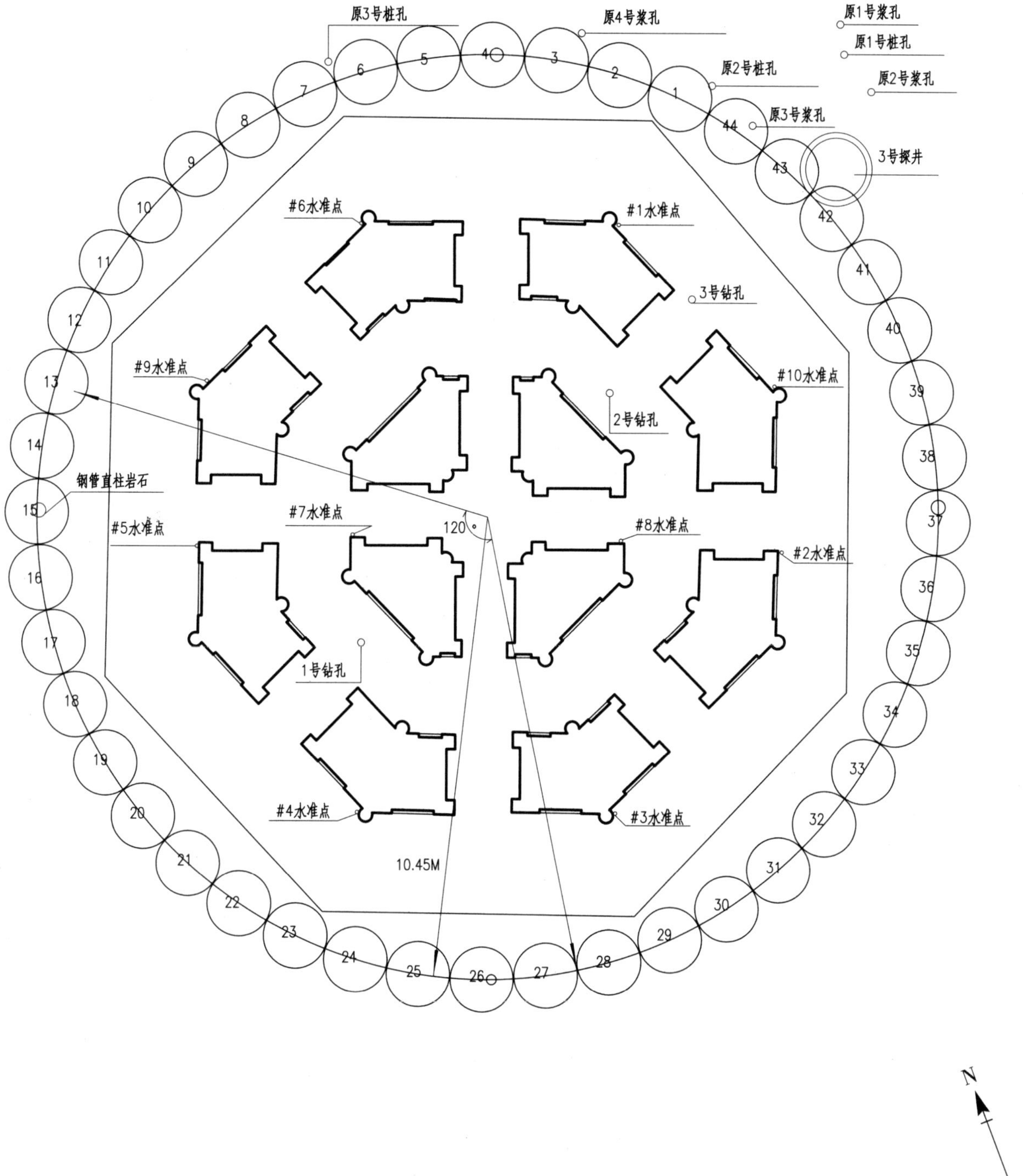

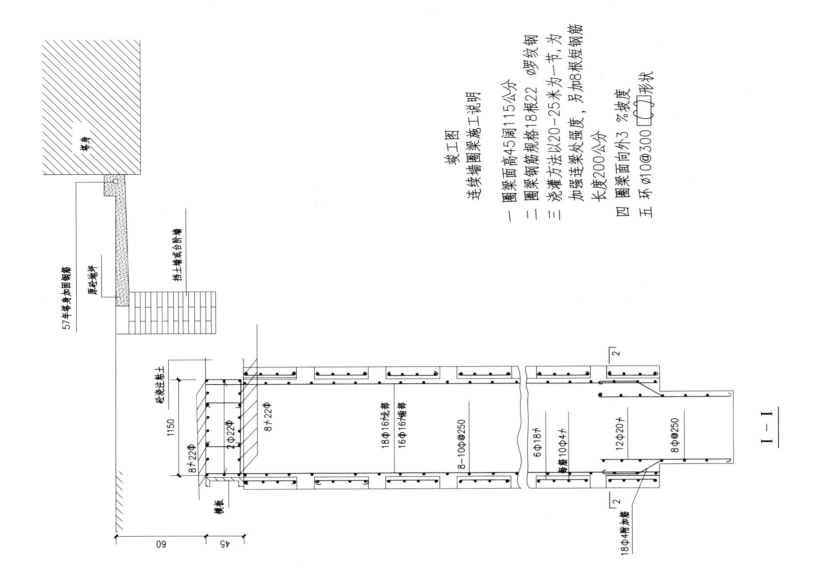

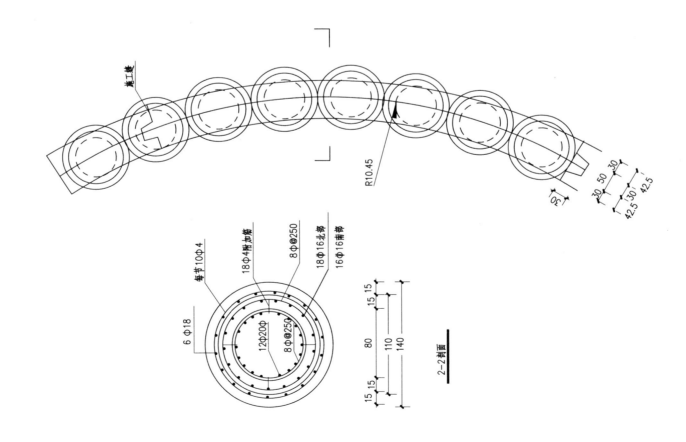

竣工图

连续墙圈梁施工说明

一 圈梁面高45阔115公分

二 圈梁钢筋规格18根φ22 螺纹钢

三 浇灌方法以20—25米为一节,为加强连灌梁处强度,另加8根短钢筋长度200公分

四 圈梁面向外3%坡度

五 环φ10@300 形状

I—I

2—2剖面

附图 42　圈梁剖面详图

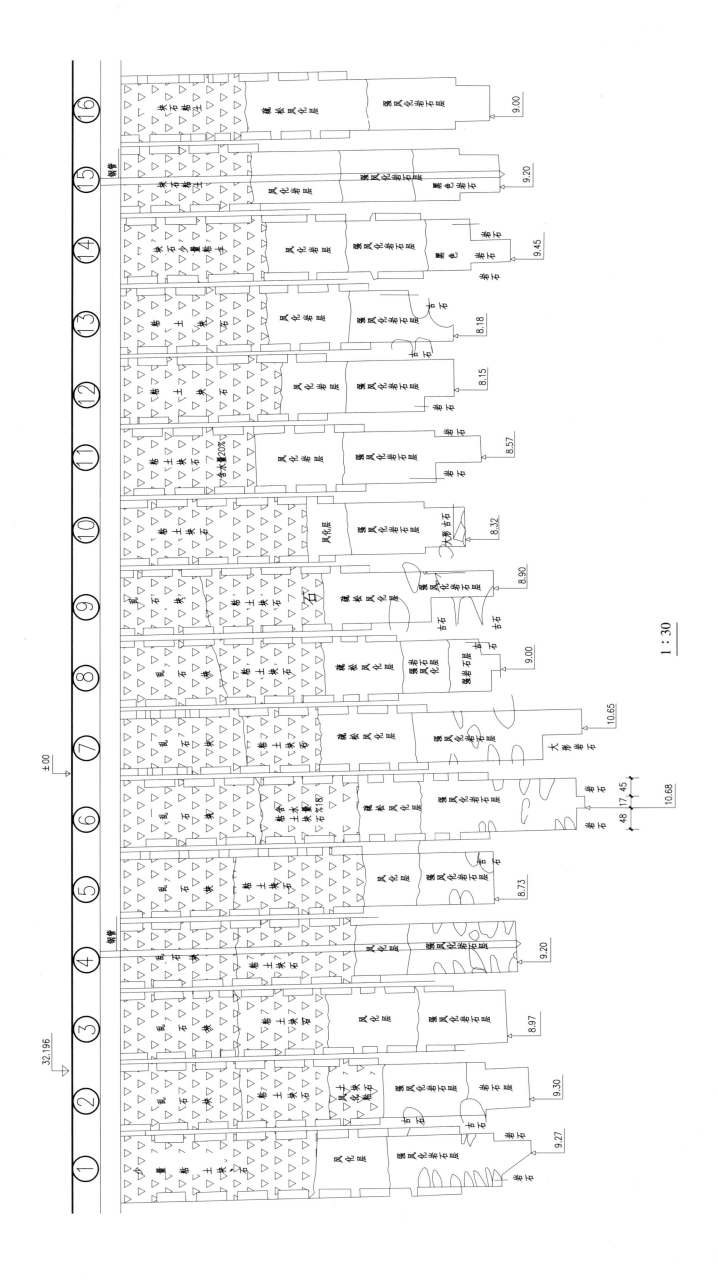

$1:30$

附图 43 桩剖面图 (一)

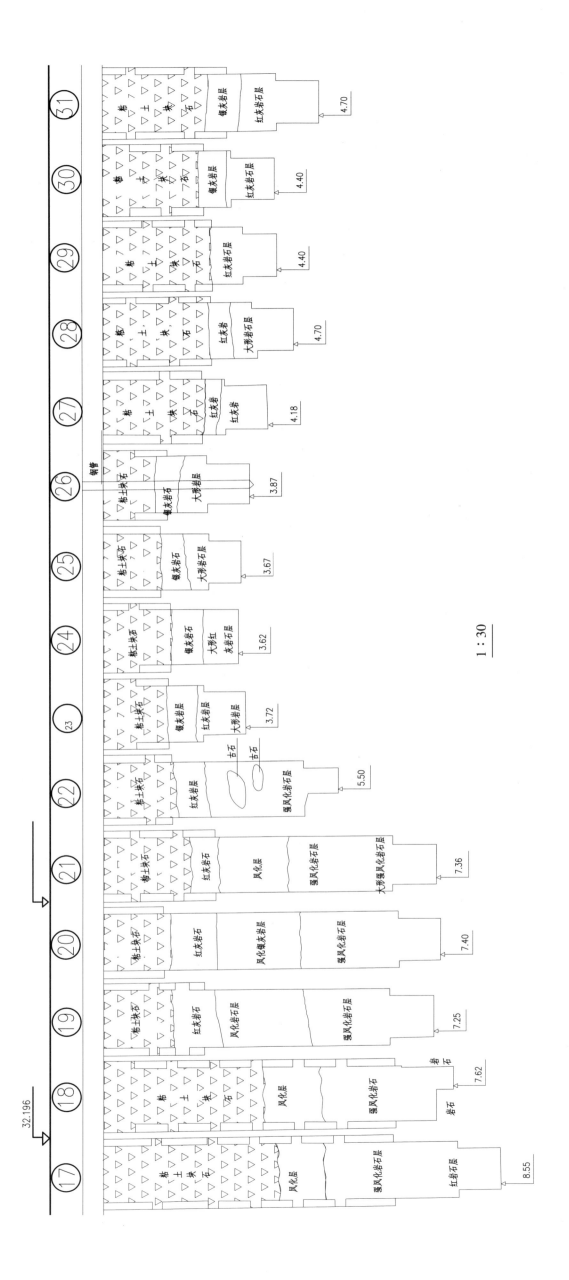

附图 44 桩剖面图 (二)

1 : 30

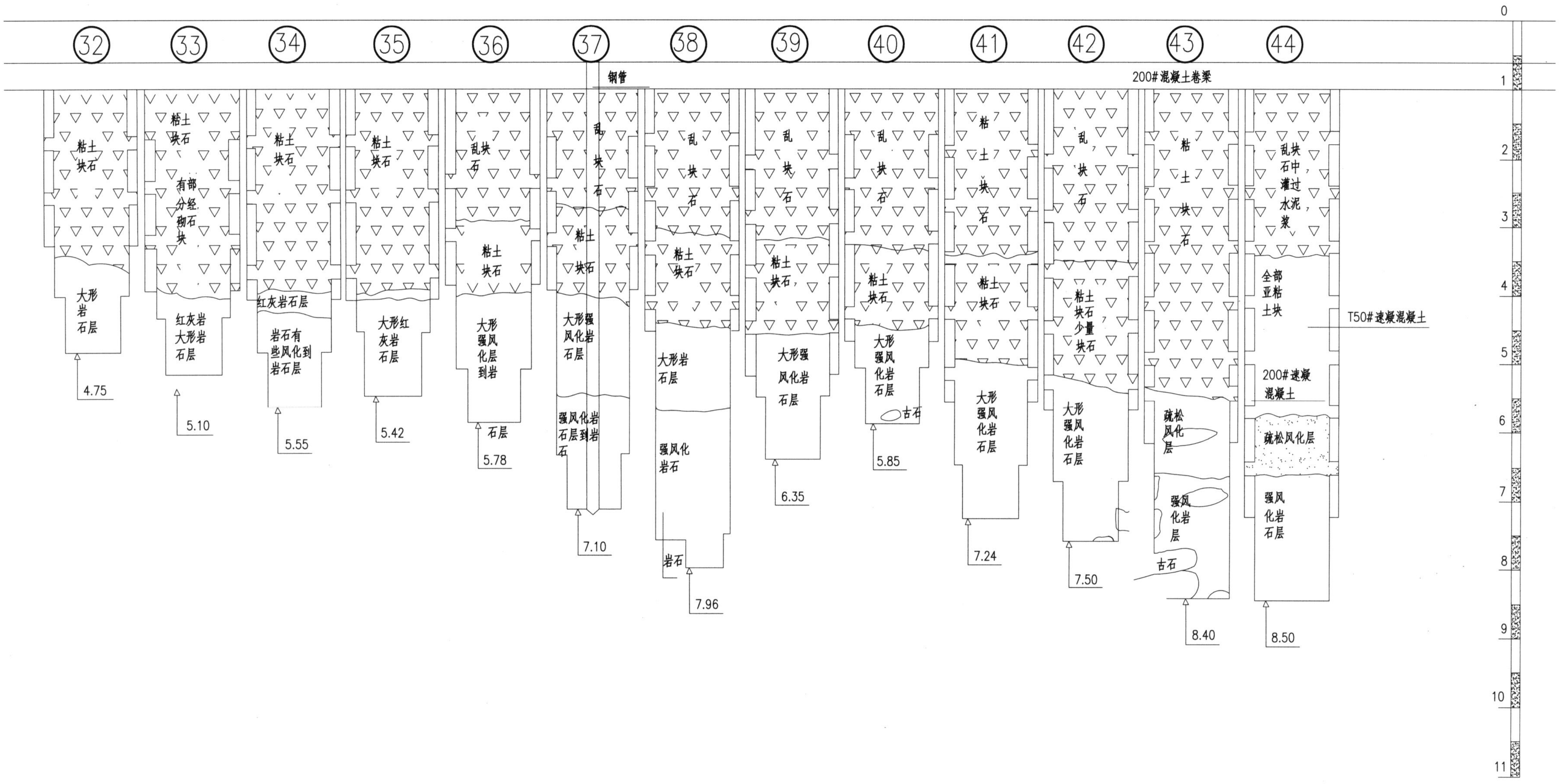

1 : 30

附图 45 桩剖面图（三）

江苏省苏州市虎丘塔周围浅井工程地质展示图

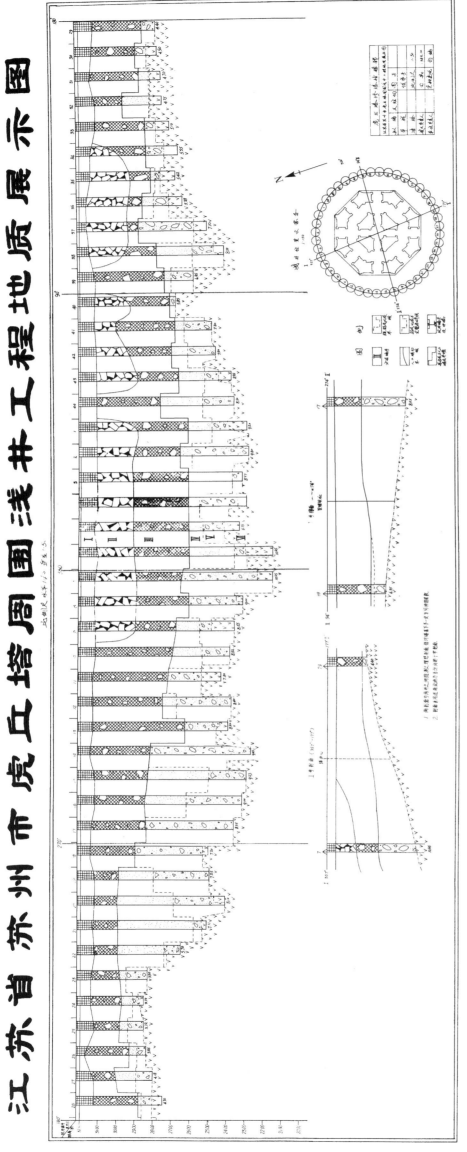

附图 46 围桩地质展示图

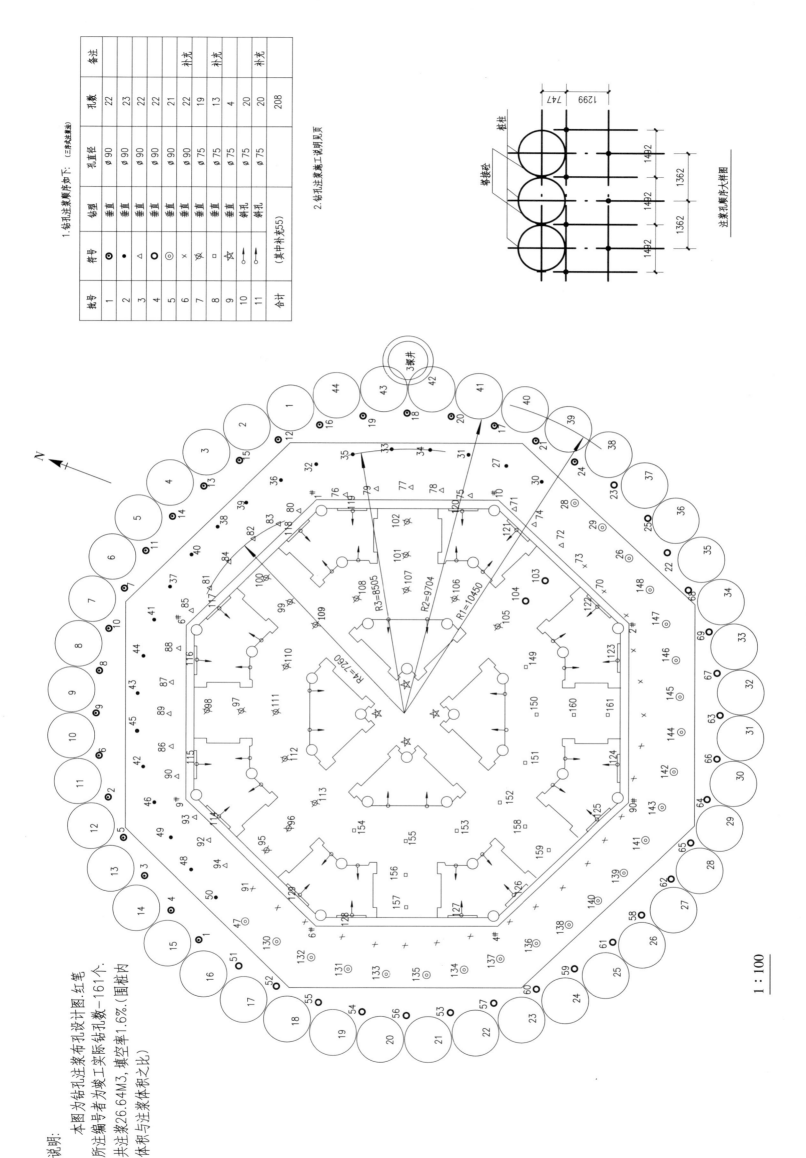

附图 47　钻孔注浆加固土体布孔图

1:100

说明：
本图为钻孔注浆布孔设计图.红笔
所注编号者为竣工实际钻孔数-161个.
共注浆26.64M3,填空率1.6%.(围桩内
体积与注浆体积之比.)

批号	符号	钻型	孔直径	孔数	备注
1	⊙	垂直	∅90	22	
2	•	垂直	∅90	23	
3	△	垂直	∅90	22	
4	◉	垂直	∅90	22	
5	◎	垂直	∅90	21	补充
6	×	垂直	∅90	22	
7	✡	垂直	∅75	19	补充
8	☆	垂直	∅75	13	
9	⟋	斜孔	∅75	4	
10	⟋	斜孔	∅75	20	补充
11	⟋	斜孔	∅75	20	补充
合计	(其中补充55)			208	

1.钻孔注浆顺序如下: (三列式注浆表)

2.钻孔注浆竣工说明见页

注浆孔顺序大样图

185

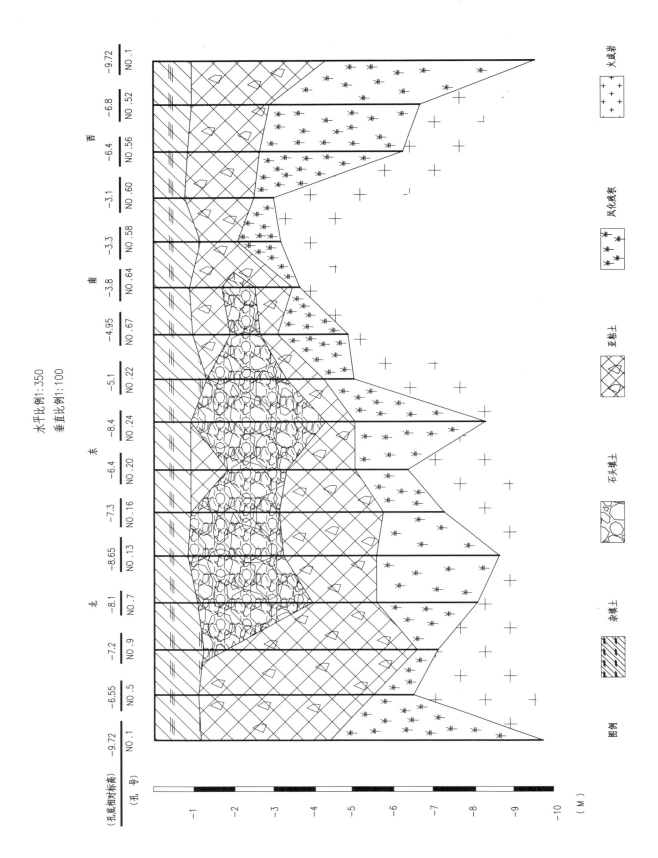

附图 48　塔地基展剖面图

水平比例1:350
垂直比例1:100

图例　杂填土　　石头填土　　亚粘土　　风化残积　　火成岩

186

水平比例1:100
垂直比例1:100

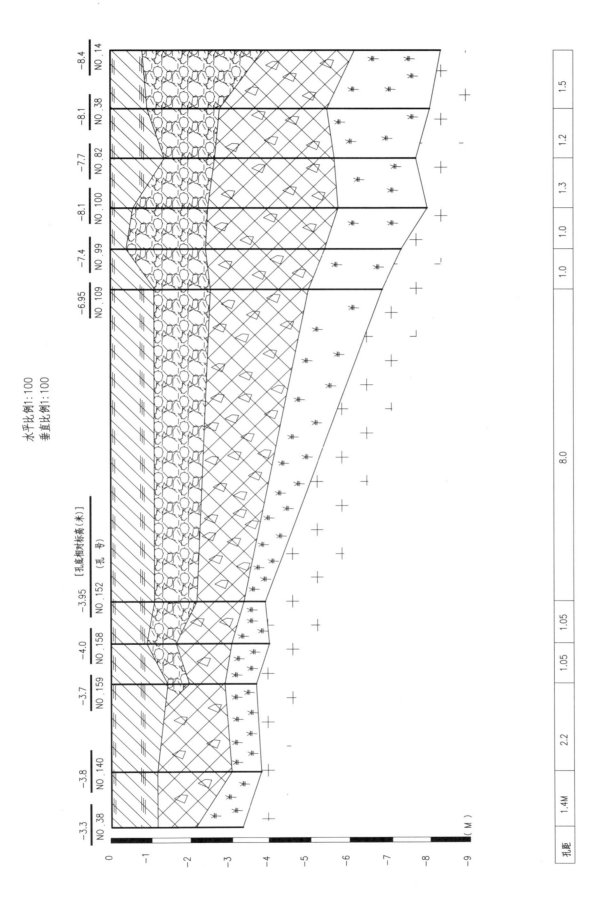

| 孔底 | 1.4M | 2.2 | 1.05 | 1.05 | | 8.0 | | 1.0 | 1.0 | 1.0 | 1.3 | 1.2 | 1.5 |

附图 49　Ⅰ－Ⅰ 地质剖面图

水平比例1:100
垂直比例1:100

[孔底相对标高(米)]
(孔 号)

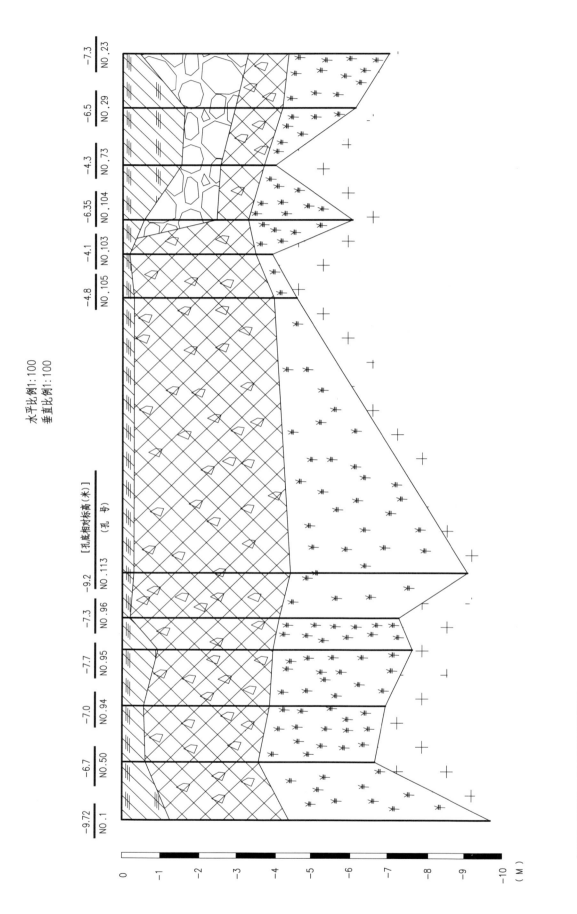

| 孔距 | 1.5 M | 1.5 | 1.5 | 0.9 | 1.2 | 1.2 | 7.4 | 1.2 | 0.9 | 1.5 | 1.5 | 1.5 |

附图 50 Ⅱ－Ⅱ地质剖面图

序号	孔径(mm)	层厚(M)	柱状网	土层名称	成因类型	颜色	湿度	密度	状态	岩性描述
		0.5~1.2	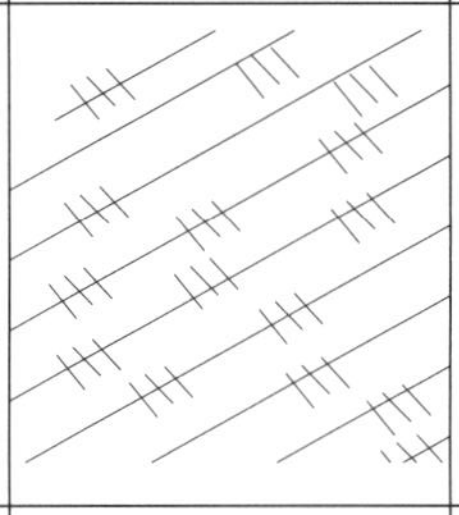	杂填土	近代填土	黄褐色	稍湿	松散		厚度变化大，地表载层夹砖瓦，碎砖末、瓦片和少量碎石（ø<10cm），局部表层（0~0.8m）为各有大量砖瓦、瓦片、石灰、三合土等建筑垃圾的灰黑色杂填土，受水流侵蚀，土中细颗粒流失较多，表现为塑性和粘性较弱，较松散，力学性能较差。
		0~4.0	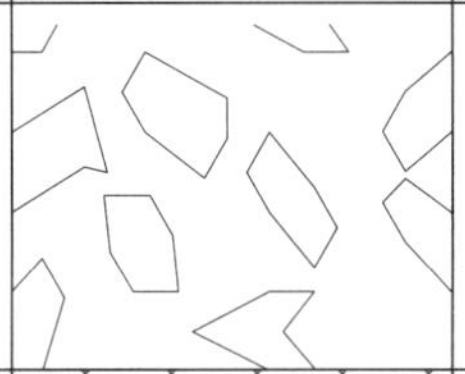	块石	块石垫层			稍密		主要为火成岩岩块，部分已风化，空隙较大，空隙中充填少量粘性土，东北部空隙连通性好，缝大如拳，几乎无充填物，孔中常发现前期灌注浆的水泥块，块径 ø=5~30cm，个别可达 60~70cm，压缩性较大。
	Ø开孔 110	1.0~5.5	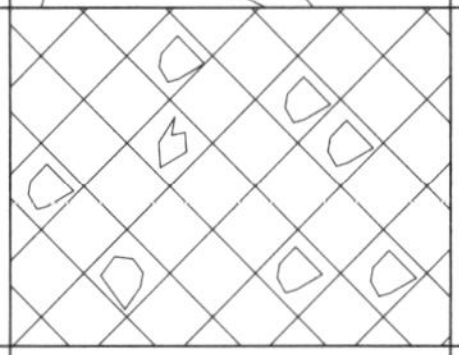	亚粘土	古代填土	黄褐色	稍湿~湿	稍密	可塑~硬塑	夹岩石碎块及其风化物，风化残核成浑圆状，部分可敲碎，甚至成粉状，粘状入水易崩解，上部含水多崩解，有水流侵蚀现象，部分土颗中有少许片状水泥表正土，下部含水量逐渐下降，夹较少碎石。
		0~7.0	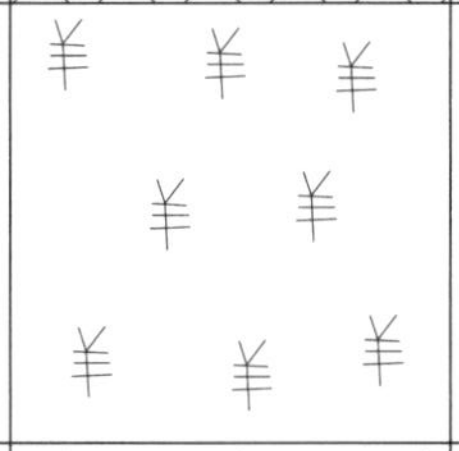	残积物	风化残积	黄褐、紫褐		密实		上部灵强风化晶屑凝灰岩，长石风化物呈点状均匀分布，能染成粉末，风化残块呈棱角状，能用力沿流动构造方向剥离，夹少量棕褐色亚粘土。下部为强风化褐色流纹质晶屑凝灰岩，风化后呈砂粒状，胶结松散，结构疏松，遇水强度很低。
	Ø钻进 90	>1.0	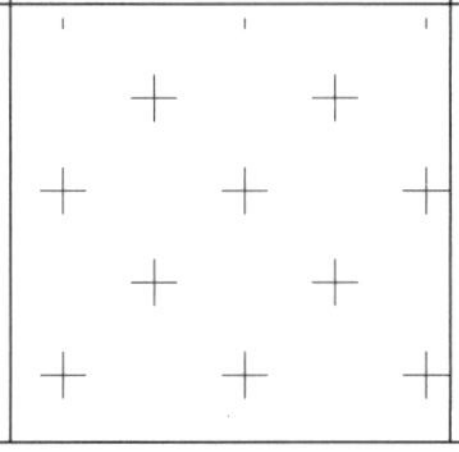	英安质角砾凝灰熔岩	火成岩	暗绿色			裂密块状	其基本晶结构，班质为长石、石英、角闪石等，基质为酸性火山玻璃，新鲜岩石成暗绿色，部分已绿泥石化，呈黄褐色，岩石产状走向为NW340°，倾角6~10°，倾向NE70°，岩层中有走向为NW290°和NE30°两组剪节理发育。

附图 51　虎丘塔地基地质柱状图

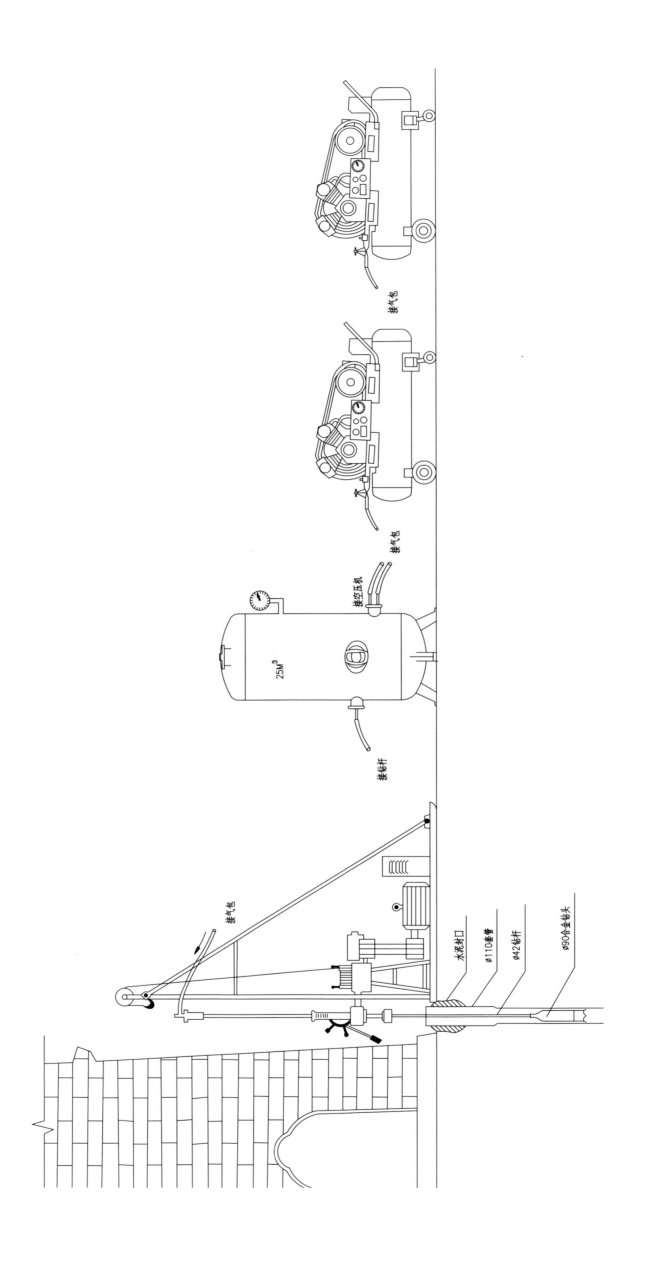

附图 52　钻孔施工工艺图

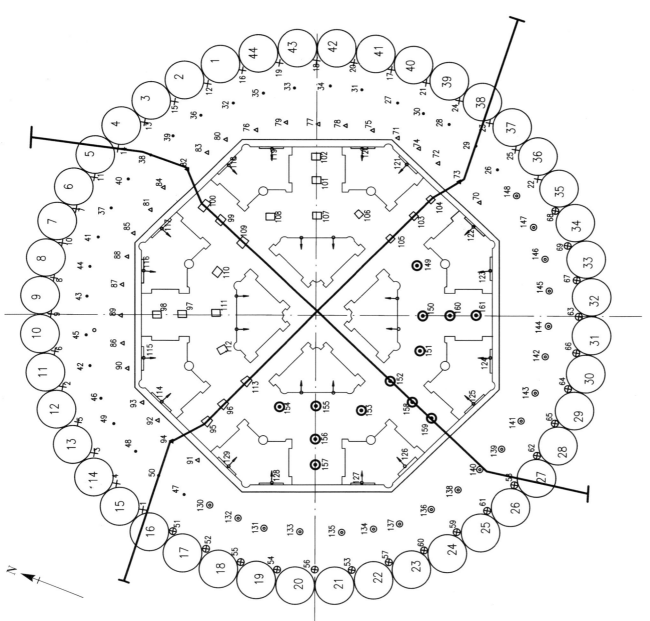

批号	1	2	3	4	5	6	7	8	合计
符号	✕	•	⊗	△	□	✦	⊚	⊙	9
钻型	垂直	垂直	垂直	垂直	垂直	斜孔	垂直	垂直	
孔数(个)	25	25	19	25	19	16	19	13	161
孔直径(mm)	∅开孔110				∅钻进90				
备注	上图中外圈"⑭"表示第一期工程的桩排式地下连续墙								

附图 53　塔基加固钻孔布置图

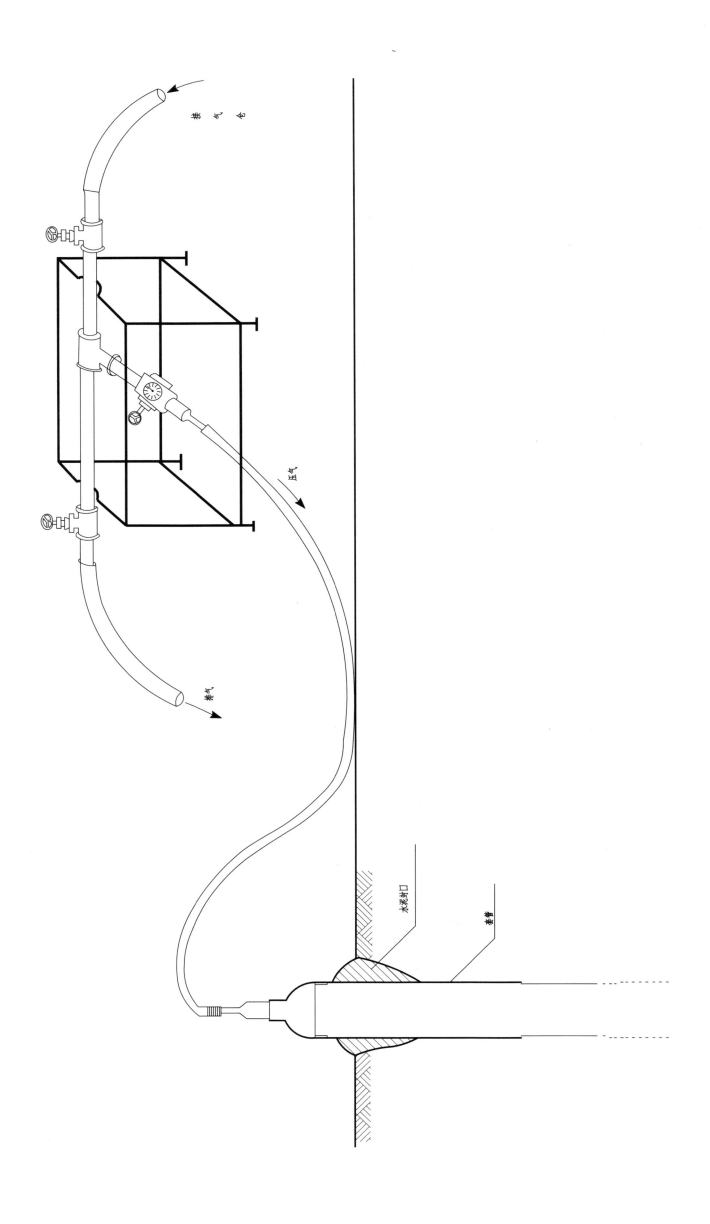

接气仓

排气

压气

水泥封口

套管

附图 54 注浆工艺图（气压）

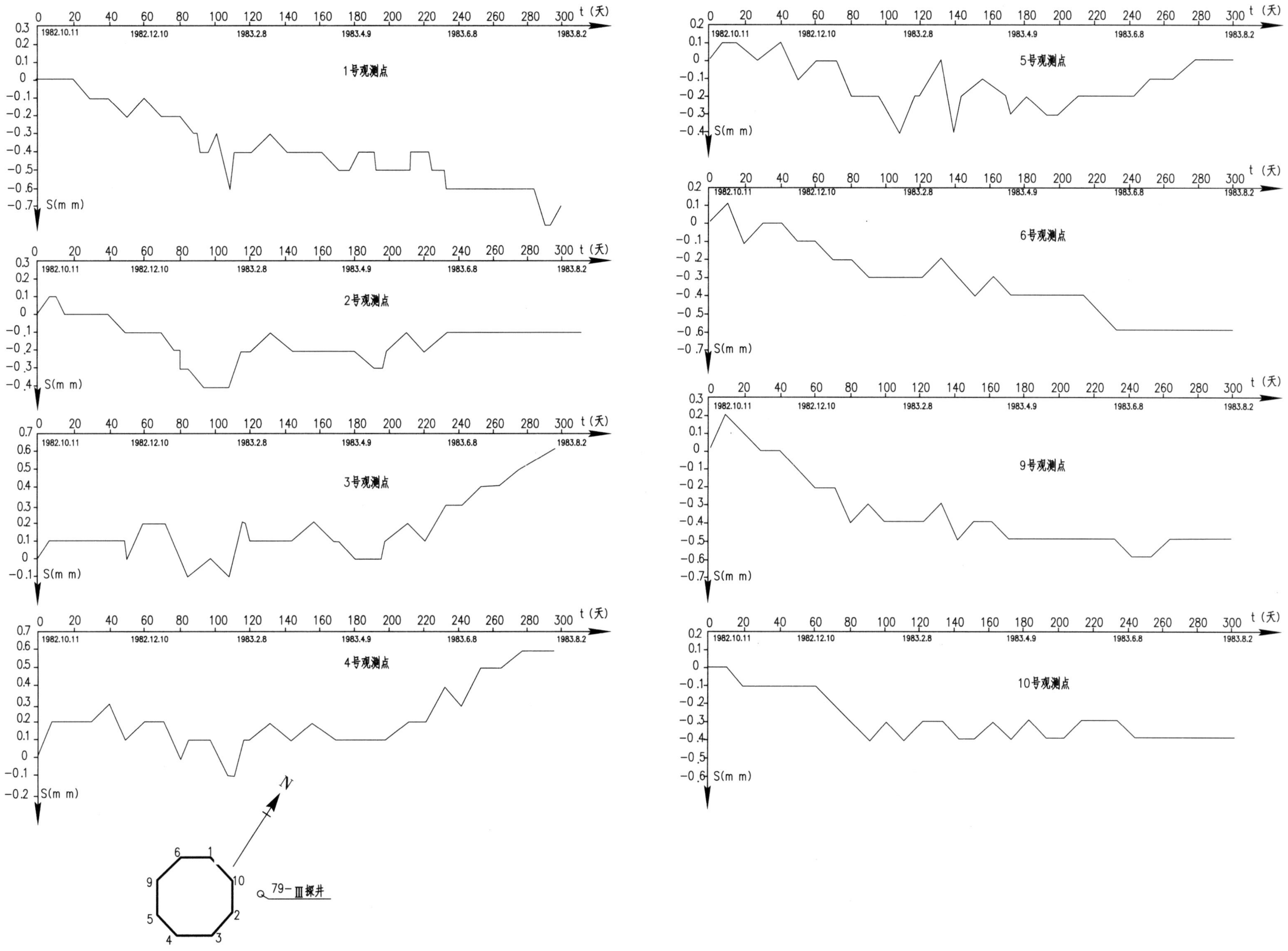

附图 55　底层观测点沉降曲线

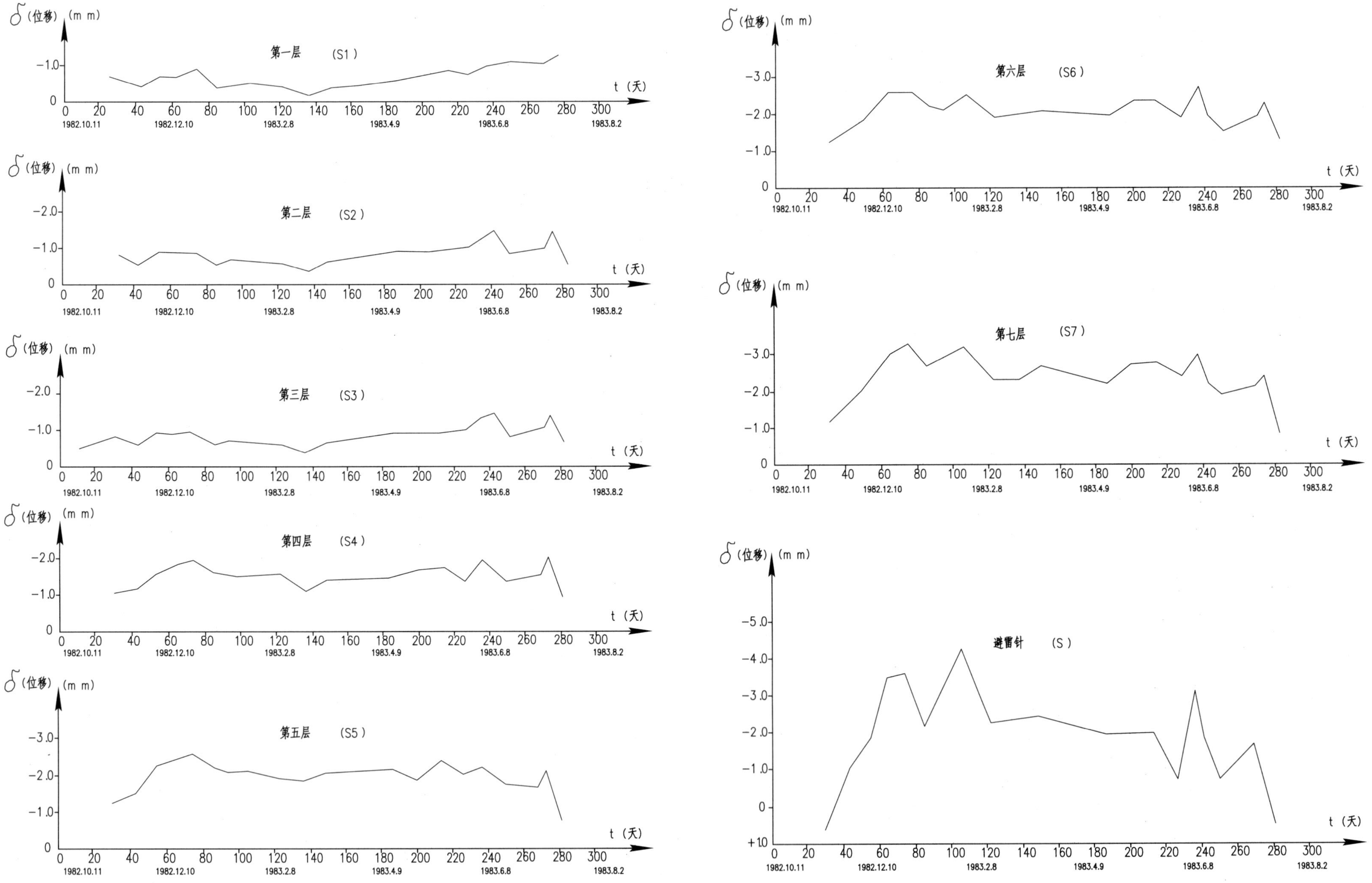

附图 56 塔体层面平面位移曲线（南面）

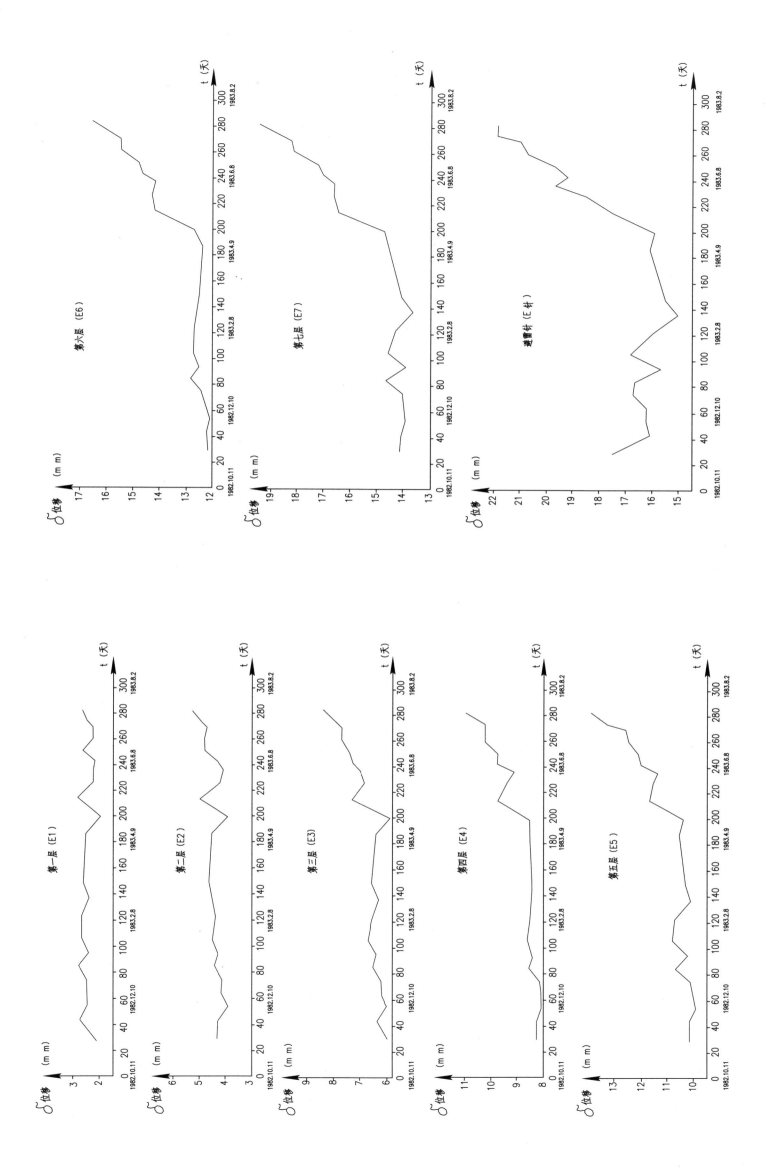

附图 57 塔体层面平面位移曲线（东面）

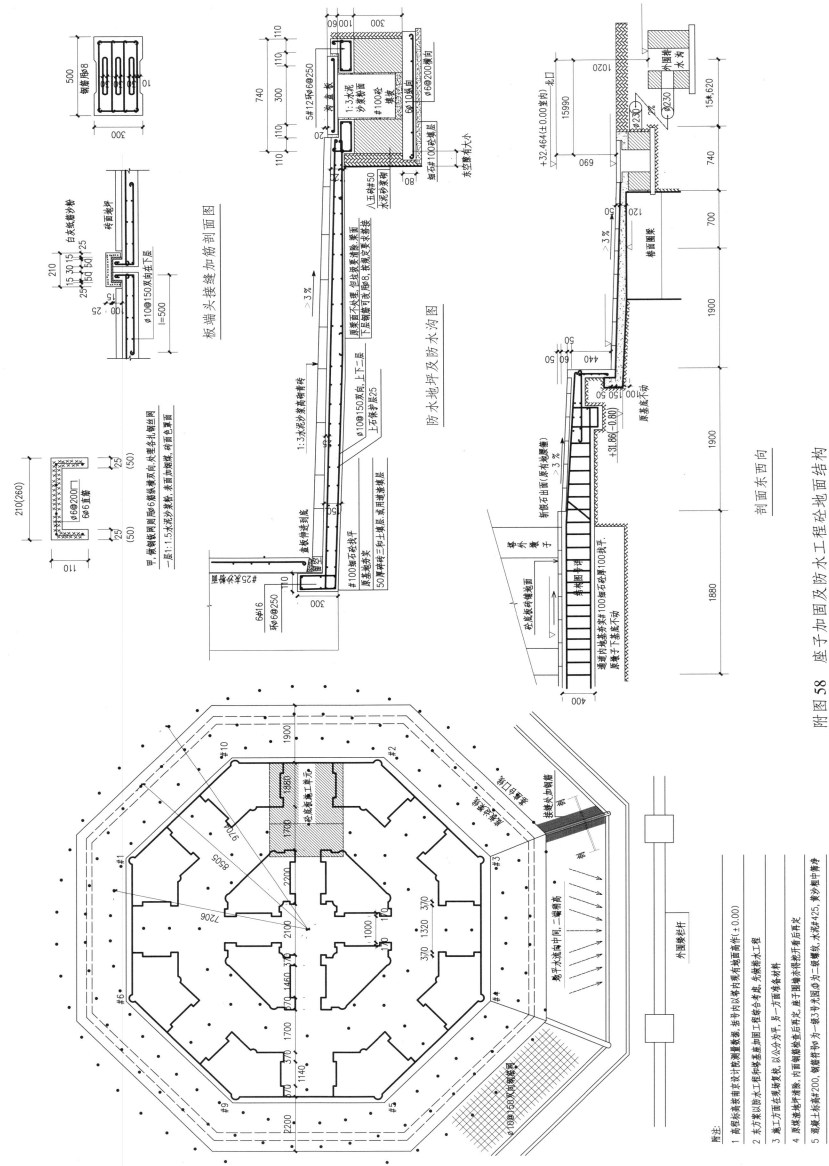

板端头接缝加筋剖面图

防水地坪及防水沟图

剖面东西向

附图 58 座子加固及防水工程砼地面结构

附注:
1 高程标高南求设计院测量数据,括号内以墙内现有地面为±0.00。
2 本方案以防水工程和墙基加固工程综合考虑,先做排水工程。
3 施工方在现场核实校正,以公分为寸,另一方面做数平。
4 原墙渣地坪清除,内面钢筋除锈后再定,座子围墙除锈后再定。
5 混凝土标号砰200,钢筋砰钠为一级与3号光圆,φ为二级螺纹,水泥砰425,黄沙中粗中青净

196

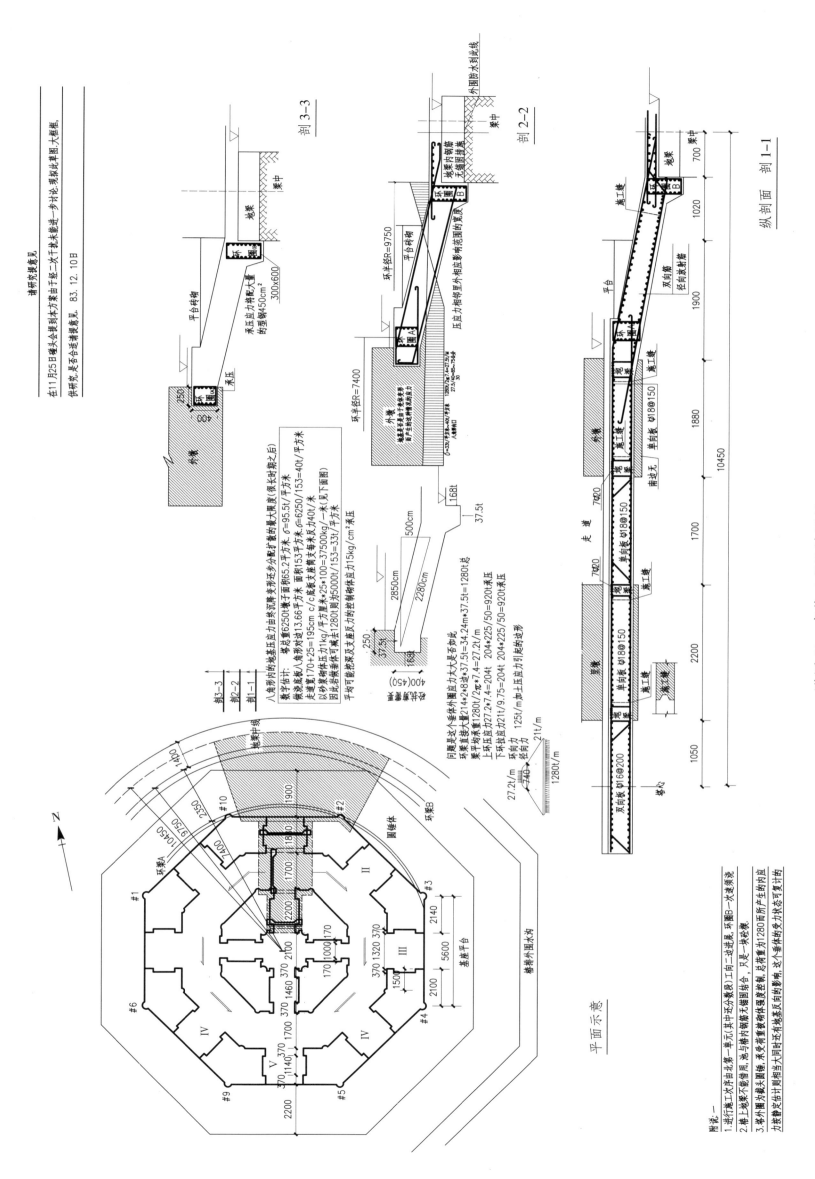

附图 59 壳体工程设计图纸

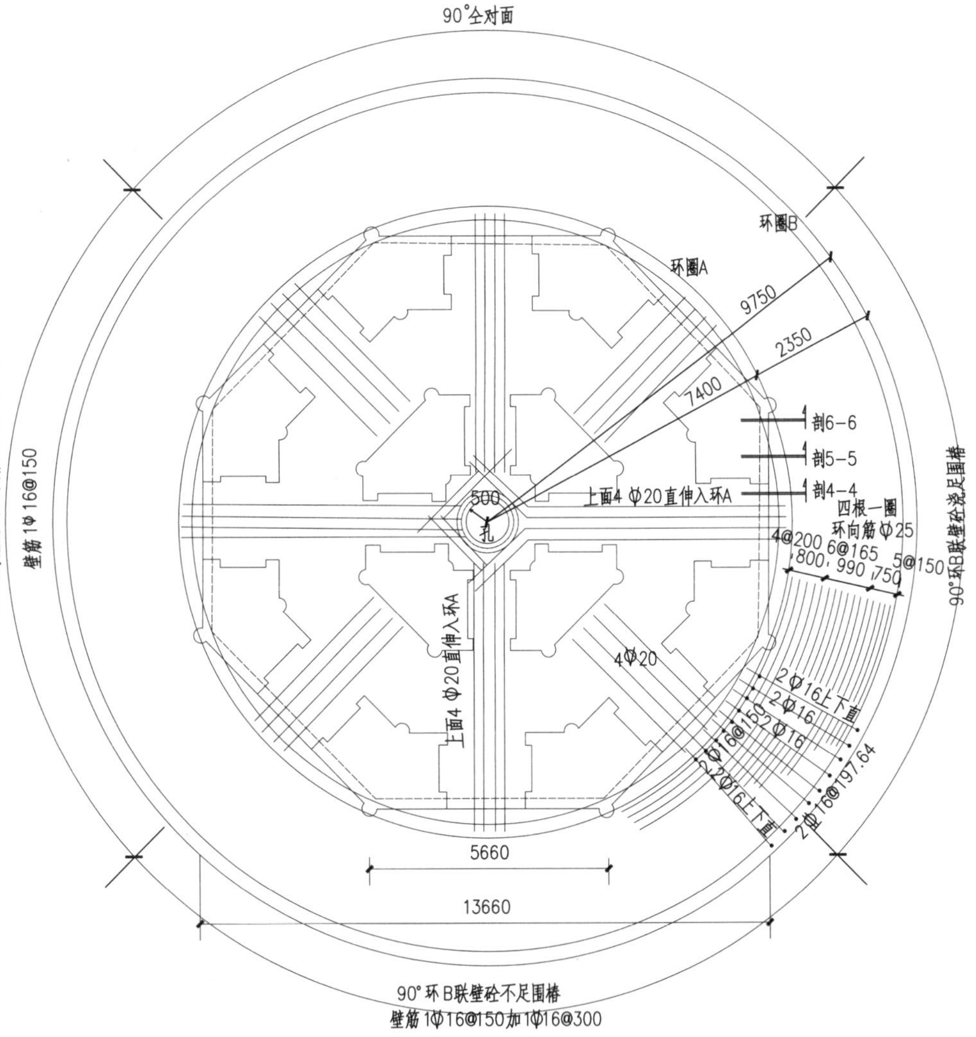

剖 4—4

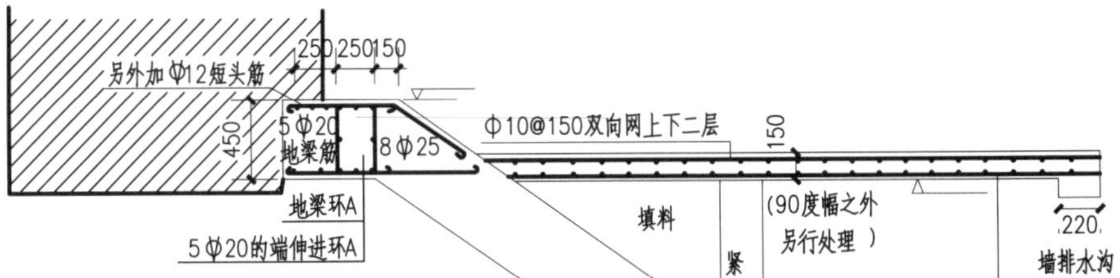

剖 5—5

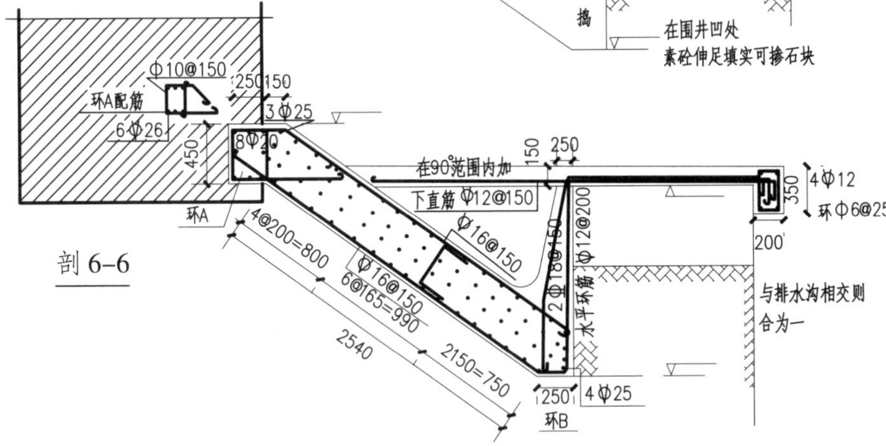

剖 6—6

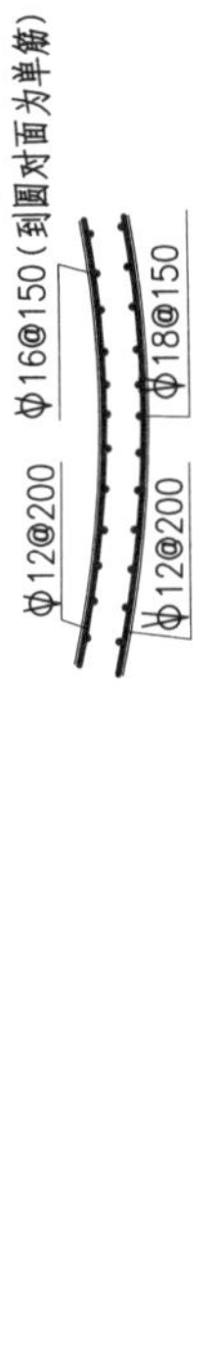

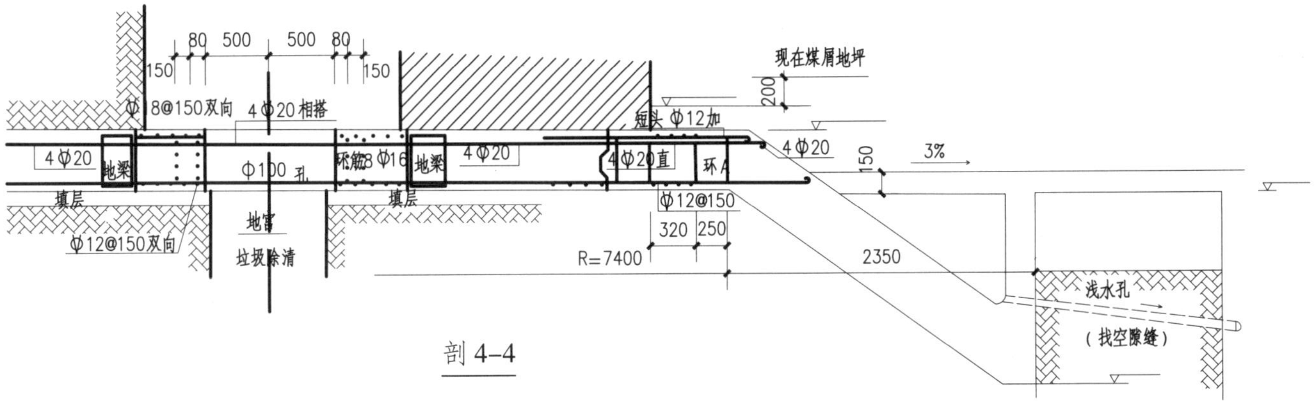

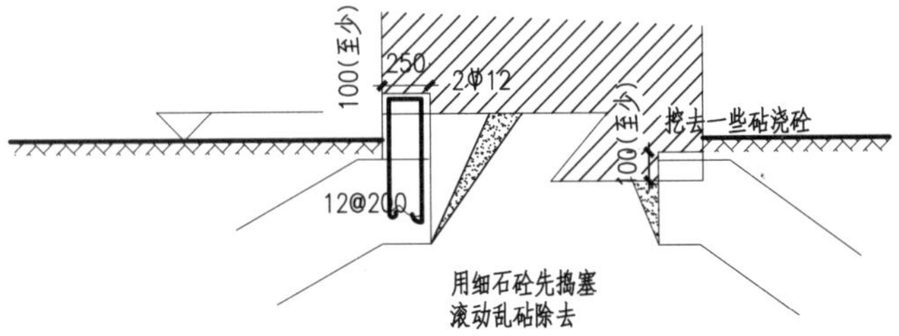

墩底有高低的处理示意

用细石砼先填塞松动混凝土除去

附注：
1. 砼#200，钢筋主筋为Φ一级钢，Φ为一级钢
2. 钢筋主筋保护层35净
3. 施工预留穿墙孔和螺钉或采支架，以防钢筋位移
4. 砼强度要求#200，另外考虑抗渗定夹
5. 墙顶平台完成之后，墙柱高工之前，对基础地基尚
6. 尚有一些具体细节要求木处理者另详
   有一些料技术要求木处理者由离工图补充之

壁筋 2 Φ16@150

平面图示意

90°全对面

附图 60 砼壳体结构图（一）

198

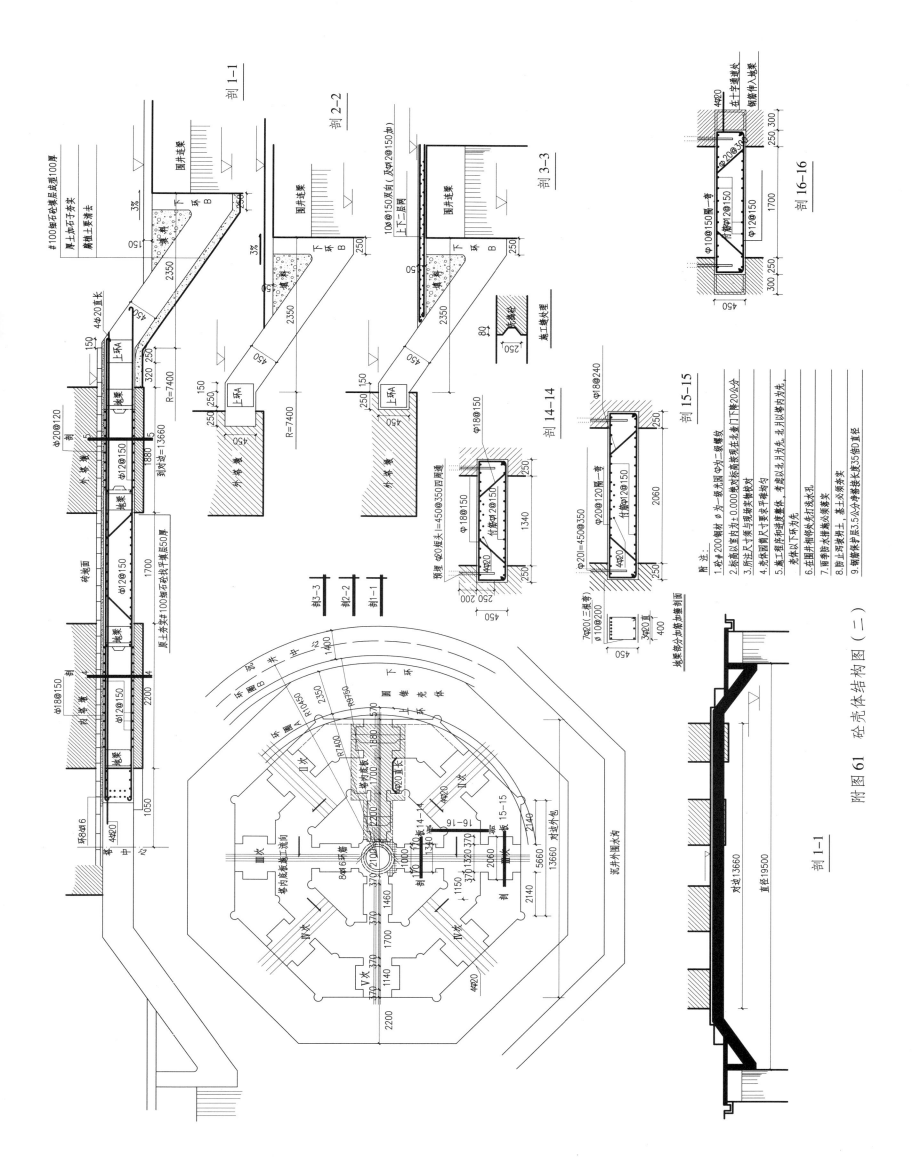

附图 61 砼壳体结构图（二）

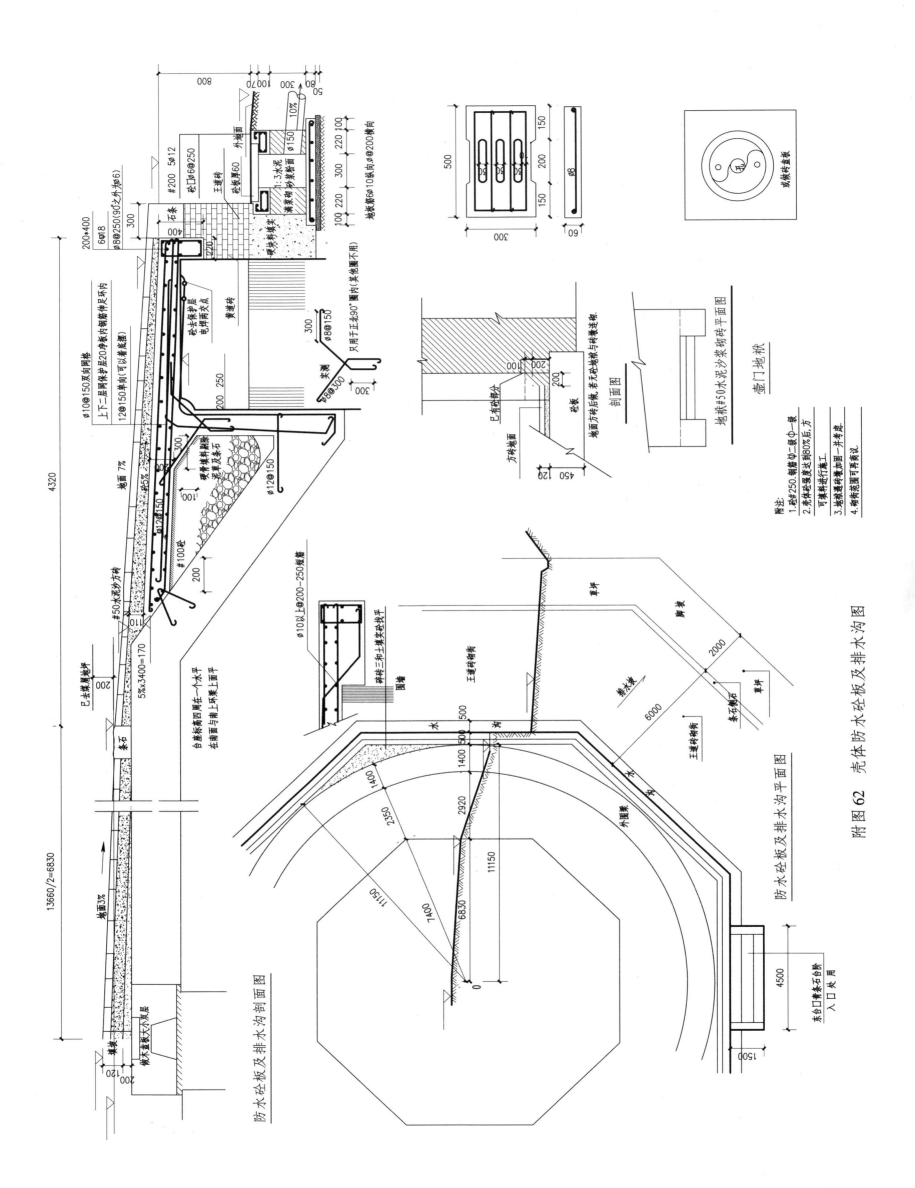

附图 62 壳体防水砼板及排水沟图

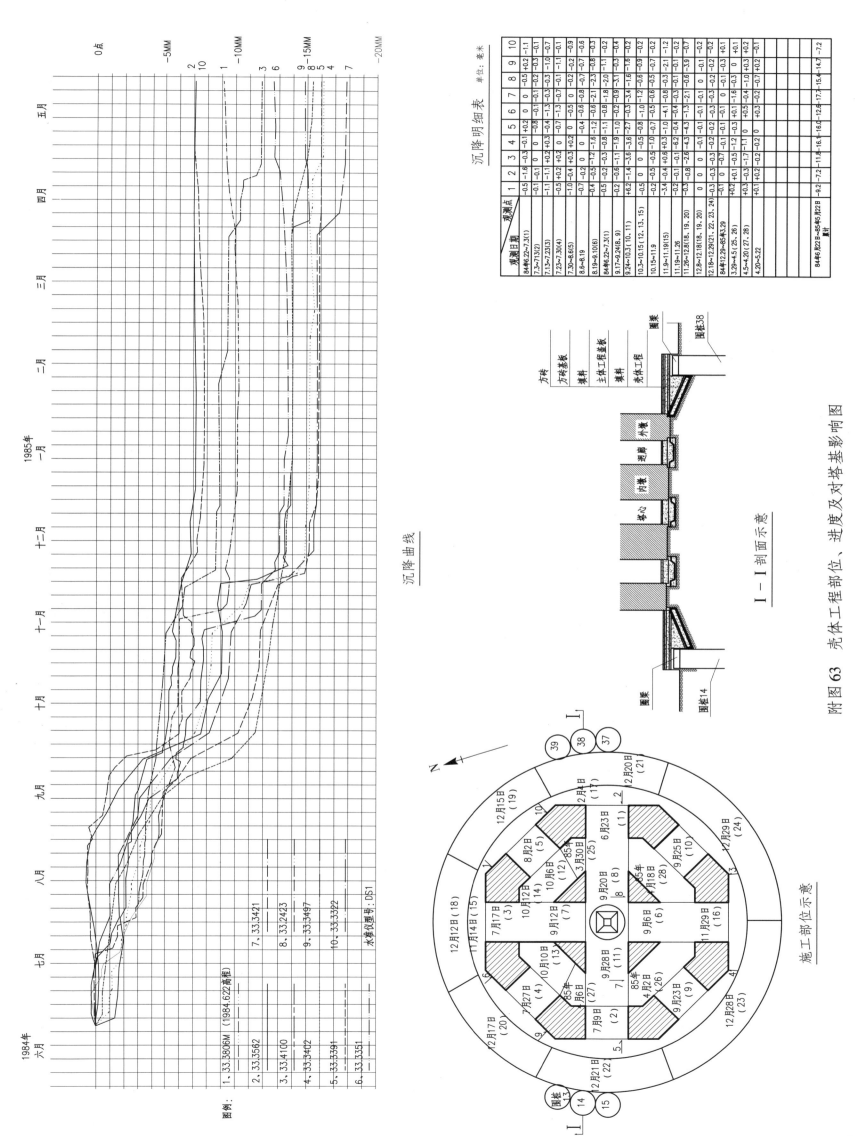

沉降明细表　单位：毫米

观测点 观测日期	1	2	3	4	5	6	7	8	9	10
84年6.22~7.3(1)	-0.5	-1.6	-0.3	-0.1	-0.1	-0.2	0	-0.5	+0.2	-1.1
7.3~7.13(2)	-0.1	-0.1	-0.1	0	-0.8	-0.4	-0.1	-0.1	-0.3	-0.1
7.13~7.23(3)	-1.1	-1.1	+0.2	-0.3	-0.4	-1.3	-0.7	-1.6	-1.0	-0.7
7.23~7.30(4)	-0.5	+0.2	+0.2	+0.2	0	-0.7	-0.5	-0.3	-0.3	-1.1
7.30~8.6(5)	-1.0	-0.4	+0.3	+0.2	0	0	0	-0.2	-0.2	-0.9
8.6~8.19	-0.7	-0.2	0	0	-0.4	-0.6	-0.6	-0.8	-0.6	-0.6
8.19~9.10(6)	-0.4	-0.5	-1.2	-1.6	-1.2	-1.2	-2.6	-2.3	-0.8	-0.3
84年6.22~7.3(1)	-0.5	-0.2	-0.3	-0.3	-0.8	-1.1	-1.8	-2.0	-1.1	-0.2
9.17~9.24(8、9)	-0.2	-0.6	-1.1	-1.9	-1.0	-2.2	-0.9	-3.4	-0.3	-0.4
9.24~10.3(10、11)	+6.2	-1.4	-3.6	-3.6	-2.7	-3.4	-1.2	-0.6	-0.9	-1.2
10.3~10.15(12、13、15)	-0.5	0	-0.5	-0.5	-1.0	-1.0	-0.8	-0.3	-0.7	-0.2
10.15~11.9	-3.4	-0.4	-0.6	-0.3	-1.0	-4.1	-0.9	-0.1	-2.1	-0.7
11.9~11.19(15)	-0.2	-0.1	-0.8	-6.2	-0.4	-4.3	-4.3	-0.6	-3.9	-0.2
11.19~11.26	-0.3	-0.8	-2.6	-4.4	-1.3	-1.3	-2.1	-0.1	-0.1	-0.2
11.26~12.8(18、19、20)	0	-0.3	-0.3	-0.3	-0.2	-0.1	-0.3	-0.6	-0.1	-0.2
12.8~12.18(18、19、20)	0	-0.1	0	-0.1	-0.1	-0.1	-0.3	-0.1	-0.1	-0.2
12.18~12.29(21、22、23、24)	-0.1	0	-0.1	-0.1	-0.3	-0.1	-0.1	-0.3	-0.3	+0.1
84年12.29~85年3.29	+0.2	+0.1	-0.1	-1.2	-0.1	+0.1	-1.6	-0.3	-1.0	+0.1
3.29~4.5(25、26)	+0.3	-0.3	-1.7	-1.1	0	+0.1	-0.5	-0.4	+0.3	+0.2
4.5~4.20(27、28)	+0.1	+0.2	-0.2	-0.2	-0.2	0	+0.5	+0.1	+0.3	+0.2
4.20~5.22										-0.1
累计 84年6.22日~85年5.22日	-9.2	-7.2	-11.8	-16.0	-12.6	-17.5	-15.4	-14.7	-7.2

I－I 剖面示意

施工部位示意

附图 63　壳体工程部位、进度及对塔基影响图

沉降曲线

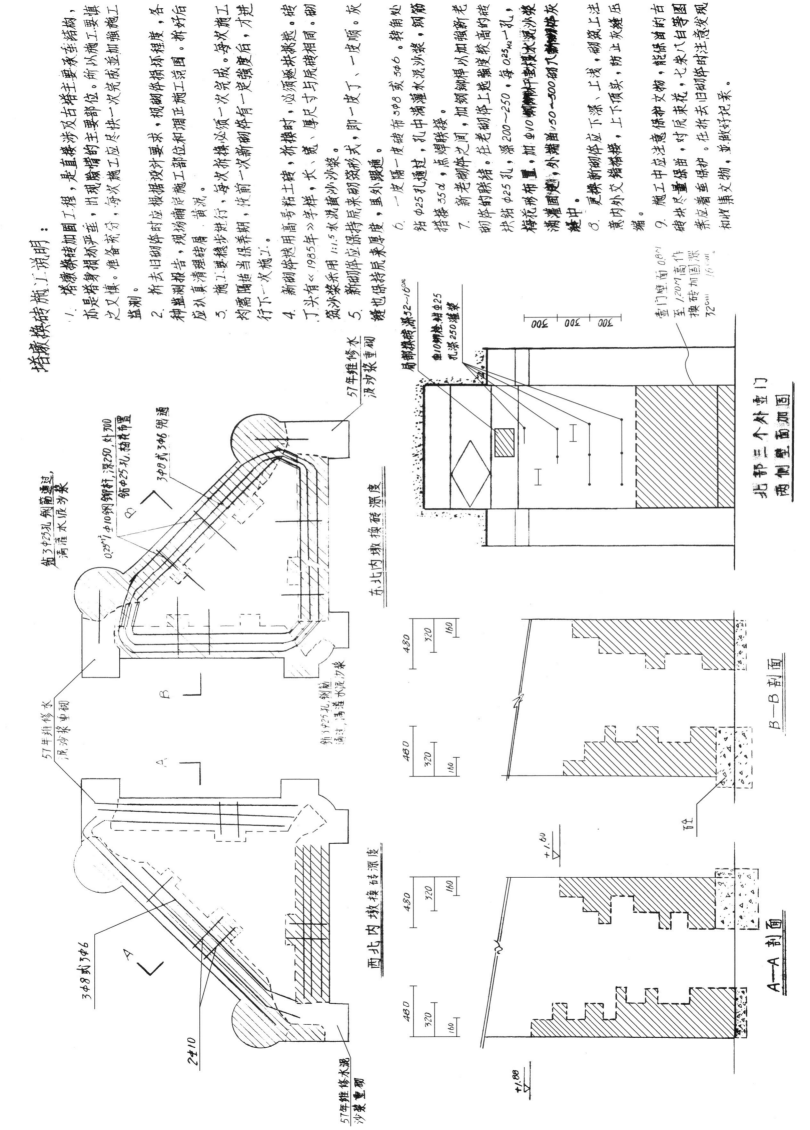

塔墩换砖施工说明：

1. 塔墩换接加固工程，亦是塔身损坏严重，是直接涉及古塔主要承重结构，亦是塔身损坏严重，出现换接的主要部位。所以施工要填之又慎。准备充分，每次施工应尽快完成一次换成并加强施工各种监测报告，现场换接时应随时施工部位和滴正施工范围。并好后应补算清理砖屑、黄泥。

2. 拆去旧砌体时应根据设计要求，规则拆损损坏程度，各种监测报告，现场换接逐步进行，每次拆换必须一次换成。每次施工料需随当保养期，待前一次砌换接有一定强度后，才进行下一次施工。

3. 拆换逐步进行，每次拆换必须一次换成。每次施工料需随当保养期，待前一次砌换接有一定强度后，才进行下一次施工。

4. 新砌体换用高号粘土砖，折换时。丁头有《1985年》字样，长、宽、厚尺寸与原砌砖相同。砌筑沙浆采用11.5水泥重沙浆。

5. 新砌体应保持尽来明滚彩形式，即一皮丁，一皮顺。灰缝也保持尽来厚度，重孔暖通。

6. 一皮隔一皮砖用3φ8或5φ6，搭角处钻φ25孔通过，孔中满灌水泥沙浆，点焊联接。搭接35d。

7. 新老砌体之间，加钢钢焊从加强联接新老砌体的砌体的联接。在老砌体上翘接校高的砖拱形φ25孔，深200～250，每0.25m²一孔，梅花形布置，加φ10蝴蝶扒接技水泥沙浆满灌固实，外端筋150～500砌入新砌砖灰缝中。

8. 更换新砌体应下深、上浅，砌筑上注意内外交保护文物，能保留的古砖拱尽量保留，村后来灰、七来八自目零图来应着尽量保护。在拆去旧砌体时注意发现和补集处理，并做好记录。

9. 施工中应注意保护文物，能保留的古砖拱尽量保留，上下顶来、防正死缝的端。

东北内墩换砖深度

西北内墩换砖深度

57年维修水泥浆单砌
57年维修水泥沙浆单砌

A—A 剖面

B—B 剖面

北郭三个村壶门两侧壁面加固

附图 64 塔墩换砖加固工程图（一）

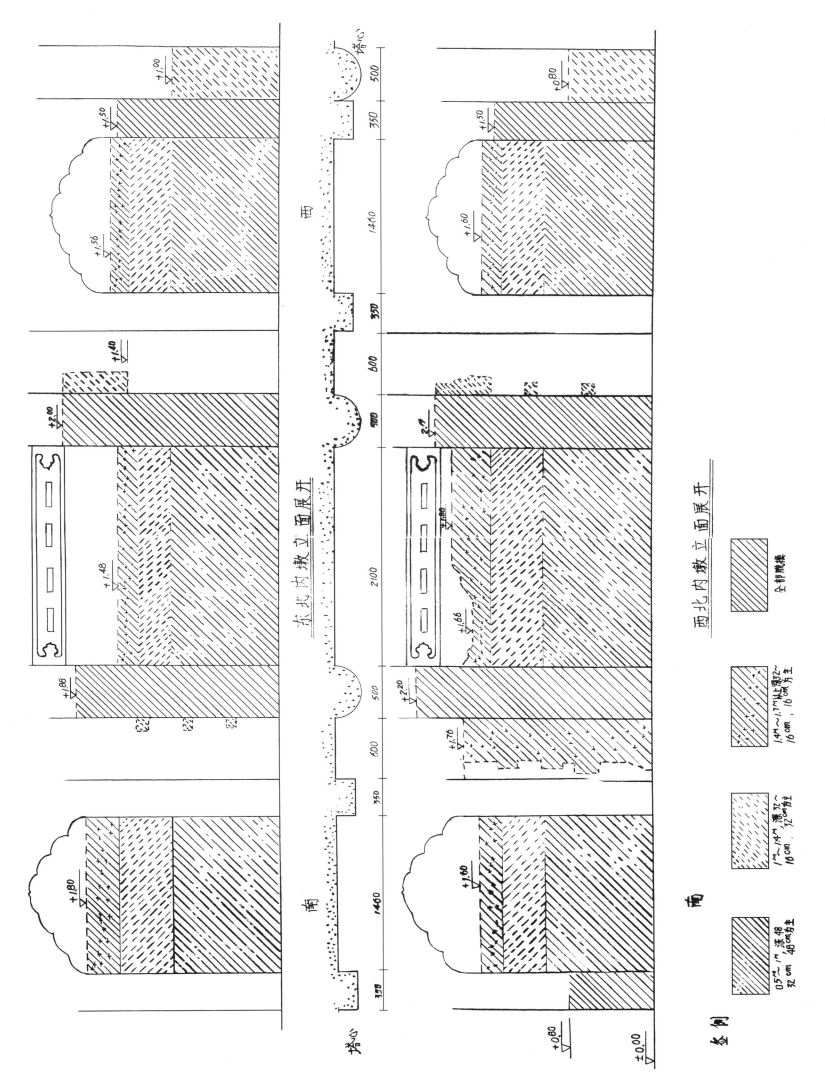

东北内墩立面展开

西北内墩立面展开

西

南

南

图例

全部拆换

14㎝~1.7㎝以上深2~16㎝, 16㎝为主

1㎝~14㎝深2~16㎝, 12㎝为主

0.5㎝~1㎝深48, 32㎝, 48㎝为主

附图 65 塔墩换砖加固工程图（二）

203

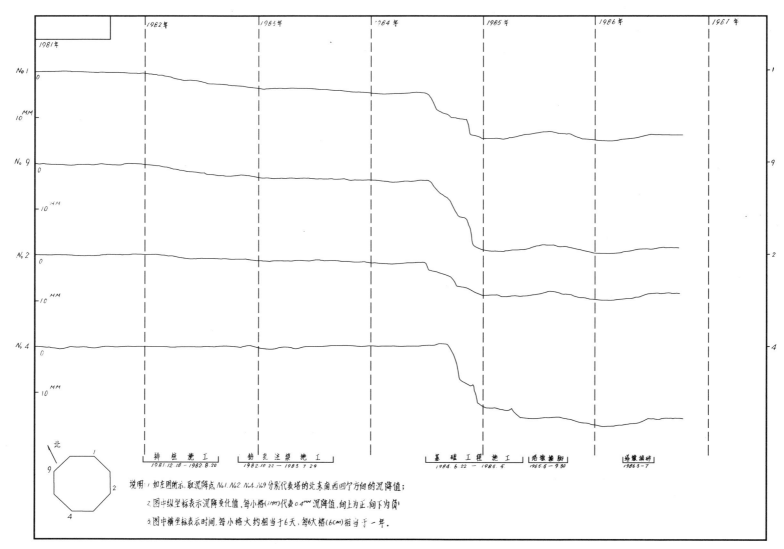

附图 66 沉降测量曲线图

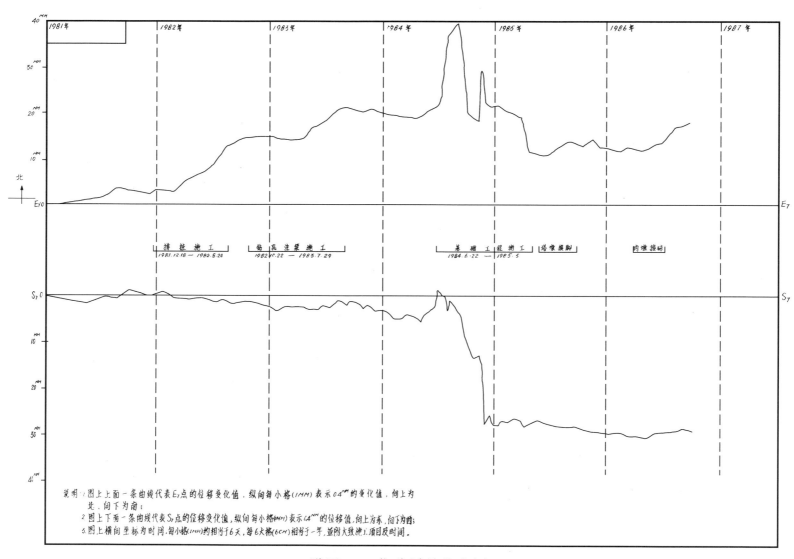

附图 67 位移测量曲线图

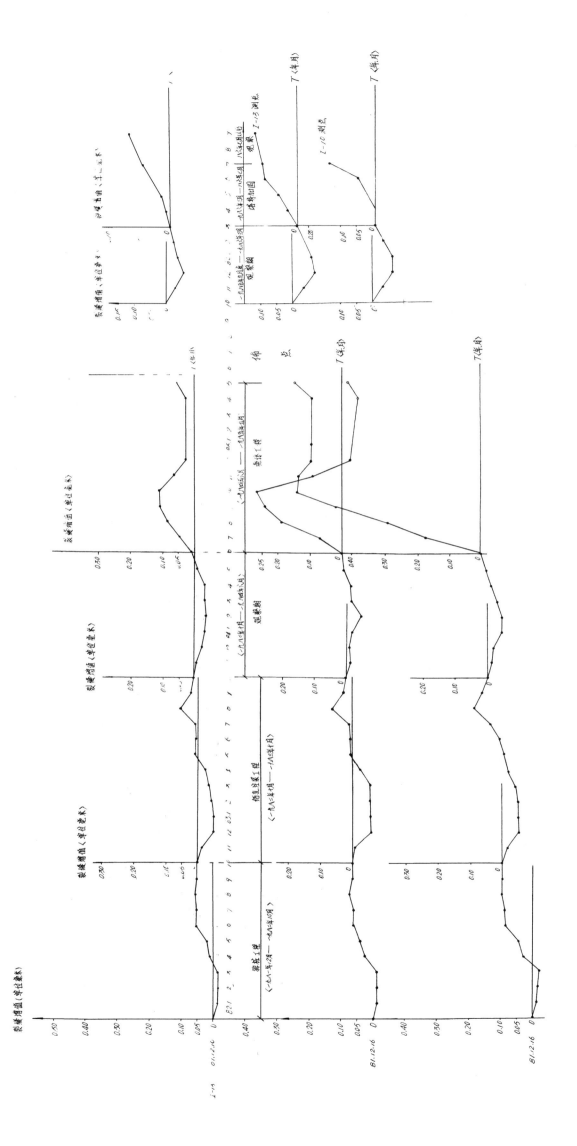

附图 68 裂缝增值——时间曲线 (1981.12-1986.9)

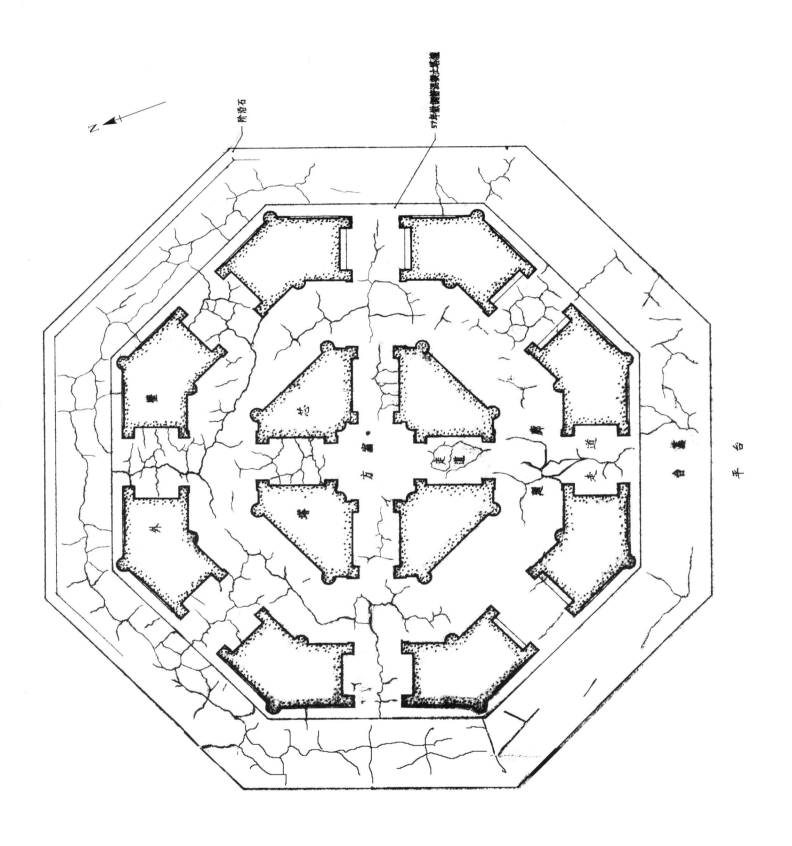

附图 69　底层平面裂缝图

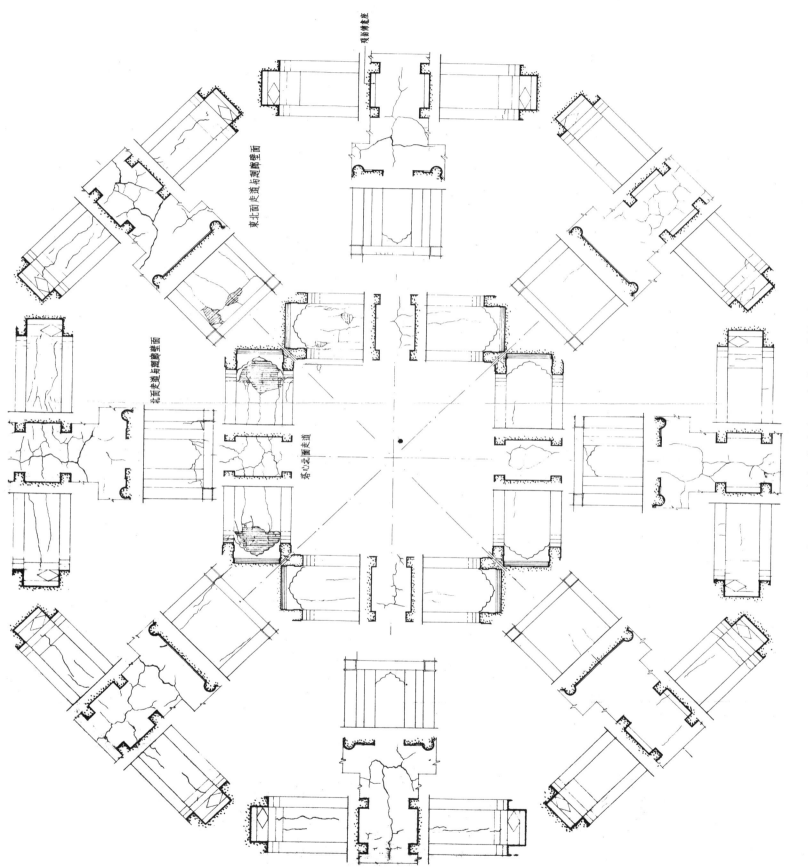

附图 70 底层夹廊与回廊壁面裂缝图

附 录

苏州虎丘塔变形与保护研究（选编）

苏州科技学院

苏州市勘察测绘院

苏州市区文物保护管理所

一、引言

1.1 概述

《苏州虎丘塔变形与保护研究》项目由苏州市社会发展基金资助，项目编号 SS9927。2000 年 1 月开始实施，现已完成原定目标。

以往对虎丘塔的保护研究主要在形制、结构、材料等方面，而对古塔的变形观测、监测效果的评价、监测数据的处理和分析、季节性因素对观测结果的影响、塔的变形特征等方面研究较少，目前尚未看到有进行深入研究的报告，研究水平总体还处于一个定性分析阶段。课题对虎丘塔原有监测系统进行了整体评价，采用实用的数学模型，结合辅助资料，对虎丘塔的变形进行了系统地定性、定量分析，研究了虎丘塔的监测周期和变形特征，对虎丘塔的监测和保护方案提出了建议。选用预测模型并结合近几年的观测资料，对古塔今后的变形趋势进行了判断，为进一步进行虎丘塔监测预警系统研制打下基础。

苏州虎丘塔的研究具有普遍意义，其研究成果同样适用于其他古塔的保护研究，在很大程度上也适用于其他古旧建筑物的变形研究。

二、国内外古塔的保护和研究观状

2.5 苏州虎丘塔

2.5.2 研究现状

1983 年，同济大学陈龙飞教授根据当时的监测资料对虎丘塔进行了初步研究，指出塔体的倾斜在继续发展，塔基沉降量为每年 0.2 ~ 0.7 毫米，塔顶向北偏东的位移量为每年 1.5 ~ 3 毫米。

以后，钱玉成对虎丘塔的历史沿革、建筑风格、塔体的倾斜情况进行了研究。

自 1979 年以来，对虎丘塔的监测从未间断，获得了大量的观测数据。自 1986 年 10 月虎丘塔维修加固工程竣工，至今也有16年之久，此前尚未对虎丘塔加固后的情况进行综合性评价和整体性研究。本研究以1985年底以来的各类观测数据为基础，参考以往对虎丘塔的研究结果，对虎丘塔的加固工程进行评价，建立了数据处理模型，对计算机结果进行了分析，并预测了未来虎丘塔的变形情况。

通过这项研究，希望能够总结多年来各方面对虎丘塔的研究结果，并在大量观测数据处理和分析的基础上提出对虎丘塔的安全性评价和保护建议，为虎丘塔这一著名古建筑的研究提供至今为止较为全面的资料，为研究和保护虎丘塔作出贡献。

2.5.3 监测系统

1979年9月，由江苏省建筑设计院建立了虎丘塔变形测量监测系统，该系统初建时有导线网，固定观测台，并进行了近景摄影测量，以后观测点位逐渐增加，最多时各类观测标志近百个。自1980年起，变形监测由同济大学进行了三年，1982年及以后转由苏州市修塔办公室继续观测，1995年由苏州市勘察测绘院观测至今。目前仍在使用的观测系统为：

1）塔体水平形变观测（图一）。在塔体东、南两边设强制对中观测台二座，图三、图四所示照片分别为东观测台（E点）和南观测台（S点），以及相应的2号、10号方向作为初始目标的观测墩二座（钢架结构），观测目标16个（包括塔顶避雷针在内及七层塔身每层的E方向和S方向各1个），标志为埋入塔身的刻有十字线的大理石，采用可用于一等角度测量的精密经纬仪T3进行观测，用于求取塔身的挠度变化。

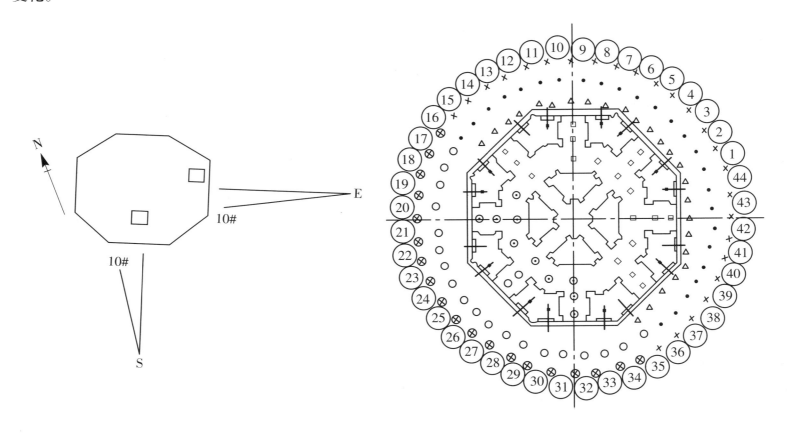

图一　塔体水平形变观测示意图　　　　　　图二　桩排式地下连续墙平面图

2）地表塔基沉降观测。虎丘塔为双筒式结构，外筒和筒外地坪处分别各设固定水准观测点4个，塔心一个，共有9个固定水准观测点。水准标志分别埋设于第二次塔基加固时重新灌浇的塔体承托底板和连续墙上方的钢筋混凝土管桩内，整个浇筑塔基由多根钢筋连成一体，与地下岩体相接，其中BM点设为起始工作基点。标志为埋至地下岩体的铜质或瓷质标志。

3）底层塔壁沉降观测。设固定观测点22个，标志为固定于底层塔壁的小钢尺。用于监测塔壁的沉降。

4）塔体层面倾斜观测。在每层塔的东南西北四个方向各布设有一固定水准点，2~7 层共有 24 个点位，用于监测该层面的倾斜变化。

5）塔顶高度观测。用以监测塔顶高度的变化，以了解塔体受温、湿度影响的程度。

以上 2~4 项内容在 1995 年前均采用 SD1 水准仪，在 1995 年后采用莱卡公司（Leica）的 NA2 水准仪进行（上述仪器均用于二等水准测量）。1、5 两项观测内容采用 T3 经纬仪实施。

观测基本按规范要求定时、定人、定仪器进行，根据施工对塔体的影响情况，观测周期在十年来有所变化，从施工结束后的每月一次到后来的每季度一次，目前为每半年一次。

图三　虎丘塔东观测站　　　　　　　　　　　图四　虎丘塔南观测站

三、塔基稳定性分析

3.2 地表塔基垂直形变分析

地表塔基沉降观测是虎丘塔监测系统的主要内容，用于测量塔基的沉降情况。共设固定塔基水准点 9 个，分布于虎丘塔的外塔、墩间壶门中和壶门外台基上的东南西北四个方向及塔心（图五），塔体之外北东方向的 BM 点为该组水准点的工作基点，各点高程均相对于该点而言。水准标志埋设于 1985 年塔基加固时重新灌浇的钢筋混凝土之内，为铜质或瓷质标志。

将各点高程（相对于 BM 水准点）各期观测的变化值绘制成点位变化曲线，可以对 16 年来的点位变化情况进行分析。

由于 D4、D2 两点分别位于塔体南、北两端的塔外圈的地基之上，BM 点位于塔体之北，而塔体南、北地基土的厚度差异最大，因而如果有垂直形变的话，D4、D2 与 BM 点之间应最能反映出其高差变化。下面仅以此两点为便进行分析。

图六为位于塔体外圈的 D2 水准点的垂直形变图。由图可见，在 1985 年至 2000 年的 117 次观测中最大累差在 1.5 毫米左右，其中包括 1991 年 7 月 15 日至 8 月 16 日期间的一次数量达 1 毫米左右的"突变"。在此次"突变"之前的 6 年期间，曲线仅在 0.7 毫米之间变化，在"突变"之后的 9 年间，曲线的变化范围在 1.1 毫米内。

图六 B、C 对"突变"前后的形变观测值分别进行了线性拟合，可以看出，其拟合直线基本水平，其斜率值很小（分别为 0.003 和 0.0005），表明 16 年来该点相对工作基点基本是稳定的，曲线的上下波动

是观测误差和观测值的季节性变化所致。

位于塔体外圈的其他 3 个水准点均有类似图形（图七、八），这些点均位于塔基的桩排式地下连续墙内。1991 年 7 月 15 日至 8 月 16 日正好是苏州地区发生历史上罕见的洪水期间，苏州地区连降暴雨，雨水的冲刷带走虎丘山顶的泥土，致使塔体的东北面土体沿倾斜岩面下滑，地面出一裂缝，似有小范围基土蠕动迹象。当时的气象因素引起了这些点的整体微量下沉，造成了前面提到的"突变"。

对塔心水准点"突变"前后的观测值分别进行了线性拟合和多项式拟合，其中多项式拟合方程为：

$$y = -0.0041x^3 + 24.711x^3 - 49383x + 3E + 07。$$

与 D2 相比，位于塔体内圈的 D6 及其他 3 个水准观测点均无该"突变"现象（图九、十），D6 点观测曲线在 1.3 毫米之内波动，主要反映了观测误差和观测值的季节性变化。只有 D8 水准点波动范围达到 1.5 毫米，多项式拟合结果为 $y = 0.0016x^2 - 6.4442x + 6458.4$。

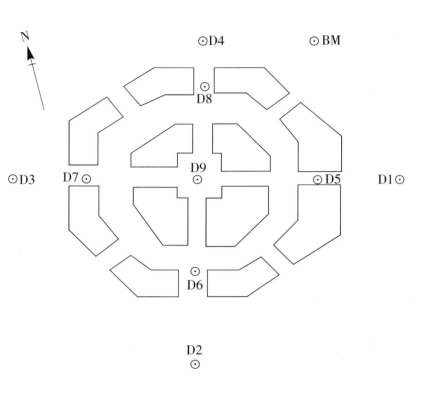

图五　虎丘塔地基水准点分布示意图

综上所述，塔基水准观测的工作基点相对其参考点基本稳定，塔基各观测点相对工作基点总体看无明显变化，推论各观测点之间亦无相对变化。多年的观测资料证实 1979 ~ 1985 年之间的塔基加固工程是非常成功的，加固后的塔基已成一体，没有不均匀沉降现象，可以认为，影响虎丘塔倾斜的主要因素之一的塔基问题已基本解决。

四 、塔体水平形变观测数据处理与分析

4.1 概述

塔体的水平形变观测是虎丘塔监测系统的另一主要内容，主要用于求取塔身的水平方向的位移。

在虎丘塔的东、南两面分别设强制对中观测台一座（E 点及 S 点）及相应的 2 号、10 号观测墩（钢加结构）作为角度观测的初始目标。采用 T3 经纬仪观测塔体的 16 个目标，用于求取塔身的挠度变化。挠度观测在工程测量中属视准线法里的测小角法，即利用精密经纬仪精确测出初始方向与目标方向之间的小角度。

在虎丘塔变形监控观测过程中，从仪器、观测人员、观测环境等方面，都不可避免地会产生各种误差（或称干扰）。观测误差的来源十分广泛，虎丘塔的监测基本是按定人、定仪器、定时间、定点的观测要求，这时的误差主要来自温度、雨量等环境因素的影响。为了避免把测量误差作为真正的变形信息，必须从含有误差的观测值中滤去误差，分离出真正的变形信息。由于塔体的实际变形很小，有时甚至与观测误差具有相同的数量级，这给减弱和消除干扰误差的研究带来一定困难。此外，由于观测数据中经常含有粗差，因此还必须对数据进行筛选，以保证观测数据的正确性。

A

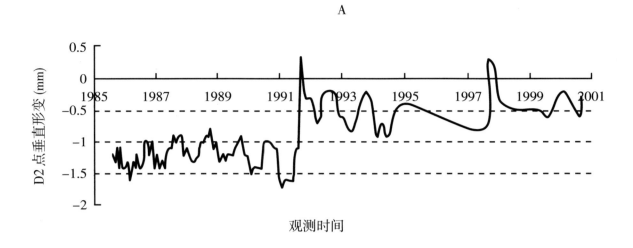

观测时间

B

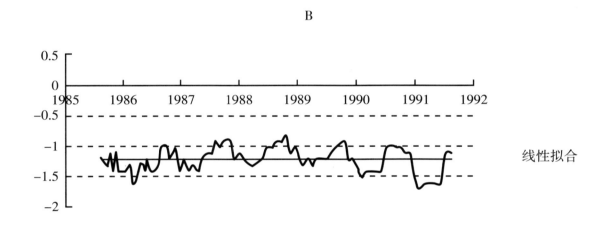

线性拟合

C

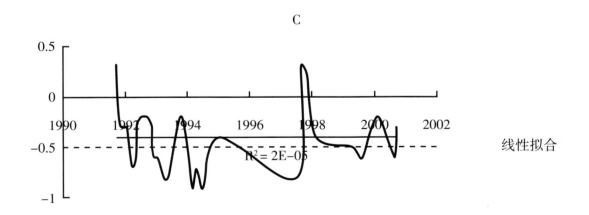

线性拟合

图六　D2 点垂直形变与线性拟合

A. 观测值　B. 1992 年前数据拟合　C. 1992 年后数据拟合

A

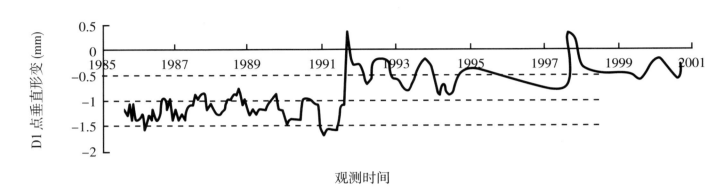

B

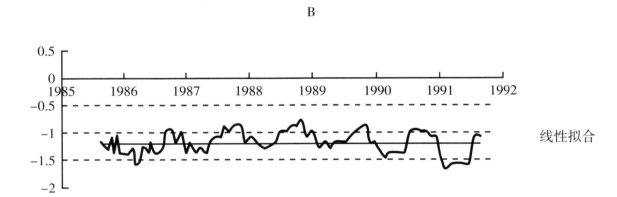

线性拟合

C

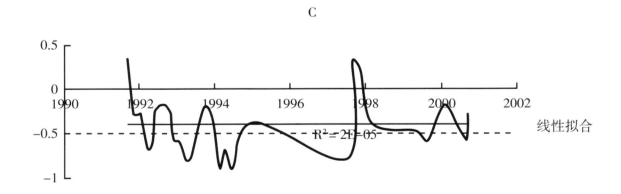

线性拟合

图七　D1 点垂直形变与线性拟合

A. 观测值　B. 1992 年前数据拟合　C. 1992 年后数据拟合

A

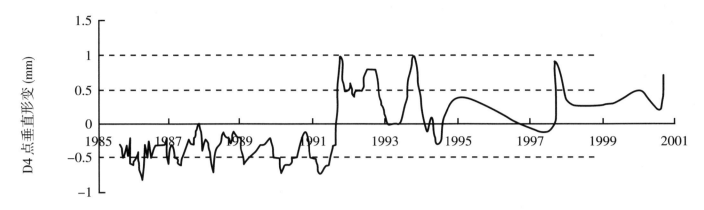

B

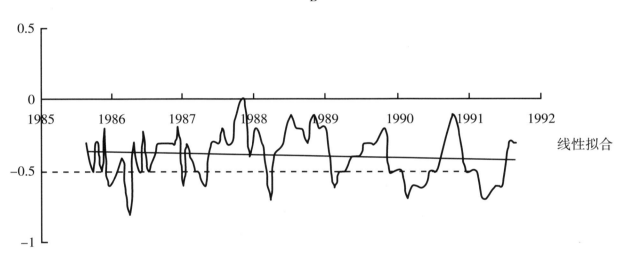

线性拟合

C

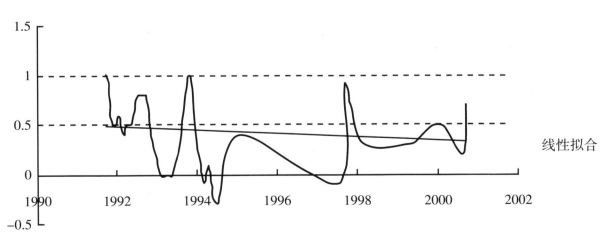

线性拟合

图八　D4 点垂直形变与线性拟合

A. 观测值　B. 1992 年前数据拟合　C. 1992 年后数据拟合

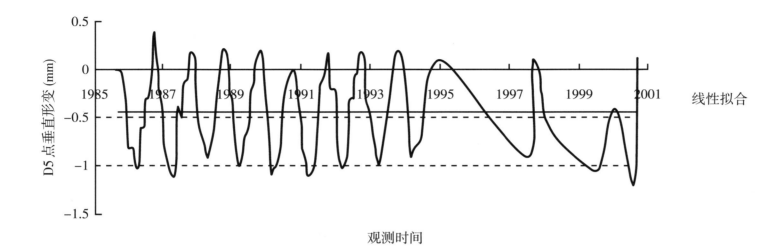

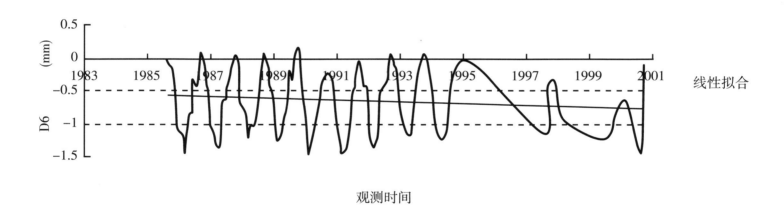

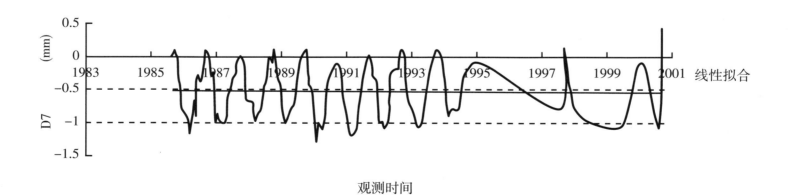

图九 D5、D6、D7 点垂直形变与线性拟合

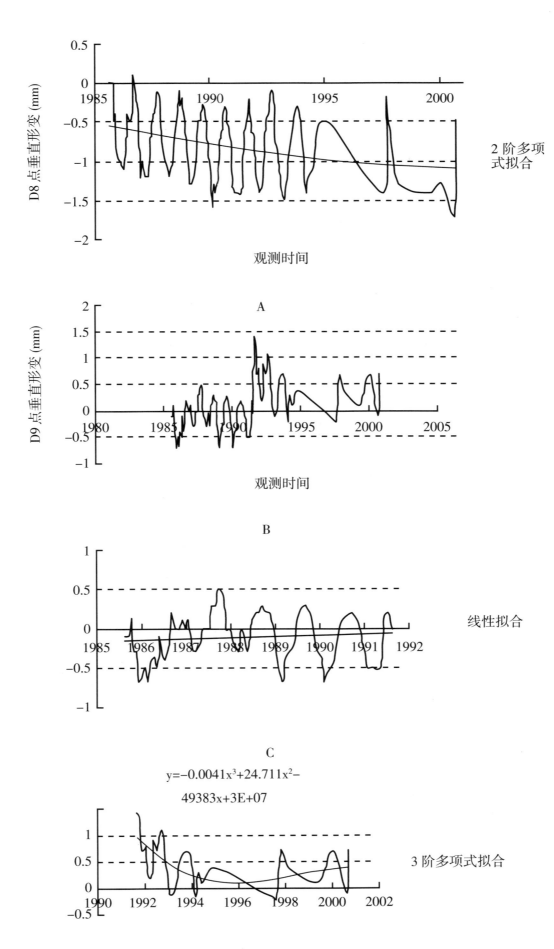

图十　D8 和 D9 点（A、B、C）垂直形变与多项式拟合

A. 观测值　B. 1992 年前数据拟合　C. 1992 年后数据拟合

五、塔体水平形变的模拟与预测

5.1 变形预测的方法

建筑物的变形与许多因素有关，例如建筑物的基础地基状况，建筑物本身的形制结构和物质构成、建筑材料的种类及其徐变和裂隙节理、日照、降水、生物干扰及风荷载等，建筑物的变形预测也与这些因素有关。目前常用的变形预测方法有两种：

（1）确定函数法。该法利用变形体的物理性质，材料的力学性质，以及应力——应变间的关系来建立变形的预报模型。和前一种方法相比，它不需要用到过去的观测资料，因此有"先验"的性质。确定函数法需要知道变形体的物理性质和力学性质，由于此法一般采用"有限元法"计算，计算量比较大。

（2）统计分析法。该法是通过分析所观测的变形和外因之间的相关性，来建立荷载——变形之间关系的数学模型。统计分析法利用过去的变形观测数据，因此具有"后验"性质。统计分析不需要知道变形的物理特性，利用大量的观测数据，建立数学模型，经过有关检验，如统计实验，模型显著成立，再应用到实际，随着计算机硬件和软件的发展，这种方法变得常用且不难实现。

虎丘塔的监测已有二十年，积累了大量的观测数据，表现一定的规律，因此可以用统计分析法进行建模计算。

由于影响塔体形变的因素较多，有些因素未确定，统计分析法中的时间序列预测方法不考虑其他众多因素，仅研究预测对象的变化对时间的关系，根据观察对象的变化特征，以惯性原理推测其未来状态。这种方法常用在变形是"动态"式的情况，例如桥梁在动荷载作用下的振动，高层建筑物在风力、温度作用下的摆动，地壳在引潮力、温度、气压作用下的变形等，这类变形的特点是具有周期性，一般采用连续的、自动的监测装置，所得到的是一组以时间为坐标的观测数据。在变形分析时，变形的频率和幅度是主要的参数［陈永奇，1998］。

统计分析法中的回归预测法是研究预测对象与某些因素的相互关系（包括时间，但这里的时间不一定是等间隔的），抓住预测对象变化的实质因素，因而预测结果较可信。实际上，预测对象与外部因素有着密切而复杂的联系，每一个观测数据都可能反映了当时许多因素综合作用的结果，而全部数据则反映了外部因素综合作用下预测对象的变化过程。

虎丘塔的变形既具有变形的空间特性（趋势性），也具有变形的周期性，同时也受到观测时刻各种因素的综合影响。

本文方法将回归分析法和时间序列预测法相结合，建立回归模型后再作外推预测，这样使得预测对象仅与时间有关，是对外部因素复杂作用的简化，从而使预测的研究更为直接和简便，同时也解决了虎丘塔部分监测数据不等间隔的情况（因用于时间序列的数据为在单纯的时间序列和预测模型里，一般要求时间变量为等间隔）。

5.3 塔体的变形预测

由于虎丘塔第 5、7 及塔顶层具有比较明显的水平形变，且观测数据完整（南测站第 6 层数据缺失较多），故分别将观测期数一致的已测数一致的已测观测值及观测时间分别代入线性回归和周期性回归模型，计算得到了观测值的估值，同时对各组数据进行了 F 检验和相关系数计算（下节论述），所得结果列入表 5。

表5 虎丘塔水平形变预测模型系数表

	系数估值	东1层	东5层	东7层	南塔顶层（避雷地）	南5层	南7层	南塔顶层（避雷地）
线性部分系数	b_0		− 995.524	− 1258.2	− 1493.3	− 547.3527	− 945.4340	
	b_1		0.4876	0.6	0.8	0.2646	0.4610	
	R^2		0.6870	0.6534	0.6699	0.6888	0.6612	
	F		237.064	203.5923	219.1812	239.0379	210.7459	
周期部分系数	b^0	3.9013	− 0.1594	− 0.2458	− 0.9235	− 0.1803	0.5378	− 32.4193
	a^1	− 0.2786	0.0716	0.4065	2.1253	0.6877	− 0.4888	− 1.0793
	b^1	− 0.0243	− 0.3469	− 0.5986	− 0.5383	− 0.0836	− 0.5225	0.5309
	a^2	0.2108	− 0.2774	− 0.5824	− 1.7403	− 0.4768	0.4872	1.0210
	b^2	0.0394	0.4510	0.7500	0.5182	− 0.0911	0.0644	− 0.3023
	a^3	− 0.1478	0.4709	0.7627	1.8782	0.2975	− 0.2416	− 0.3574
	b^3	− 0.0362	0.0360	0.0037	0.5764	0.0254	− 0.0956	− 0.2350
	a^4	0.1800	0.2671	0.3543	− 0.0023	− 0.1610	0.0679	− 0.0316
	b^4	0.2566	0.5513	0.7602	0.6362	0.0769	0.2330	0.4116
	a^5	− 0.5375	− 0.8615	− 0.8908	− 0.4331	0.4458	0.9552	− 1.9860
	b^5	− 0.4011	− 0.3337	− 0.2895	1.2332	0.6116	− 0.6713	− 1.3299
	a^6	− 0.0730	− 0.3680	− 0.3152	0.0947	0.3004	0.4595	0.9917
	b^6	0.1512	− 0.0865	− 0.1728	− 1.4130	− 0.3361	0.3881	0.6220
	a^7	0.0499	0.2242	0.3555	− 0.2105	0.0494	0.0758	0.3730
	b^7	− 0.2559	− 0.1127	− 0.0692	0.6052	0.1605	− 0.0769	0.0438
	a^8	− 0.1270	− 0.5177	− 0.7689	− 0.4491	− 0.0650	− 0.2129	− 0.3339
	b^8	0.0907	− 0.2634	− 0.2565	− 0.2693	0.0597	0.3261	0.5458
	R^2	0.5481	0.6681	0.5956	0.4453	0.3571	0.5134	0.6763
	F	8.1632	11.6980	8.5597	4.6671	3.2286	6.1328	12.1447

将线性及周期性的回归计算结果绘制成图（图十一～十七）。图中绘制了观测值曲线、回归曲线以及二者的残差曲线，其中的回归曲线即是对虎丘塔观测值进行的模型，由图看出，模拟曲线与观测曲线拟合效果良好，表明回归模型可以比较准确地模拟虎丘塔16年来发生的水平形变情况。在此基础上，就可以利用此模型对以后的观测值进行模拟（预测）。将未观测过的2001～2003年（按每年二期）的观测时间代入回归模型，得到虎丘塔2001～2003年的预测值，图中2001年以后的曲线为预测曲线。

由图形看出，东1层在未来两年中将保持稳定，无水平形变发生。东5层的回归效果很好，回归曲线与观测曲线吻合得相当好，所求残差也小，其F检验值也几乎是最高的。反映了预测模型的效果是理想的。图形显示，到2003年东5层的水平形变将继续发展，与2000年同期相比水平形变量将上升2毫米。同一时间段内东7层将上升2.3毫米，东顶层将上升1.6毫米（表6）。

表6			虎丘塔水平形变预测值			
预测日期 年月日	东第五层 （mm）	东第七层 （mm）	东塔顶层 （mm）	南第五层 （mm）	南第七层 （mm）	南塔顶层 （mm）
2001.01.28	19.9308	25.3079	28.7029	−17.3643	−22.5331	−34.9825
2001.0.801	18.5322	23.2254	26.4813	−17.4404	−22.5637	−34.4478
2002.01.28	18.4948	25.8888	−17.4465	−17.4465	−22.2226	−33.3271
2002.08.01	20.1887	27.5795	−17.4577	−17.4577	−22.2126	−33.1418
2003.01.28	21.4692	29.309	−17.31	−17.31	−22.2189	−33.3144
2003.08.01	21.78	30.3143	−16.9335	−16.9335	−21.5892	−32.5471

南5、南7层的情况类似，在2001～2003年期间预测无明显水平形变，与东测站相比，总体上升量很小，反映出了虎丘塔体主要是向北倾斜的现状。南顶层（避雷针）的观测值波动较大，总体趋势性不明显，预测水平形变量为0.9毫米。

上述预测值中虽然不可避免地会包含因季节性引起的变化，但与观测值相比，经过数学处理，季节性因素的影响已大大降低。

需要指出，利用上述回归模型地未来观测值进行上推，必须限定在一定时间段内，否则预测误差不断增大，其预测效果将会降低。但可采用滚动预测方法连续对未来进行预测。

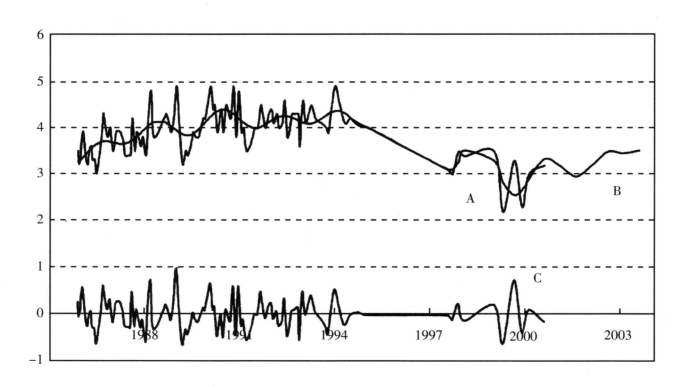

图十一　东测站塔身第一层水平形变预测
A　观测曲线　B　预测曲线　C　残差曲线

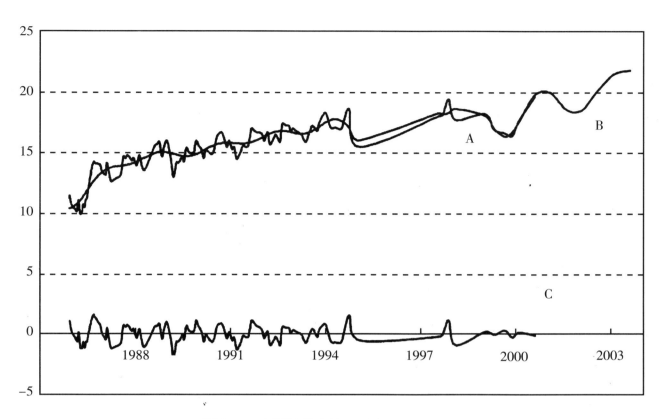

图十二　东测站塔身第一层水平形变预测

A　观测曲线　B　预测曲线　C　残差曲线

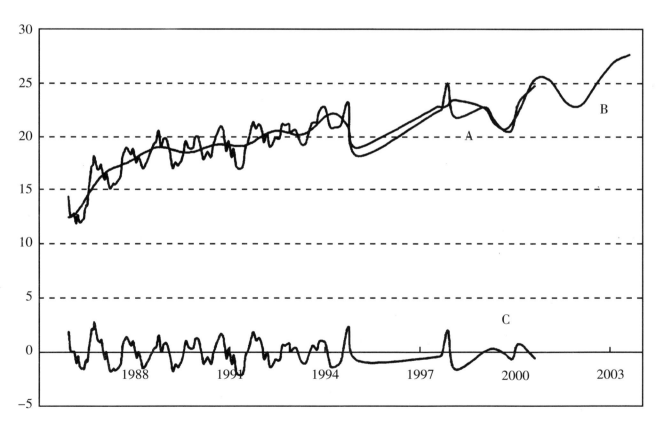

图十三　东测站塔身第一层水平形变预测

A　观测曲线　B　预测曲线　C　残差曲线

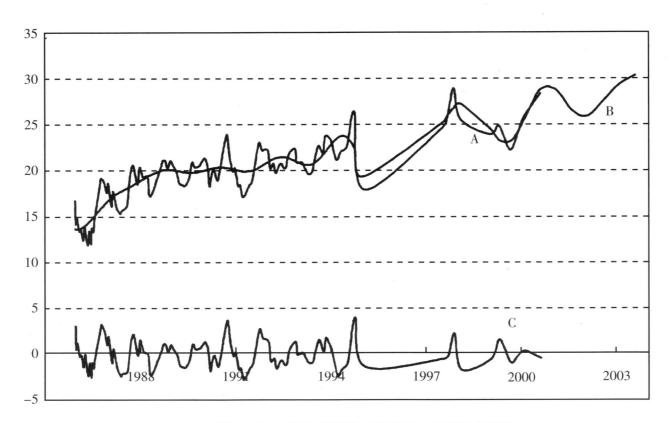

图十四　东测站塔顶层（避雷针）水平形变预测

A　观测曲线　B　预测曲线　C　残差曲线

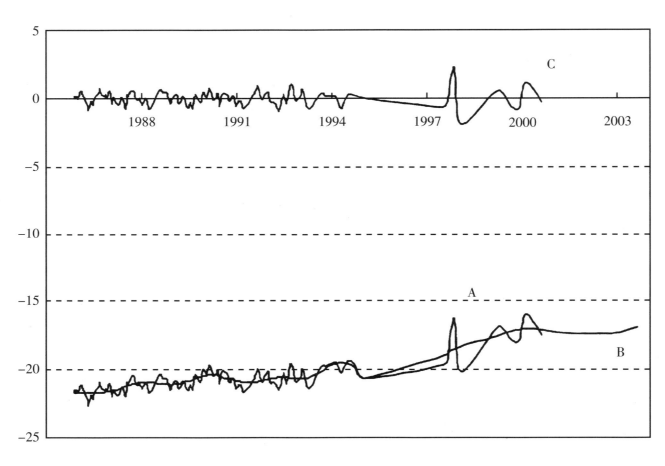

图十五　南测站塔身第五层水平形变预测

A　观测曲线　B　预测曲线　C　残差曲线

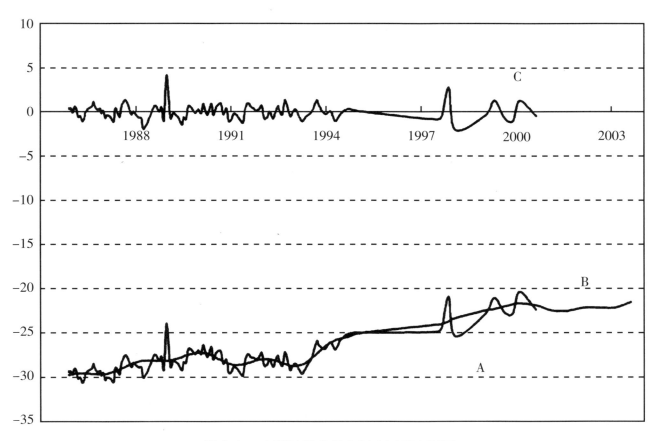

图十六　南测站塔身第七层水平形变预测
A　观测曲线　B　预测曲线　C　残差曲线

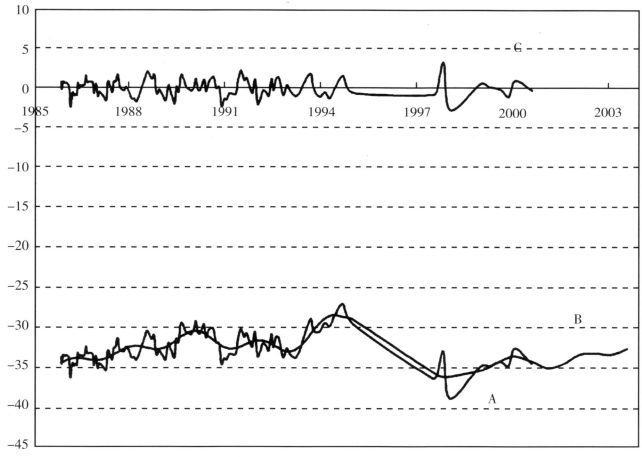

图十七　南测站塔顶层（避雷针）水平形变预测
A　观测曲线　B　预测曲线　C　残差曲线

六、倾斜原因及其分析

6.1 倾斜原因分析

6.1.1 倾斜原因

几个世纪以来，比萨斜塔倾斜的原因一直是人们关注的问题，各种解释众说纷纭，莫衷一是。有人说是建塔施工中的精确度偏离了设计方案造成的，有人认为是设计本身的问题。进入 20 世纪后，"地基原因"说逐渐占了上风。这种解释认为，比萨斜塔重达 14553 吨，而地基土主要由黏土和砂土组成，地基难以平衡地承受，因此导致了倾斜。1817 年，两名英国的研究者在这方面提出了令人信服的研究报告，"地基原因"自此开始广泛地被人们认识和接受。

从测量情况来看，斜塔在建造到第 2 层完工时就开始倾斜，第三层造到一半时，倾斜明显，当时的高度只有 10.6 米。在第 4 层至第 7 层之间塔中心略微向北倾斜。使比萨塔倾斜的原因是，塔基下面软土中的沉积物使地基层由南向北变薄而引起的，当塔建到第 4 层至第 7 层时，塔基下面的土层开始出现问题，多年的倾斜，导致了比萨塔现在的情况。

据报道导致大雁塔倾斜的原因主要有二：其一是古塔自身因素如材料结构整体性较差，塔的基础处理不太均匀以及防水排水不良；其二是长期以来缺乏良好的文物保护环境，特别是自六十年代起过量开采地下水，引起地面大范围的不均匀沉降，加速了古塔的倾斜。

比萨塔和大雁塔的倾斜研究对虎丘塔的倾斜研究具有参考意义。

首先我们可以排除大面积地面沉降对虎丘塔倾斜的影响。苏州市近年来虽有大面积地面沉降发生，但由于虎丘塔的基础是在基岩之上，因此地下水开采引起的地面沉降对此并未造成明显影响［袁铭，2001］。

对虎丘塔的倾斜原因，主要有两种说法：

1）复土层滑动

虎丘塔周围地面，西南高，东北低。由于大气降水，形成向东北方向的地面径流，渗流到土层中的水流，带走了填土层中的细颗粒，致使土体孔隙增大，有些地方完全像块石垫层一样，土体的流失使得塔基下的复土层有可能沿倾斜的基岩面向北东方向滑动，导致虎丘塔的整体倾斜。

2）塔基不均匀沉降

由于渗流到土层中的水流带走了填土层中的细颗粒，致使土体孔隙增大，地基土慢速压密固结，由于塔基下可压缩土层的厚度不一，引起南北沉降量不一，导致塔的倾斜。

从 1979 年的地面摄影测量资料以及虎丘塔南北部分的壁砖层数不等、砖缝间的灰浆厚度不一的情况来看，建塔初期倾斜就已经发生了，这种情况与比萨塔是类似的。可以推测在建造虎丘塔第一层时，塔体就发生了向北东方向的倾斜。施工过程中，随着塔身重量的不断增加，塔墩对地面的压力也在增加，墩下土层逐渐被压缩，当底层十二个塔墩砌筑至此层顶部合拢处，当时的工匠发现因不均匀沉降塔体已有明显的倾斜，因而在砌筑第二层塔壁时，有意在沉降较多的北面多加砌数层砖层，用以纠正塔体的倾斜。在此后的逐层砌筑的施工过程中，因塔体不均匀沉降产生的倾斜和工匠们的纠正操作交错进行，加上倾斜严重时必要的停工观察，因此此过程持续时间可能相当长。图十八为塔身第七层东门洞，照片中门洞左边低，右边高，有明显北倾。

由于虎丘塔每层南北塔壁的高度不一致，致使每层塔体的倾斜程度也不一致，总体倾斜角为2°49′，而最大的一层倾斜角达到3°49′，总体状况是自下而上倾斜度逐层减少，各层的南北壶门间的高度差异明显，底层砖制直棂窗下距台基面的垂距有明显差别。特别是塔体的二、三、四层南北塔壁高度和砖层不等。而六个层间梯洞有三个集中于北面（为减少北面的重量），这都是由于建塔过程中发生倾斜以及纠偏所遗留的痕迹。这种特殊形态的倾斜塔体在国内外的高层建筑中也是罕见的［钱玉成，1994］。

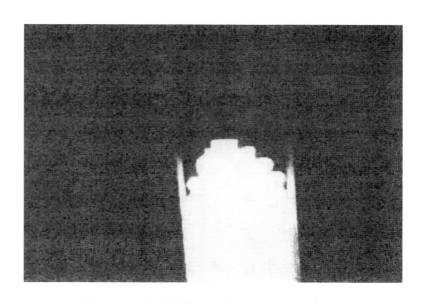

图十八　虎丘塔第七层倾斜的东门洞

6.1.2 倾斜原因分析

对复土层滑动说，据现场观察，并未找到土层滑动的迹象，从地貌上也找不到整体滑动的痕迹［南京大学地质系、江苏省第四地质队地质勘探报告，1976］。

对塔基不均匀沉降说，有人认为，十米左右厚度的地基土的压密过程总不至于延续千余年，持续至今。从已有资料分析，实际情况可能包括以下原因。

（1）地面基础。如前述，虎丘塔建筑于山顶人工填土层上，其下基岩为一南高北低的倾斜面，北边最厚堆土层达11米左右，南边最浅堆土层仅1米左右，同时其下火山岩极易风化，加之地表水排水良好，致使水流带走了填土层和风化层中的颗粒，地基土逐渐压密，引起南北的不均匀沉降，导致塔的倾斜。1953年，刘敦桢教授对虎丘塔进行勘察时就说"看来问题主要在塔基上"。

（2）塔基。作为虎丘塔基础的底层十二个砖墩（八个外墩和四个内墩），当年即是直接砌筑在稍经平整的地基上。该基座高约0.5米，基座下面每个砖墩只砌筑四层砖的基础，砖基础上下一致，砖墩之间也没有连接，相互独立。这种塔基做法简单粗放，土层夯打亦不严密，这样的地基和基础砖墩不严实均衡。

（3）黏合剂。虎丘塔由于只使用纯黄泥作为黏合剂，而并未采用稍后时期流行的石灰膏泥黏合剂，也造成了塔体的整体变形。例如从塔壁的灰缝可以观察到北面墙体灰缝普遍较狭窄，约1厘米左右，而南面墙体普遍保持原来厚度，约2厘米左右。

（4）维修中的不足。已有观测资料表明，在1957年第一期维修加固工程之后，倾斜量由1957年的1.7米增加到1975年的2.3米左右，这是由于某些因素破坏了地基土（包括基岩面的风化层）的结构平衡，例如维修中未对塔基进行处理，反而对塔身增加了近500吨的荷载，打破了多年地基与塔重之间的平衡，造成地基不均匀沉降的复活。

根据前述对观测资料的计算与分析，虎丘塔的第二次维修加固是非常成功的，使得塔基得到大大加固，塔基水准点观测曲线显示，各点之间没有发生明显的相互位移，整个塔基的整体性很强。因此目前塔基的不均匀沉降的现象基本消除。

从塔体水平形变观测来看，仍有微小的倾斜，第七层总体变化为14毫米，每年将近1毫米。笔者认为这种形变不是由于塔基引起，而主要是由于塔的整体性差，塔身砖砌体风化严重，砖缝中均是黄泥填充，在塔体倾斜影响下，砖缝中黄泥还在发生压缩变形，而且可能是不均匀的压缩变形。从塔1~3层结构砌体发现的多处竖向裂缝和横向裂缝来看，具有引起虎丘塔缓慢北倾的作用力存在。

塔体底层近年有土蜂的扰动，塔体外壁面上有草树生长，这些生物因素的扰动能缓慢地破坏塔体结构，也有可能引起塔体倾斜。

综上所述，虎丘塔的倾斜原因以往主要在于塔基的不均匀沉降，而目前在塔基的稳定性问题已基本解决的情况下，由塔体材料稳固性差引起的徐变以及恶劣天气、地质环境的突变（地震、滑坡等）已经上升为威胁虎丘塔安全的主要因素。

6.2 千年古塔不倒的原因

虎丘塔从建筑之初就开始倾斜，历时千年却仍然健在，原因何在？下面谈一些粗略想法。

1）塔基为基岩山体

地面沉降是引起高大建筑物倾斜的最重要原因。由虎丘山地质背景可知，虎丘山主要由燕山期火岩组成，第四纪覆盖层很薄。苏州市因地下水开采量增加而引起的大面积地面沉降并未影响到虎丘山（前述的塔基不均匀下沉是因虎丘塔的小面积覆盖土层的压缩引起），这样一个整体基岩的稳定性是可信的。虎丘塔建立在一个稳定的基础之上，对虎丘塔的长期保存无疑是有利的。

2）结构设计与施工砌筑技术优良

虎丘塔的垒砌搭技术是相当成熟和优良的。从已经揭示的砖墙体裸露部分来看，多为一层丁砖加一层顺砖砌法，也有在一层中顺丁相同的砌法，在楼层连接处和腰檐、平座伸出处以叠涩法砌筑，并在顺丁砌筑层上下夹砌斜出的砖砌层，即所谓的"菱角牙子"做法。正因为虎丘塔条砖规格基本一致，又砌筑搭配合理，故虽仍使用最为原始的黄泥黏合剂，虎丘塔仍保持较高的整体强度和优良结构。

由成熟的叠涩砌筑法将虎丘的上、下和内外塔壁连接成一个整体，形成类似内外两个塔体套合在一起的结构，称之为套筒结构，其形体相当于内塔连接着一个外塔，叠涩砌筑砖层又连接内外塔壁，又作为楼面使用，比之西安唐初的大、小雁塔的单筒木板楼面，无疑是一种进步和成熟。大、小雁塔的单筒木板楼面结构，在水平方向的横向连接极差，遇有沉降倾斜和外力冲击时，易发生损坏和断裂，大、小雁塔在历史上都发生过断裂等损坏情况。而虎丘塔的这种套筒结构在抵御外力冲击时要优良得多。

虎丘塔采用的八边形筒体也使御外力的能力大为增强，因八边形比以往的四边形更接近圆形，容易化解外来的冲击力。

虎丘塔变形和倾斜到如此程度，仍能维持不倒，此种优良结构可谓重要原因。宋代以前此种结构的塔只有河南郑县建于唐代中晚期的开元寺一例，可惜此塔已毁多年。

3）施工工期长

如果按前述钱玉成推测的虎丘塔建筑施工工期，这时还可以提出另一个原因。

据钱玉成考证，今存虎丘塔的建筑时间为唐武宗会昌五年（公元845年）至北宋太祖在位（公元960～976年）的百余年间，具体的施工操作时间当为唐昭宗光化三年（公元900年）至宋太祖在位（公元960～976年）的六七十年间。

无独有偶，意大利比萨塔也经历了类似的过程。比萨斜塔破土动工于1173年，当1178年塔的第4层顶部快要建成时，由于经济原因而停工近一个世纪。1272年恢复建设，但到1278年第7层将要完工时又停工了。1360年又开始在塔顶建造钟楼顶阁，10年后的1370年才最后盖上了钟楼。建造时间前后因时近200年。

施工期的时间跨度过长使塔基土层有较充分的时间变得逐渐坚固，因地基处理不当所产生的不均匀沉降量大大减少，建塔过程中出现的倾斜问题也能够逐步得以纠正和弥补。

七、监测与保护

7.1 监测方法评价与改进

7.1.1 水准观测

根据前述分析，塔基各水准点基本稳定，没有明显垂直变形，但这种结论是在变形值未超出所要求的观测限差的情况下得出的，如果要求的观测精度高，那么观测限差就严，这个结论就有可能不正确。目前的水准观测采用的是二等水准测量仪器，其观测精度为每公里偶然中误差1毫米。对于虎丘塔监测这样的具有高精度要求的监护仍太低，建议改用一等水准测量仪器进行。钢钢水准标尺的鉴定以一年1~2次为宜，同时应改善标尺存放条件。

墙面和塔体内各层观测亦必须按规定用一等水准仪器按一等水准测量精度要求进行。

根据以往连测结果分析，作为塔身地基沉降参考点的工作基点比较稳定，每年位移不明显，但必须进行定期连测，连测周期可以两年一次，对工作基点稳定性有疑问时还应加测。

7.1.2 塔体水平形变观测

对虎丘塔的原有观测系统，从监测目的来看，无论是利用经纬仪对塔身的挠度进行观测，还是利用水准仪对塔基或每个塔层面进行观测，实际都是监测塔的位移变化。这里的挠度观测在工程测量中称测小角法。

测小角法是利用精密经纬仪精确测出基准方向与目标方向之间的角度与首期观测角度的差α，并按下式计算偏离值：

$$l_i = \frac{\alpha_i}{\rho} \cdot S_i$$

式中 S 为测站距观测目标的距离，ρ 为一弧度的秒值206265″。

通常量测具有足够精度的边长 S 是比较容易做到的，如果偏离值 l = 100mm，边长精度 m = 0.5mm，通常以 1/200 的边长精度就可以满足要求，且该边长只需观测一次即可，以后各期中，此值可认为不变。但在此以前的观测与计算中，由于当时的观测仪器尚不能直接测定观测站与塔身的目标点之间的距离，该边长是根据由另一方向测得的挠度值与每层塔心距目标点的距离的和或差得到的，由于塔心距目标点的距离的量测精度不高，使得该边长精度较差，以致以前所测各塔层距塔心的偏离值很可能达不到所要求的精度，但并不影响偏离值变化量。

影响小角 α 观测精度的另一原因在照准误差，必须达到规定的测回数要求方可。如果达到一等观测精度，测回数约为8测回。为减少照准误差，有人提出如下观测程序，即在测小角时，在每半测回中对每一方向观测，均采用瞄准目标后用测微器读数，再瞄准一次目标再读测微器的第二个读数。这样每半测回中每一方向各照准两次，因而提高了小角的观测精度。

由于测站采用了强制对中观测，小角观测的对中误差可以忽略。

目前使用的测角仪器是用于观测一等精度的 T3 经纬仪，今后应注意按要求定期进行维护和检验。

对观测站和起始观测墩应该注意平时的维护。起始观测墩在1999年进行过加固，观测数据表明其起始位置有所变动，这对虎丘的变形研究有所影响。由于观测时间已持续了20年，积累的宝贵资料显示了长期以来塔体的位移规律，根据这些规律可以对塔体的变形过程、变形特征以及今后的变形趋势进行数学模拟，变形分析和变形预测，起始点的变动破坏了这种规律，虽然在计算中采取了补救措施，但对结果的影响仍不可避免。建议今后维修时应事先采取必要措施，例如在维修加固前后进行加测，或事先选定另一起始点，在维修加固前后对欲加固点进行观测，求出其变动常数，加在以后的观测值中。

7.2 变形观测的周期和监测方案

7.2.1 变形观测的周期

虎丘塔的变形观测能否达到预定目的，除与上述观测的精度有关外，还与观测周期、观测方案有关。

就一般建筑物的变形观测而言，观测周期取决于观测的目的、变形值的大小以及变形速度。由于观测对象是国宝级的文物，是苏州古城的标志，又是一座千年古塔，塔体部分牢固性较差，多年来的监测和保护工作表明，地质条件、恶劣天气、温度差异等都可能引起塔体不同程度的变形。例如观测资料显示，1998 年的一次雷击对虎丘塔的影响明显；每年的 3 月和 9 月塔体变形值分别达到最小和最大。为确保古塔的安全，不遗漏变化的时刻，每年最好分别于 3、6、9、12 月观测 4 次，这样的周期基本可以反映出塔体的变化过程。目前的一年两次的施测周期是不够的。

在特殊情况下，如遭遇地震、狂风、暴风雨袭击时，其变形可能会加大，除规定的周期性监测外，应增加观测次数。为得到准确的沉降情况和规律，沉降观测一般不得漏测或补测。

7.2.2 监测方案

原有监测系统是 1979 年建立的，二十几年来，监测建筑物变形的精密仪器和监测方法有了很大的改进。使用新型的全站仪或电子测距仪，可以直接准确测量观测台与目标点之间的倾斜距离，在精度要求不高时甚至不需要在目标点安置反光镜，例如在测小角法时要用到的观测站至目标的距离就可以用测距仪或全站仪直接测定，使距离达到规范提出的 1/2000 的要求［建立变形测量规范，1998］。下面提出几种观测方案供参考。

（1）激光准直测量

如将各层观测目标贴上可用于测距的反光镜片，采用精密测距仪或精密站仪，对各层目标点进行观测，直接测得斜距及其垂直度（图十九），利用公式 $\chi = s_1 \cos a_1 - s_2 \cos a_2$ 即可以直接计算出两期之间该观测目标在水平面方向上的位移分量。由两正交方向的位移分量可求出塔的最大倾斜量和倾斜方向。

与测小角法不同的是前者得出的是观测方向投影平面上的位移分量，且不使用起始观测墩，消除了起始目标有可能不稳定的因素。目前的精密测距仪（如瑞士产 MekometerME3000 等）可以达到 0.22mm + 0.2ppm × D 的精度。

监测时必须遵循"五定"原则，所谓"五定"，即通常所说的沉降观测依据的基准点、工作基点和被观测物上的沉降观测点点位要稳定；所用仪器、设备要稳定；观测人员要稳定；观测时的环境条件基本一致；观测路线、镜位、程序和方法要固定。以上措施在客观上尽量减少观测误差的不定性，使所测的结果

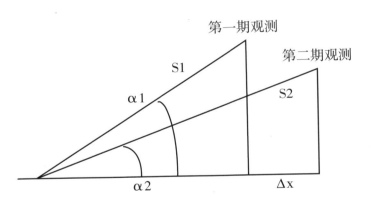

图十九　激光准直测量

具有统一的趋向性，保证各次复测结果与首次观测的结果可比性更一致，使所观测的沉降量更真实。

（2）三维坐标测量

现代测量仪器的出现，大大改变了传统的测量技术和手段。测绘高新技术可以在不接触塔体的情况下对塔体各部分进行高精度的三维定位。

用三维空间前方交会的方法，采用两台电子经纬仪可以组成三维坐标测量系统，求得观测目标在上述坐标系中的三维空间坐标［李岳青，1995］。但观测点的点位精度主要受到起算数据、两测站仪器的相对定向精度以及空间前方交会时方向观测误差的影响，还与交会点的位置、交会图形有关。因此在建立虎丘塔监测站和观测目标的位置时，应注意它们组成的交会图形，交会角宜在 60°～120°之间。现有观测目标仍可使用，观测台则需增加。由于各目标位于塔身的不同层，观测台与目标间的高差随层数增加，精度随之降低。为克服这一弱点，可以使用激光直三维坐标测量。

监测像虎丘塔这类具有周期性的变形物体还可以采用连续的、自动的记录装置。如果采用两台电子经纬仪并以经纬仪作为传感器，利用数据通信设备将观测数据传送给与之连接的计算机，再根据相应的

软件对观测数据进行处理，就可建立一个简易的自动或半自动的测量系统，对虎丘塔进行实时监测，并立即得到有关结果。

由带电动马达驱动和程序控制的莱卡 TCA 自动化全站仪结合激光、通讯及 CCD 技术，组成的 TPS 全自动化变形监测系统，在黄河小浪底大坝外部变形监测中得到了应用，显示了测量机器人技术在变形监测中广泛的应用前景。

7.3 塔体墙面裂缝处理

对塔身检视可以看到一至四层东西两面塔壁上的大量纵向裂缝，其中一层裂缝大多已被填补，二层约有十几处，三层最多，大概有几十处，四层以上减少。目前可见的裂缝长度为 2 米左右，由于不断填补，实际长度远大于此，有的裂缝最宽处达 2 厘米左右。图二十照片上裂缝的位置为塔身二层东面外墙内侧，白色为七十年代以来文物保护人员所涂石膏泥，上面标有涂敷日期。在建国后第二次塔基加固工程前，塔基的不均匀沉降应该是塔体倾斜的原因之一，因此引起了大量的墙面裂缝。观察塔基可以看到，塔外墙南、北门洞旁直棂窗下的塔壁高度相差明显，南面塔壁高约 0.88 米，北面则只有 0.31 米。南面壶门洞高 2.7 米，而北面壶门洞仅高 2.15 米，南北相差达 0.55 米，可见塔北面的墙体明显下沉。

图二十　塔身二层东面外墙内侧裂缝

塔体产生裂缝的原因除上述地基不均匀沉降外，还有塔身因温、湿差变化引起的材料收缩等。建筑材料压缩变形的问题前面已经讨论过。温差变化是由于墙体表面长时间受阳光的热辐射，获得大量的热量，而在阴面和内部温度较低，产生温差变形。一般来说，温差引起的裂缝不会危及虎丘塔的安全。但从局部来看，裂缝出现后，墙体的整体性受到破坏，抗震性能降低，而且温差裂缝一旦出现，要想复原是很困难的，因为裂缝宽度随季节进行周期性变化，要阻止这种变化不太可能。除了定期观测，防止其进一步发展外，对有整体性影响的裂缝，可采用内部修补法、注入法或重填法，一般采用水泥灌浆和化学灌浆法。可以采用砂浆或白胶泥填堵裂缝，从外观上基本消除裂缝。

对大面积的表面细裂缝，为防止开裂导致耐久性及防水性的降低，可采用表面修补的方法，对细微裂缝（小于 0.22 毫米）用表面涂抹方法，这种修补无法深入到裂缝内部，对延伸性裂缝难以追踪其变化。对有宽度变化的裂缝，要使用有伸缩性的材料［陆承铎，2000］。

为了了解裂缝的现状和掌握其发展情况，应该对裂缝进行监测，以便根据观测结果分析其产生的原因和对虎丘塔安全的影响，及时采取有效措施加以处理。目前文保人员在裂缝上填补石膏泥并注明日期，定期检查灰泥是否开裂，对监测规模甚小、发展及其缓慢的裂缝是简便有效的方法。对重要裂缝或在裂缝的快速发展期，可采用以下方法：

——对裂缝按层进行编号。

——用钢尺观测裂缝的位置、走向、长度和宽度。

——在裂缝的两边做标记，用游标卡尺定期测定两标记间的距离。观测次数视裂缝的发展而定。

由于温差的变化与裂缝宽度有关，使得裂缝宽度经常表里不一，表面裂缝的大小并不代表其实有大小，因此裂缝的宽度与测裂缝的时间有关。

7.4 定期检视

无论前面对监测数据的处理和分析预测如何合理准确，但毕竟是整体中的局部，为确保虎丘塔的安全，应紧密结合经常性的目视检查与专门的全面检查，以便发现问题，及时处理。

目前塔体的变形，有些是可逆的，如由温、湿度造成的物理变化，但有些变化是不可逆的，如砖表层的风化、墙面裂缝、砖间黄泥层的压缩等。其中由自然环境诸如温度、湿度、风雨、虫鸟草树等多种因素的影响所造成的塔体表面风化日趋严重，这些不可逆变化累积到一定数量后就会产生质变，导致塔体整体的变形。例如虎丘塔的维修加固工程中，补修墙体使用了大量水泥，由于水泥构筑的部分与塔体原有的黄泥砖砌体在性能上并不一致，随着时日的推移，它们的差异会发展，到一定时期，墙体会发生裂缝、脱壳等现象。因此应定期进行检视，防范雨水冲刷，并进行生物防治，封堵土蜂洞空穴，清除鸟窝和生长在砖缝中的灌木、小树，用防风化、透气、无色、无光的涂料防治塔体表面的风化，进行经常性的养护和维修。

7.5 预防突发性事件

历史资料及上述计算机结果的分析表明，虎丘塔对外界的各种影响非常敏感，这些因素包括震动（振动）、恶劣天气（打雷、闪电、暴雨、大风）、温差等，一些看来很小的干扰都可能引起变形的加速。因此在制定保护措施或进行纠偏处理时应该将这种干扰降至最小。

上述影响因素中，雷击因素最为明显。据防雷中心提供的本市近 40 年的统计资料，我市年平均雷暴日数 37.3 天，即一年中有 10% 以上的日子会出现雷暴，其中最多的一年达 68 天。春夏是雷电多发季节。

地面建筑受到雷击后，其强大的电流使建筑物水分受热迅速膨胀，从而产生强大的机械力，直接导致建筑物的燃烧或爆炸。高大建筑物往往由于其防护措施不完善，选用的防雷设施不合格，已有防雷设施检测维护不规范等影响了其防雷能力。

雷击的防范是保护虎丘塔安全的重要内容。苏州市市区文保所在每年雷雨季节前都对虎丘塔的杆式避雷针进行检测，其导线电阻在 1 欧左右，符合规定要求，在遭雷击时起到了一定作用。

虽然如此，仍应对如何采用新的防止雷击技术进行研究。虎丘塔可以采用综合性防雷电设施，该设施具有多种避雷装置，可防直击雷电和感应雷电。所装避雷装置要定期进行检测，防止因导线的导电性能差或接地不良起不到保护作用。

目前苏州市政府已建立了防雷减灾工作领导小组，市气象局也设立了防雷中心和防雷减灾局，具有比较完备的防雷工程设计施工监管和防雷设施检测技术。

八、建议与结论

下面对虎丘塔的监测、数据处理、综合评判提出一些建议。

8.1 监测方法研究

建议对以下一些监测方法进行研究：

1）倾斜仪测量

虎丘塔的倾斜可以采用倾斜仪法测量。目前倾斜仪的种类很多，大体可分为"短基线"倾斜仪和

"长基线"倾斜仪。前者一般用垂直摆锤或水准气泡作为参考线，后者一般用水或水银作为液体，根据静力水准原理做成，精度较高。其中用水为液体的精度为每 10 米距离可达到 0.001 秒。倾斜仪测量对环境的要求较高。

2）滑坡观测

由于虎丘山西、北两面的地形坡度较陡，高差相差大，遇突发因素时产生顺坡滑动也是有可能的。从以往塔身 1~4 层的大量纵向裂缝来看，塔身具有产生整体滑动力的内因，对此应有足够警惕，必要时也需要进行滑坡监测，但监测周期可以长些，例如垂直位移可以结合对工作基点的水准联测进行。

3）日照变形观测

对四川某饭店的日照变形观测表明，高 18 米的现浇混凝土单柱柱顶向阳面与背阳面温差 10°时，顶部位移就达到 50 毫米，如此显著的变形，对虎丘塔体结构的抗弯、抗扭、抗拉性能不会没有影响。虽然引起日照变形的因素比较复杂，但日照变形仍可以作为虎丘塔变形研究的一个内容。

日照变形观测应在塔身受强烈阳光照射或辐射的过程中进行，主要测定塔身上部由于向阳面与背阳面温差引起的偏移及变化规律。日照变形观测的时间宜选在夏季的高温天进行，可在日出前开始，日落后结束，间隔一至两小时观测一次。

4）地面摄影测量

由于近年来计算机硬件的改进和软件的发展，摄影测量点位测定精度显著提高，地面摄影测量的方法广泛应用于工程建筑物的变形观测。摄影测量方法具有以下优点：可以同时提供所测变形体上任意点的变形；提供完全和瞬时的三维空间信息；减少大量的野外工作量；不需要接触被测物体；有了摄影底片，可以观测到以前的状态。近年来发展起来的数字摄影测量为变形监测开拓了更加广泛的前景。其缺点是对高精度观测仪和技术要求较高，投入较大。

8.2 数据处理模型

前述的数据处理与分析方法属于统计分析法，其基本物点是利用大量的实测资料建立数学处理模型，这类模型属于经验模型或"后验模型"的范畴。由于这类模型的建模简单，使用简便，又有成熟的应用经验，所在建筑物的变形和监测数据处理中广泛应用。但这些模型不能刻划预测对象与相关因素的内在联系，主要依赖于数学处理，没有较好地联系工程或建筑物的结构状态，因此，对其工作状态难以作出物理力学概念的解释，而且由于随机因素的影响，此模型的外延预报时间较短，精度不高。

改进模型的一种较好的方法是把确定函数法和统计分析法结合起来，称为统计—确定模型综合分析法，这是一种混合模型，用有限元法计算荷载和作用下的效应量，用统计回归分析的方法研究其与实验值的拟合问题，即研究确定函数法所预计的变形值和实际观测值的差值，找出产生较大误差的可能原因，包括确定函数法中所用到材料的力学参数的误差，以及方法没有模拟和顾及到变形因素［陈永奇，1998］。

8.3 变形预警信息系统建设

为了对虎丘塔的安全进行监控，需要进行多周期、长时间的变形监测。虎丘塔自建立监测系统至今已经进行了 100 多周期的观测，历时二十余年，观测的项目种类也比较多，仅塔体上的观测点最多时曾达到 100 多个，其数据量非常庞大。这些繁杂的数据能否管理好，并用于分析和决策，是关系到监测虎丘塔变形和预测报告工作能否实现和实现质量的问题。为此，研制一套高效率的、使用方便的变形预警信息系统是非常必要的。它与变形监测一样具有重要的实用意义和科学意义。

首先，应建立变形监测数据库，这是变形预警信息系统的基础。数据库的结构设计应考虑虎丘塔变形监测数据周期多、时间长、数据量大等特点，所设计的数据库维护功能应具备动态增加、删除、查询、修改、排序数据库记录等功能，并可以按限定条件筛选约束操作记录集。

其次应考虑对上述数据库系统得到数据进行处理和分析。建立粗差筛选、减弱干扰因素影响、数据平差、精度计算、趋势预测、异常信息提取等的数学模型，这些模型应选用实用性强、符合虎丘塔变形特点、处理结果经实践证明是可靠的模型。

最后，应能根据数据处理结果输出变形监测的常用图件和表格：例如，点位沉降过程线图、点位沉降图、点位水平位移过程线图、点位水平位移分布图、监测网平差结果、水平形变趋势预测图、超警戒线的异常点结果等。所有这些图件绘制所有的数据应可以自动提取和成图。

8.4 综合评判方法

对虎丘塔监测资料进行数据处理与分析主要是为了了解虎丘塔及其基础的运行情况，以便对塔体的安全性作出评判。

以上通过地质背景和塔体构造等对虎丘塔进行了定性分析，通过观测数据的处理和解释对虎丘塔进行了定量分析，这些都是监测和监控虎丘塔安全状况的重要手段。但是影响虎丘塔安危的因素十分复杂，仍有一些问题需要解决。

1）虎丘塔的变形是多种因素的综合反映，每种因素之间有一定的联系，仅进行单项的分析有时难以解释某些异常现象，例如虎丘塔变形观测有的数据变化至今无法解释；

2）一些影响虎丘塔安全的因素无法定量表示，如塔体的风化、周围环境的变化等，例如1998年下半年的异常变形是由于1998年6月对位于虎丘塔东测站和南测站的观测起始点分别进行了加固维修所致，而塔体的风化和徐变成为影响虎丘塔安全越来越重要的因素，这些都是无法定量的；

3）影响虎丘塔变形的因素有时会发生转化，原来是次要的影响因素会变为主要的影响因素，如果不考虑这些变化，可能会得出不符合实际情况的结论。如果说以往塔基不均匀下降和建塔材料的压缩是塔体倾斜的主要因素的话，那么今后由于震动、雷击、暴雨等外部环境效应引起的变形可能将是影响虎丘塔安危的主因。

因此，数据处理及预测后还应综合各种因素进行分析和评判，才能对虎丘塔及地面变形作出合理的物理解释，提出正确的保护建议。

进行生物防治，封堵土蜂洞穴，清除鸟窝和生长在砖缝中的灌木、小树。用防风化、透气、无色、无光的涂料防治塔体表面的风化。

8.5 结论

本项目的实施得到以下主要结论：

1）对苏州全市地面沉降多期监测数据进行了整体平差、数据处理和分析结果表明，虎丘山千人石旁的Ⅰ甲57水准点是全市现有的水准点最稳定的点。采用虎丘山Ⅰ甲57水准点作为虎丘塔基垂直形变的参考基准点是合理的。通过塔基的工作基点与参考基点的联测，表明工作基点基本稳定，16年来没有明显的垂直形变发生。

2）对塔基各水准点相对工作基点的监测数据（1985年11月～2000年1月）进行了拟合计算与垂直形变分析，结果表明塔基各观测点相对工作基点均无明显变化，可以认为各观测点之间没有不均匀沉降现象，首次定量证实虎丘塔第二次维修加固工程是成功的，曾经是影响虎丘塔倾斜主要因素之一的塔基问题已基本解决。

3）建立了虎丘塔水平形变的监测数据处理模型，对所有观测数据进行了粗差删除、干扰消除和数据拟合计算，从季节性变化、趋势性变化和超限异常值判别三个方面对计算结果进行了分析，表明塔身第一、二层基本没有趋势性成分，第三层有微小的趋势性变化，变化累计值仅4毫米。第三层至塔顶层（避雷针）塔体趋势性形变比较明显，水平形变量逐层增加，最大值为东测站塔顶层（避雷针），年速率近1毫米。因属渐变，不作为异常形变对待。同时提出了判断监测值是否为异常形变的两个必要条件。

4）综合考虑观测值中趋势性和周期性因素，建立了东、南二方向观测值的模拟和预测模型，对今后三年虎丘塔的变形趋势进行了预测计算，并进行了统计检验。结果表明到 2003 年其水平形变的总体水平与以往相当，但因季节性引起的变化会有所加大。

5）对引起虎丘塔倾斜的原因进行了综合分析，认为除了塔基建于倾斜的岩层之上，塔基下可压缩土层的厚度不一而引起不均匀沉降的原因外，塔基的处理不当以及第一次维修后塔身增加的荷载也是虎丘塔倾斜的重要原因。目前由于塔基问题已经基本解决，塔体因材料稳固性差引起的徐变以及恶劣天气造成的突变已成为威胁虎丘塔安全的主因。

6）讨论了虎丘塔之所以可以历经千年不倒的原因，即基础为稳定的基岩山体、技术优良的结构设计与施工砌筑技术以及建塔期间的长期间断休止。

7）对虎丘塔今后的监测方法、监测仪器、监测周期、数据处理方法提出了具体建议。

苏州虎丘云岩寺塔发现文物简报

苏州市文物管理委员会

苏州虎丘云岩寺塔，始建于五代元年，完于北宋末年，此后修理和改进记录，可考者仅元至正和明永乐两次。崇祯末年，曾一度改建塔之第七层。清乾隆中叶，在寺西南一带，起建行宫，塔亦可能在此时期修理一次。咸丰十年（公元 1860 年），太平天国克苏州战争中全寺沦为废墟，塔亦毁损，倾斜裂缝，岌岌可危。1956 年冬，苏州市文物保管委员会在中央文化部、江苏省文化局和苏州市人民委员会支持领导下，更得到国内建筑专家和上海、苏州二市建筑工程部门协助设计，开始进行抢修。本年 3 月 30 日下午，工人王菊先生在塔的第二层正西门口边沿灌浆时，屡灌不满，觉其中似有间隙，揭开一部分砖石坊（约 60.5 厘米深处），发现孔道，探身进入，见有直南直北（约长 100.4 厘米）直东直西（约长 114.0 厘米），宽 68 厘米，高 63 厘米的十字形空巷一条：中间放有长方形石函和其他文物多件，即予取出，因缺乏经验，兼暗中摸索，不免使函身拆散，伤及经箱底板，以致箱中绢被等类有所毁损。此后我会又在 5 月 5 日配合工程进行，于塔中第三层中央进行发掘，约在 70 厘米深处发现一个 65 厘米见方、宽 73 厘米方窟。壁上都圬土红色，内中有石函、铜镜等文物一批。6 月 16 日，在塔第四层中央配合工程进行发掘，约在 104 厘米深处发现一个十字形空巷，长约 26.5 厘米，高约 58 厘米，宽约 53 厘米，内中砖泥零乱，经过清理，获得当时所遗留下来的木制泥刀三柄。又在第五层乱砖鸟粪中清理出残缺的石造像四件，以上各件并原始建筑的有关材料等，先后送会整理，妥善保存，现在将整理结果叙述如下。

一、第二层中间发现的文物

1. 石函（图版 85）

石函长方形，是用六块砚石，做好榫头合成的。函身每面浮雕佛像五尊。底部四周，刻云纹花边。函盖背面，涂成漆地，用银朱写"□信心造□□盛众□金字法华经"等字，其余若干字，因漆地剥落，不易辨明。

2. 经箱（图版 84）

开启石函，即为经箱。箱盖上放有已朽的钱囊和散开的铜钱（见后节），箱底则垫有丝织物。箱身系楠木所制，外涂广漆，各部接缝处都包银质镀金花边，或作莲花，或作凤尾，极为工细。边上并列钉有凸形圆钉。箱口搭链上扣有烫金镂花锁俗称爆仗锁一把（图版 87），钥匙扣在锁上。箱盖上面，分钉烫金角形边花四朵（一朵已脱失），中心有交飞状凤凰一对，已脱失，只存痕迹。底座四周木边，雕有镂空如意头。附近边上，横凿小字一行："建隆二年男弟子孙仁朗镂，原生安乐国为僧"（图版88）。箱底露外部分，有毛笔写下列字迹："弟子（已剥落）言细招（细招二字左偏旁已剥落）舍净财造此函盛金字法华经。弟子（已剥落）孙仁遇舍金银并手工装，弟子（已剥落）孙仁朗舍手工镂花，辛酉岁建隆二年十二月十七日丙午入塔"（入塔二字已剥落）。箱后铰链，作茧形，内面有双钩凿"孙仁裕"三字。

3. 经卷（图版89）

箱内放有现已硬化作黑色（磁青纸）纸卷七卷。每卷长26厘米，每卷两头伸出银质烫金包头之轴。卷端描有金花图案，以金写出"妙法莲花经卷第□"字样，卷端并扣扁形丝带。在贮放中每卷外面用黄襆包裹，一块至四块不等。现在将每卷经卷外形和包裹形状，分记于下：

（1）第一卷　卷面写"妙法莲花经卷第一"，外用已泛作灰绿色绢襆包裹（约46厘米见方），绢上印有似有淡黄色图形花纹十六朵。中间用毛笔写有"女弟子于八娘舍裹金字法华经永供养"字样，一角有飘带两条。

（2）第二卷　卷面字剥落，剩"莲花经"三字还可辨识，外用绢襆三块包裹：

第一块色泽已泛作檀香色，拉花织纹（约44公分见方）上面分三行毛笔写：

武丘

弟子曹二娘舍裹妙法莲花经卷

塔上

第二块色泽亦已乏檀香色，拉花织纹（约50厘米见方），上面毛笔书写"李氏六娘舍裹经"字样，角上飘带有"李氏六娘"四个小字。

第三块色泽泛作檀香色，拉花织纹（约48厘米见方），襆上有毛笔画简单花枝十六朵；中间写"颜氏八娘太君舍"字样。

（3）第三卷　卷面字剥落灰化不明，外用拉花绢襆包裹，均已泛作檀香色。

第一块（约44厘米见方），中间分三行毛笔写：

永充

亡杨氏二娘

供养

此卷开时内中并放有约1～2厘米见方和各种不同花纹之缕绢数十块。此襆未有针缝边，与它襆稍有不同。

第二块襆上有简单毛笔画花枝（约50厘米见方），中间用毛笔写："朱氏九娘太君舍裹经"字样。襆一角有灰绿色飘带两条。

（4）第四卷　卷面写"妙法莲花经卷第四"，外用绢纹稀疏微见方形回文并已泛作檀香色之襆子包裹（约45厘米见方），中间用毛笔写"徐□舍裹金字经"，一面写"充供养"三字。襆角有飘带。

（5）第五卷　卷面字已灰化不明，外用绢襆三块包裹。

第一块已泛作檀香色（约50厘米见方），有简单毛笔画花枝，中间写"彭城县君钱氏三十八娘舍"，绢边有同样小字一行。

第二块亦泛作檀香色，拉花织纹（约45厘米见方），中间毛笔写字二行：

永充

弟子杨公儿舍

第三块已泛作灰绿色，有淡黄色印花痕（约46厘米见方），中间用毛笔写"女弟子高十娘太君舍裹经"字样。

（6）第六卷卷面字已剥落"第六"二字，外用拉花织纹绢襆包裹，已泛作檀香色（约45厘米见方），并有简单毛笔画花枝，中间用毛笔写：

> 女弟子冯氏十一娘
>
> 舍裹金字经华法入武丘山寺塔内充供养

（7）第七卷　卷面字已灰化不明，外用绢襆四块包裹。

第一块已泛作灰绿色，上有淡黄色印花（约46厘米见方），上面用毛笔写字二行：

> 女弟子钱四十二娘
>
> 舍裹金字经

第二块为薄如蝉羽之纱，色已泛作灰绿，残破不堪，中间只存毛笔写："金字经"三字。

第三块已泛作灰绿色，上有淡黄印花痕迹，拉花织纹，中间毛笔写"弟子邬承谠舍裹经"字样，飘带上亦有"邬承谠舍"四小字。

第四块绢纹稀疏，已泛作灰绿色，中间毛笔写"舍裹金字经"字样。

4. 纸卷、锦包竹帘、残绣纹、残锦、牙牌、珠饰等

和上面七卷经卷同放的，还有一卷白纸的纸卷（长28.5厘米），因质地已酥烂，无法展开，头上露出部分，上写"弟子孙仁遇……金花银装经函一"等字。

再从剥落的纸卷碎片看，纸卷内都是人名（图版90）。在纸卷外面，有绣襆包裹（绣襆已残），颜色已泛作灰暗。在绣襆夹里上面用毛笔写"弟子徐仁诲"等字样，经箱内有残花锦包竹帘一块（图版91）。另有破残绣襆四块，皆刺绣花卉，针法不甚细致，却古朴大方，部分色彩犹可辨明。绣襆质地较粗，一块已泛作焦花色，上用毛笔写"丘山寺宝塔上"字样。一块作深栗色，上绣金黄莲花。一块紫地绣菱花莲花。一块深紫红地，亦是绣菱花莲花。另有残锦一块，金黄地黑色花纹。以上各件，如何作用，因放置部位已被掏乱，不易明了。

另有长方形象牙牌一块，色已泛黄，上刻"弟子愿超舍愿三世亲生父母疾证菩提佛道"字样。此外尚有银丝珠串（图版92）一圈，计：串在一起的小珍珠七粒，木珠一粒，菩提珠一粒，玛瑙质穿孔圆形挂饰一粒，菱形挂饰一小块。珍珠光泽，尚属莹洁。

5. 石函外分放各件

在贮藏上述石函之十字衔内，除石函外，在石函顶上放有灰陶碗形香炉一只（口径14.5厘米，底径8.2厘米，高11.7厘米）。炉中竖放檀香木香一枝。香木两头抹有红漆。在石函前（南面）1米处有青瓷碗一只，内放一油盏，碗内积有油垢（图版93）。另一只青瓷碗，在石函后（北面）1米处无油盏，但积垢相同，并已有裂损。

6. 钱币

上述放在经箱盖上之钱囊，已朽腐。计散存钱币35公斤。钱币有"开元通宝"、"乾元重宝"、"唐国通宝"、"大唐通宝"、"永放王铢"、"太货六铢"、"周元通宝"、"半两"等，中以开元、乾元为最多。

二、第三层中间发现的文物

1. 石函（图版94）

石函质地同上述藏经箱的一样，也是砚石制作，但作正方形，下广上窄，分五节叠成，无雕刻。它

是放在方窟的中央。

2. 铁函（罩形）（图版 95）

石函里面，竖一铁函（函底板 20.1 厘米见方，下面函口 19.1 厘米见方，顶部 10 厘米见方，通高 34.2 厘米），罩和底板相连处，每面用两根铜丝扣住。罩上并放有绢襆，已残破不整，并泛作铁锈色，中间有一小块外方内圆的制钱形组件，是用线订上去的，当石函开启时，见石函铁函空隙间，填着不少黄色粉末，是否防锈除虫，作用不明。

3. 铁铸金涂塔（图版 96）

再把铁函开启，即见有绢襆五块，覆盖着金涂塔一座。绢襆大多朽烂，比较完整的一块（约 53 厘米见方），色已泛作淡黄，上面有毛笔写字二行：

□□　惠朗舍此襆子一枚裹

迦叶□来真身舍利宝塔

其余有织纹如葡萄绉者一块，已泛作豆沙色，字已模糊不明，一角缀有飘带。戏绢一块，绢有花纹，上有残剩毛笔"辛酉岁题"四字。一块已泛栗壳色，上面残剩有毛笔写"舍永充"三字。一块亦有花纹，色泛深褐。另有 1～2 厘米的各种小块绫绢数十块散置塔面。襆下即为金涂塔。塔顶相轮等已朽酥成小块，不可收拾，四周翘角除三只倾折外，一只尚属完整。自塔身塔座至翘角，均满铸铜像，极工细。塔身中空，在塔座中心凹一洞，内放一金铸小瓶，瓶口有盖，口中塞有纸团，根据襆上文献，此瓶可能即藏舍利。

在金涂塔塔顶上，亦即覆盖于残被中的，还有一小木塔。形制与我们所常见的喇嘛塔相仿，外涂黑漆，但同时以褚漆来勾画塔座、壸门和相轮（图版 109）。同时有一玉质方幢，在铁函开启时已倾仆在金涂塔座下。按照木塔内痕迹，似此玉幢即放于塔心内，大小亦颇恰合。玉质不甚莹洁，已微泛作象牙色。

4. 附放在石函以外其他文物

（1）越窑青瓷莲花连座碗 1 只，下承以托，亦作大瓣莲花案，釉色明润，光泽如云，当是越窑稀有的精品（图版 97）。

（2）铜佛像 4 件。一件作盘膝而坐形（图版 99）。二件均为立像，是十一面观音（一头已断），足踏莲座，一手持柳，一手执瓶，衣饰珞璎，均颇工细（图版 100）。另一件则是群像。在藕节上，穿出莲蓬三个，中间一个较大，一佛捻指盘膝而坐；左右两个较小，作立状，首后并有光轮。三像连缀起来，成一个群象图案（图版 98）。

（3）铁铸莲瓣形佛龛 1 具。质地已酥烂，花纹亦多模糊。龛内铸着或坐或立的佛像大小数十尊。

（4）檀香木雕三连佛龛 1 具。此龛下面是一莲座，莲座上有三块合成的圆龛，打开后即现出中间和左右佛龛三座。中间一座，雕着观音立在一枝藕上。另外穿出的一瓣莲花上，有善财童子对他作合十膜拜。此龛部分已裂缩，其余左右二龛，每龛上下各雕佛像一尊。此件作品，全属立体雕刻，并部分描金，眉目衣褶，极为工细，是有高度艺术性的文物（图版 105）。

（5）铜镜 4 面。一面最大型的，背面有毛笔字，上写"女弟子陆七娘敬舍大鉴一面入武丘山塔上保佑自身清洁□诸□□眷属团圆身富清健□再□供养降建（建隆之误）二年三月日题"字样（图版 101）。一面（直径 23.7 厘米），背面是八卦和十二生肖花纹。一面（直径 16 厘米），背面无花纹。另有小铜镜一面（直径 2.6 厘米）。大镜及十二生肖镜已破，被压在石函下。

（6）九角形小铜杯 1 只（口径 6 厘米，底径 4.2 厘米，高 2.8 厘米）（图版 104）。

（7）六角形铜座 1 只，作用不明。

（8）钱币。计 10 公斤，原有钱囊，放于石函上，但已朽腐。钱的种类此前一批发现者多"宋元通宝"一种，其中亦是以"开元"、"乾元"为最多。

（9）残存大小木质佛珠计 52 粒。玛瑙佛珠 1 粒。

三、第四层及其他地方发现的文物

1. 木制劳动工具

这些木制劳动工具，是当时泥水工人使用的泥刀，一柄是方头的，和现在使用的铁制泥刀形式一样。一柄像箭头形。一柄狭长形，头部尖锐。在工具上，都带有泥痕，可能是当时建塔时遗留在里面的。

2. 无头石佛 3 尊

无头石佛 3 尊，在塔上第五层鸟粪乱砖中发现，原放何处未详，内二尊属同式（通高 31.5 厘米，手捧经卷，立于方形座上，另一尊手捧如意，高约 30.5 厘米），座下有圆榫头，似作插镶者。

3. 残石造像

残石造像 1 个，在塔同上位置发现，已毁二角，龛边刻有"李太缘为自身造佛一躯。"此造像原在何处未详（图版 106）。

4. 竹钉

在塔壁泥灰中，钉有不少约长 4.5 厘米不等之竹钉，上粗下锐，帽头并绕麻丝。它的作用，想是拉紧灰泥和砖面的粉刷面。此法在古建筑中罕有发现，竹头在泥灰中千年不朽，足为研究建筑材料者之参考。上海同济大学建筑系和上海建筑工程局技术研究所都曾派员来调查研究，认为在中国建筑史上有很大的参考价值。

5. 砖

在修整过程中，我会并收集了各种不同形制的砖，有文字的是："弥陀塔"，"己未建造"，"福禄寿"，"天王"，"大"，"福寿"等几种。

这次虎丘塔中发现的文物，是相当丰富的。从上面的文字记载，确定了建塔的时期（始建于公元959——周显德六年己未，完成于公元 961 年——宋建隆二年辛酉），了解了当时造塔的目的（供奉迦叶如来舍利）。其余在建筑、雕刻、丝织、刺绣、陶瓷、工艺各方面，都提供了可贵的历史艺术资料。此后我会将进一步加以整理保管，并希望国内外专家予以重视和研究。

苏州市文物管理委员会

整理及执笔者：钱镛　范放黄　正祥

（原载《文物参考资料》1957 年 11 期 38～45 页）

虎丘塔有可能再现原真

——从最近看到的一张 150 年前的虎丘塔照片谈起

罗哲文

老照片是历史的真实记录，对于古建筑来说更有许多重要的价值。除了可供研究的科学资料之外，还可以作为维修的参考和依据，较之绘画和文字记述更可信，因为它是当时的真实反映。听说故宫建福宫花园的修复过程中曾经找了许多依据，虽然有很好的写真绘画，但不如照片那样科学，最后还是以照片为准。我所参加过的许多古建维修工程，都把照片作为最重要的依据之一。

苏州虎丘塔，不仅是千年来苏州名城的重要标志之一，而且以其悠久的历史、独特的结构和精美的艺术载入了许多建筑、文化艺术的史册，是国务院公布的第一批全国重点文物保护单位之一，也是新中国成立之后早期进行抢救保护的重点工程之一。

图一　150 年前的虎丘塔老照片

关于虎丘塔这一具有重大历史、艺术、科学价值的古建筑的原真面貌，知之甚少，因为它在前两个世纪中历经了一场劫难，云岩寺大殿等烧毁了。所幸虎丘塔（云岩寺塔）的塔体是砖石结构，塔身尚存，成了现在的砖身秃顶。近代学者对此塔进行专门考证和研究，其中最早的要算是我的恩师刘敦桢先生。1936 年他曾经考察，1954 年他又进行了全面的考察研究，并提出"此塔已百孔千疮，已接近崩溃的阶段，如不设法修理，恐不出数年即有倒塌的危险"的意见。后来经过多年的抢险加固，终于把这一古塔按照现状加固保护了下来。现在人们看到的就是 70 年前 1936 年刘敦桢先生看到的无刹、无檐、无平座栏杆的情况。

刘敦桢先生在 1954 年的考察文章中详细地记述了云岩寺虎丘塔的现状。以之和这一张老照片对照，他所提出的问题在这张照片上，都可以得到解答。刘敦桢先生所说此塔和寺在"咸丰十年（1861）全寺被焚，沦为废墟……此塔从那时遂渐颓废，未加修理，以致成为今日岌岌可危的情况。"那么，这张照片正是咸丰十年未被焚前的原状。照片上还可看见云岩寺大殿未焚前的局部。

刘敦桢先生描写塔的外观时说："此塔上部的刹已经倒塌，原来的高度无法知道，……其上以斗拱承托腰檐，再上为平座，仍施斗拱。不过平座上有栏杆萦绕，现已遗失。"他所说的塔刹问题，在这张照片上还是相当完整，尺度较高，大约有上部一层半塔身的比例。已遗失的平座栏杆在照片上还可以约略看出来，它的形制和尺度也可推算。

图二　虎丘塔残状

关于塔檐，在刘敦桢先生的文章中说："第一层腰檐下的斗拱用五铺作双抄，偷心造……在令拱和撩檐枋上面，仅用版檐砖和菱角牙子，各二层……当是年久残破，或迭经修理已非原状。屋角是否反翘，亦不明了。"刘先生提出的塔檐问题，在这张照片中已经得到了解答。从照片上可以看出，此塔的塔檐基本存在，应是带瓦陇的木质塔檐，檐角有反翘，但反翘不大，还保存了早期的风格。

总之，这张150年前的老照片，比较完整地反映了虎丘塔有较高价值的一个较早时期的原真面貌。此照片上的虎丘塔有刹、檐、平座、栏杆、门窗、柱子，其外貌可以说是各种构造部分都已经齐备，可以看出单体建筑的完整面貌了。

世界遗产特别是文化遗产要求的重要标准是遗产的原真性和完整性，也就是中国《文物保护法》中的原状。这是文物价值中的核心问题，因为文物价值就在于反映它产生时的社会背景、科学技术水平、文化艺术风格以及风俗习尚等等。如果改变了，它的价值就将降低或丧失。当然在文物保存的过程中，特别是长时间的过程中难免有自然与人为的改变甚至破坏，其原真性和完整性要具体分析。不过原始的、早期的、完整的状态，应是价值更大。

根据这张照片，我认为有可能再现虎丘塔的原真。以现存塔的实物，有关的历史文献资料和建筑法式形制、结构可以复原。至少可以在图纸、模型上复原。再现原真、再看完整的虎丘塔，将是苏州名城的一件盛事，也是全国文物古建界以及各方面人士、专家学者所乐于见到的。

这张照片现藏于美国皮波迪伊塞克斯博物馆（Peabody Essex Museum）。这个馆是美国最早的博物馆之一，馆虽不大，但很有特色。收藏的老照片很多，尤以19世纪中叶到20世纪中叶百年之间的中国老照片为多。他们知我曾拍摄过不少50年前的老照片，并喜欢收集老照片，曾邀我去观看和鉴别老照片。这张照片是在一堆很不起眼的照片中发现的。它与现存的虎丘塔完全两样了。该馆根据我的建议正在整理研究，准备出版和展览。

（原载《中国文物报》2005年11月25日）

大事记

大事记

1. 1949 年 4 月 27 日，苏州宣告解放。

2. 1950 年 7 月 26 日，成立苏州市文物保管委员会，负责苏州文物管理。

3. 1953 年春，云岩寺塔底层北部塔墩发生崩塌，虎丘山寺僧楚光随即向上级报告，市文物部门派员调查。

4. 1954 年，苏州市政府特邀南京工学院教授刘敦桢来云岩寺塔勘察。同年文化部文物局主办的《文物参考资料》先后刊发吴雨苍著《苏州虎丘云岩寺塔》和刘敦桢著《苏州云岩寺塔》。刘文介绍说："总之，此塔百孔千疮，已接近崩溃阶段，如不设法修理，恐不出数年即有倒塌危险。"并根据塔砖题记"武丘山"、"己未建造"等推断"云岩寺塔应建于钱弘俶十三年己未，也就是五代最末一年，而全部完成可能在北宋初期"。

5. 1955 年下半年，在中央和省的指示下，苏州市着手准备修塔事宜，省文化局邀请宁、沪专家来苏研究抢修方案。邀请建筑工程部华东工业建筑设计院作工程地质勘察。

6. 1956 年 1 月 13 日，华东工业建筑设计院提交云岩寺塔《工程地质勘测报告书》。

7. 1956 年 1 月，苏州市建筑工程局副局长俞子明向省文化局提交"虎丘云岩寺塔加固计划草案及补充意见"。

8. 1956 年 2 月 10 日，上海同济大学俞调梅、张向清、黄蕴元、李寿康、陈从周诸教授经会商，对华东工业建筑设计院《工程地质勘测报告书》提出修正意见的复函。

9. 1956 年 3 月 2 日，苏州市文物保管委员会提呈市人委、省文化局关于云岩寺塔加固抢救计划草案，同时，送刘敦桢听取意见。

10. 1956 年 3 月 8 日，刘敦桢函复，对塔基和塔体加固提出七条意见。

11. 1956 年 3 月 16 日，江苏省文化局函告苏州市人民委员会，并抄送市园林修整委员会，告知"虎丘塔加固计划草案，我局已分别请刘敦桢教授和上海同济大学结构专家审查，并交刘教授的意见径送你市文物保管委员会，兹再将同济大学对该计划的意见抄致你市。现在专家们的意见大体一致，即可抓紧时间，进行抢修，请根据这些意见修正计划，争取早日动工为荷。"

12. 1956 年 4 月，省文化局领导在接见苏州市文化处处长范烟桥时传达文化部副部长郑振铎意见："中央对此异常重视，认为该塔有关国际观瞻，影响重大，必须在今年内紧急抢修，以防意外。如果突然发生变故，恐将造成不可弥补的损失"。

13. 1956 年 5 月，经省长惠浴宇同意，省财政局拨云岩寺塔加固经费 5 万元。

14. 1956 年 9 月，苏州建工局设计室工程师王国昌提出围箍法加固塔身。

15. 1956 年 10 月，苏州市文管会、园林修整委员会与苏州市建筑工程公司签订云岩寺塔施工准备协议书。

16. 1956 年 11 月，举行云岩寺塔抢修工程专家会议，研究施工方案，报请中央文化部审批。

17. 1956 年 12 月，苏州市文管会与苏州市建筑工程公司签订"修理虎丘塔年度合同"。

18. 1957 年 3 月 19 日，云岩寺塔抢修工程正式开工。

19. 1957 年 4 月 9 日，刘敦桢和陈从周分别致信苏州文管会提出云岩寺塔修建时应注意事项。强调此塔各层腰檐和塔顶之瓦已久凋落，雨雪侵入可增加塔身重量，而塔身结构又缺点甚多，虽加铁箍，仍须注意防水工作。

20. 1957 年 4 月，文化部文物局副局长王冶秋现场视察，观摩塔内发现文物，有感而发，写文刊于 4 月 12 日《文汇报》。

21. 1957 年 8 月，云岩寺塔安装避雷设施。

22. 1957 年 9 月，云岩寺塔抢修工程结束，历时半年，耗资约 10 余万元。

23. 1957 年 11 月，《文物参考资料》11 期刊发《苏州虎丘塔发现文物简报》。介绍于 3 月 30 日、5 月 5 日、6 月 16 日云岩寺塔先后三次在塔内发现石函、经箱、经卷、经帙、珍珠、木珠、菩提珠、青瓷碗、铁币、铁函、金涂塔、舍利子、铜佛像、佛龛、铜镜等珍贵佛教文物。根据文物题记中"建隆二年"、"辛酉题岁"等纪年。推断"虎丘塔确是开始建筑于周显德六年（公元 959 年），完成于宋建隆二年辛酉（公元 961 年）"。

24. 1958 年 7 月，文物出版社出版苏州文管会编写之《苏州虎丘塔出土文物》一书。

25. 1963 年塔基北面护基石墙坍塌，进行重砌。

26. 1965 年初，云岩寺塔再次出现危情，底层塔墩墙面发生开裂、鼓起、剥落现象。

27. 1965 年 5 月，苏州市文管会邀省文管会、南京工学院、同济大学专家对塔基进行"会诊"。

28. 1975 年 4 月，重装避雷针。

29. 1976 年 6 月 2 日，因云岩寺塔险情加重，市革委会成立苏州市虎丘塔维修工程领导小组，下设办公室。

30. 1976 年 7 月 23 日至 28 日，苏州市虎丘塔维修工程领导小组邀请南京博物院、南京工学院、南京大学、同济大学、上海工业设计院及本市建筑、设计、地质等方面专业人员，举行苏州虎丘云岩寺塔维修座谈会，提出了加强倾斜观察、塔基勘探、塔身现状测绘及塔身、地面和塔院护基驳岸等加固维修意见。

31. 1977 年 3 月，云岩寺塔底层墙面崩裂，墙面裂缝有发展迹象，情况较为严重。3 月 26 日，市文化局紧急报国家文物局、省文化局、省文管会、市革委会。

32. 1977 年 5 月，塔底层北面通道东壁发生浇浆壁面崩裂。

33. 1977 年 6 月，市建设局、文化局再次紧急报告市革委会。

34. 1977 年 12 月，塔底层壁面再次发生崩裂，砖砌体垂直裂缝有发展趋势。

35. 1978 年 2 月 28 日，苏州市虎丘塔维修工程领导小组报市委"关于勘探塔基函"。提出"要探明塔基的地质结构，找出塔身继续倾斜的原因……初步意见是：在塔的四面离塔三米地方用钻机钻四个孔，以探明基础情况，必要时再挖槽观察"。

36. 1978 年 4 月 13 日，苏州市虎丘塔维修工程领导小组在韶山饭店（今乐乡饭店）召开专家会议，落实云岩寺塔维修工程勘测方案。与会人员有江苏省基建局、南京大学、南京工学院、江苏省建筑设计院、江苏省建筑科研所及苏州市有关专家。

37. 1978 年 5 月 23 日、25 日，苏州市虎丘塔维修工程领导小组在阊门饭店两次召开省市专家会议，研究云岩寺塔加固、抢修方案。

38. 1978 年 6 月 5～9 日，苏州市虎丘塔维修工程领导小组在阊门饭店第三次召开专家会议，名称为"虎丘塔塔心墩加固会议"。国家文物局罗哲文、国家建委陶逸钟、中国社科院杨鸿勋、故宫博物院傅连兴，以及京、沪、宁、苏领导、专家二十余人参加。会议提出塔心临时加固、开挖第一探槽、进行塔体观测等一系列项目，并于会后开始落实。

39. 1978 年 6 月 15 日，虎丘塔工程指挥部成立，并举行第一次业务会议，讨论塔墩抢险加固方案。

40. 1978 年 6 月 22 日，虎丘塔工程指挥部完成"底层塔心墩排险加固方案"。6 月 27 日，由江苏省建筑设计院李树勋审图、签字、定案。

41. 1978 年 7 月 3 日，苏州市向省文化局并转国家文物局报告"底层塔心墩排险加固方案"及预算，此时塔顶已倾斜 2.313 米。

42. 1978 年 7 月至 9 月，进行云岩寺塔临时加固工作。

43. 1978 年 9 月 16 日，虎丘塔工程指挥部致国家文物局、省文化局关于开挖探槽函。

44. 1978 年 10 月 7 日，云岩寺塔西南处开挖第一探槽，11 月塔东南处开挖第二探槽。

45. 1979 年 1 月 5 日，虎丘塔工程指挥部指派陆学明、柳和生、曾府宝向国家文物局汇报云岩寺塔北面勘测问题。

46. 1979 年 3 月 20 日，召开省、市联席会议，深入探讨塔基勘察方案。

47. 1979 年 9 月 13 日至 9 月 26 日，云岩寺塔东北面探井开挖施工。

48. 1980 年 3 月 10 日，俞调梅提出关于如何修复云岩寺塔的初步意见。提出"可以用树根桩来加固塔基下的碎砖亚黏土下面的块石黏土层，也可以用化学加固法，也可以用树根桩来加固塔身的砖砌体，这是外国（例如意大利）已经做过的，但是要有较复杂的专门机具。"曹敬康提出了补充意见："对砖墩的'永久'加固，考虑用横向加压的办法"并提出适当扶正云岩寺塔的想法。

49. 1980 年 3 月 19 日，国家文物局、国家建委在苏州召开虎丘塔加固工程方案会议。出席人员有罗哲文、杜仙洲、傅连兴、陶逸钟、刘祥桢、潘千里、杨鸿勋、曹永清、李树勋、李生林、方长源、俞调梅、曹敬康等及苏州市有关人员 40 余人。这次会议上提出加固方案共 17 种，会议一致认为"是不均匀沉陷引起塔身倾斜，沉陷矛盾基本上是下卧层软弱"。

50. 1980 年 6 月，国家文物局聘陶逸钟为修塔工程总顾问。

51. 1980 年 7 月、11 月，曹敬康和汤葆年提出了桩排式加固的设想方案。

52. 1980 年 10 月 22 日，江苏省文化厅向国家文物局上报"关于苏州虎丘塔加固方案的请示报告"，采用"桩排式连续墙基础加固"方案。

53. 1981 年 1 月 22 日至 2 月 1 日，同济大学测量系与江苏省建筑设计院勘察队联合测量，裂缝观测也同期实施。

54. 1981 年 2 月，国家文物局批文"同意苏州云岩寺塔的基础加固方案，请即按此方案组织力量施工，在施工中注意工程质量和节约开支，并密切注意对塔身的观测，如有变化及时研究处理，如有重大情况及时请有关部门和专家研究处理，确保塔身和施工安全。"

55. 1981 年夏，武汉地基基础处理中心提出"托底纠偏方案"。

56. 1981 年 10 月，国家文物局派陶逸钟来苏，经论证，认为"托底纠偏方案"不适合云岩寺塔维修加固工程，仍按国家文物局批复方案进行施工。

57. 1981 年 12 月至 1982 年 8 月，桩排式连续墙（简称"围"）施工。设计傅连兴、潘千里。

58. 1982 年 10 月至 1983 年 8 月，地基钻孔注浆（简称"灌"）施工。设计施工单位为上海市基础工程公司特种基础研究所。

59. 1984 年 6 月至 1985 年 9 月，修筑塔体基础壳体（简称"盖"）。设计夏尚志。

60. 1984 年 12 月 23 日，施工中在东南塔基处发现划刻奠基砖，题记"庚申岁七月羊日僧皓谦督造此寺塔"。

61. 1985 年 10 月至 1986 年 8 月，修补底层部分塔墩墙体（简称"填"）。

62. 1986 年 6 月，苏州市水电设备安装公司电气工程队重新安装虎丘塔防雷接地装置。

63. 1986 年 10 月，钱玉成等测定虎丘塔高度 47.7 米，塔顶倾角 2°48′43.1″，倾距 2.34 米，底层对边长东西 13.64 米，南北 13.81 米。

64. 1986 年 8 月，云岩寺塔第二次维修加固工程竣工，共投入经费约 80 余万元，国家文物局副局长庄敏、罗哲文等领导和专家来苏参加竣工验收。市修塔办作"苏州云岩寺塔维修加固工程维修报告"，领导、专家对维修工程作了充分肯定，认为"工程设计科学，施工稳妥，质量优良，效果显著"。

65. 1986 年 11 月 22 日，庄敏、罗哲文、陶逸钟、郑孝燮、戚德耀、邱协耕、许洪祥签署"验收证书"。

66. 1988 年 4 月，云岩寺塔史料史迹陈列室成立开放。

67. 1990 年 2 月，常熟市和太仓市交界处发生 5.1 级地震，虎丘山有较强震感，经监测，云岩寺塔安然无恙。

68. 1990 年 5 月，铁道部、国家文物局派专家对建造沪宁高速铁路对苏州虎丘塔影响进行模拟震动试验，历时半个月。

69. 1990 年 11 月，中国古塔维修工程技术经验交流学术研讨会在苏州召开，云岩寺塔维修工程经验得到专家一致肯定。

70. 1990 年 12 月，苏州云岩寺塔（虎丘塔）排险加固工程获江苏省文化厅 1990 年度科技进步一等奖。

71. 1991 年 3 月，苏州云岩寺塔（虎丘塔）排险加固工程获国家文物局 1990 年度文物科学技术进步三等奖。

72. 2002 年 4 月，由苏州科技学院、苏州勘测院、苏州市市区文保所合作，完成《苏州虎丘塔变形与保护研究》课题。

后　记

后　记

　　看完面前厚厚的一大摞清样，刚轻松地舒了一口气，一丝惴惴不安的感情随即又浮上了心头——在着手编纂这本书稿的时候，罗哲文、朱光亚以及好多位参加过云岩寺塔维修工程和全国古塔维修工程技术经验交流学术研讨会的前辈专家学者，都对本书寄予了厚望，在具体编纂过程中，又曾得到过他们热诚的指导和鼓励，如今书稿即将付印，印出来之后，不知能否让他们满意，能否让广大读者满意。

　　始建于后周显德六年（公元959）至北宋建隆二年（公元961）的云岩寺塔，有着极高的历史和文化艺术价值。这座已耸立了一千多年的巍巍古塔，一直是苏州这座历史文化名城的重要标志之一。由于它雄踞在苏州城西北林木蓊郁、层嶂叠翠、泉石诡奇的虎丘山顶，苏州人都亲切并骄傲地称之虎丘塔。

　　经历了千余年的历史沧桑，至公元1949年新中国诞生之时，云岩寺塔已千疮百孔、破残不堪，塔体倾斜，危象频生。然其时国家百废待举，人力、物力、财力均捉襟见肘，无法进行维修。刘敦桢先生曾感慨地说："此塔逐渐颓毁，未加修治，以致成为今日岌岌可危的情状。"（刘敦桢《苏州云岩寺塔》，载1954年第7期《文物参考资料》）苦撑至1957年，云岩寺塔塔体明显偏斜，塔身也多处开裂，出现了极为严重的险情。情势所迫，抢修刻不容缓，于是在各方努力下，对云岩寺塔进行了第一次抢修。但由于时间仓促，加以经验不足，后来发现，那次抢修加固，虽然较大程度地修复了塔身的整体风貌，对控制塔身开裂也起到了重要作用，但因塔身的自重大大增加，从而加重了已遭到风化和损坏的砖砌塔底部的负担，也大大加重了原本已经严重超负荷的地基的负担，这样不仅加速了塔体倾斜，同时还发现塔身变形，云岩寺塔险情进一步加剧。于是经国家文物局批准，在第一次维修的基础上，对云岩寺塔进行了长达八年之久的第二次维修加固。

　　云岩寺塔的两次抢修维护工程，我都未能有机会参加，但1990年11月，我却有幸成为全国古塔维修工程技术经验交流学术研讨会的会务工作者。那次会议实质上可以说是因苏州的云岩寺塔和瑞光塔的维修竣工而召开的全国性的现场会。至今我还清晰地记得，第一次近距离地聆听全国第一流的专家学者们的慷慨陈词，真如醍醐灌顶，让我激动不已。从此，对云岩寺塔，对云岩寺塔的抢修维护工程，我便有了特别亲近的感情。后又因工作关系，具体负责苏州市古建筑和文物管理保护工作，对抢救维修古建筑物工作的重要性、急迫性便有了更深切的认识和了解。

　　云岩寺塔第二次维护抢修工程引起了国内外有关部门和专家学者们的高度关注，工程之艰巨紧张，可谓惊心动魄。直到现在，不少参与其事者回忆起来，仍津津乐道，感到无比兴奋激动。至于云岩寺塔抢修维护工程过程中所积累起来的成功经验，更是弥足珍贵。基于此，十多年前有关部门就萌生了将云岩寺塔抢修维护工程资料整理汇编出版的想法，但由于云岩寺塔抢修维护工程时间跨度长，参加人员多，留存资料虽然不少，亦因抢修工程属边研究，边设计，边观测，边调整，要存实去虚，存精去芜，虽说不上如沙里淘金，却也不是易事。再加上工作人员变动频繁，所以整理汇编之事，只是开了个头，历经十余年，一直没有很好完成。

　　今天当我有条件来负责整理出版云岩寺塔维修工程资料这项工作的时候，我想我一定要和同事们一起，把这工作做好，让它有一个完美的了结。可当我翻阅分装在几十只柜子里的资料时，我发现如果按照常规的工程维修方案重新编写是不恰当也是行不通的。这一叠叠一页页处处闪烁着智慧火花的资料，根本不需要再作调整、编排、删改、补充，尽可能原真地体现才是最佳的选择。但囿于本书内容和篇幅结构的限制，我们还是只能选取其中最有价值的部分资料，按时间和维修工程的顺序进行编排，以求能基本准确地反映云岩寺塔抢修维护工程的整个过程。为了让读者能了解云岩寺塔抢修维护工程的全貌，书后附编了大事记。

古建文物是不可再生的人类宝贵遗产，每个热爱国家民族的人都有责任加以小心的呵护珍惜，但由于种种原因，许多文物古建处于风雨飘摇之中，亟待抢修保护。《苏州云岩寺塔维修加固工程报告》的出版，或可对这方面的工作起一点警示和借鉴作用。

看到面前即将付印的书稿，虽说还不够令人十分满意，但觉得自己总算做了一件想做的事，了结了一个多年未了的心愿，不禁感慨系之。思感所及，爰为感言，亦志于此，以之与所有热爱民族文化遗产的人们共勉。

陈嵘

二〇〇五年六月

图 版

1. 一百五十年前的云岩寺塔照片（罗哲文提供）

2. 云岩寺塔 1956 年维修前全貌

3.塔身巨大空洞

4.塔体裂缝纵贯

5.木梁腐朽

6.壶门破损

7.砖砌平座损坏严重

8.塔身千疮百孔

9.塔顶残破

10.转角斗拱毁坏严重

11.塔体断裂

12. 维修全景

13. 钢箍衔接

14. 塔身加钢箍

15. 平座维修

16. 转角维修

17. 塔顶维修

18. 壶门维修

19. 云岩寺塔 1978 年维修前全貌

20. 底层南北内墩裂缝

21. 底层塔墩砖块龟裂

22. 临时加固

23. 临时加固

24. 临时加固

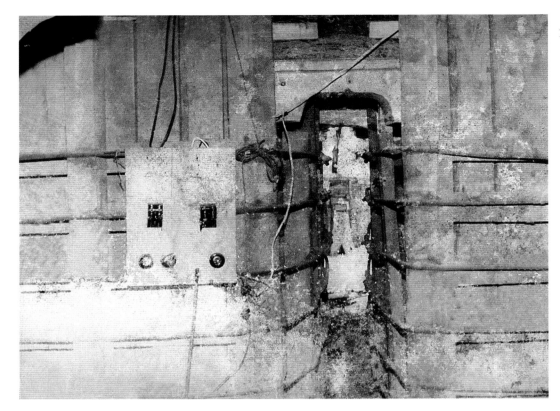

25. 东北、西北两个塔心墩
　　抢险临时加固

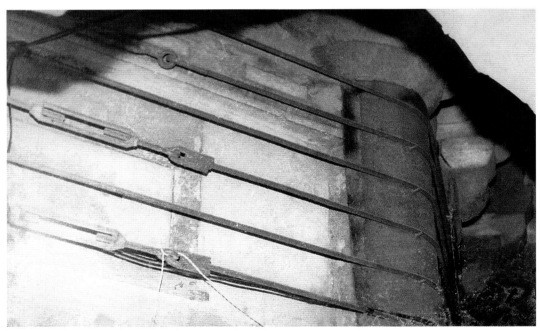

26. 塔心墩上部抢险临时加固

27. 塔东北部已完成围柱顶部
（照片中的小口径圆柱是钻
孔注浆插筋试验的浆柱）

28. 围柱内钢筋布置

29. 围柱内沿混凝土壁面（桩与桩之间联结密实）

30. 围柱已浇灌完成的围桩顶部

31. 围桩顶圈梁钢筋布置

32. 桩孔内钢筋布置

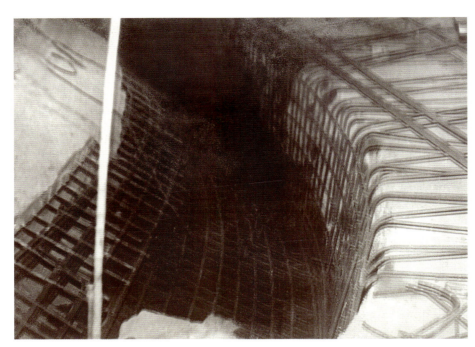

33. 钢筋捆扎

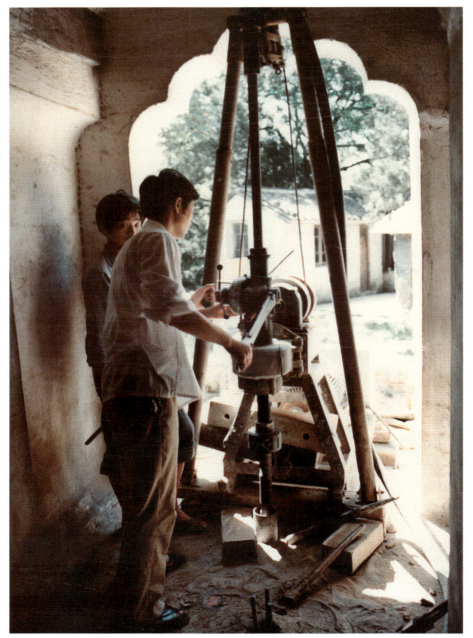

34. 塔体回廊内注浆

35. 塔外钻孔注浆钻机及设备

36. 在塔内钻孔注浆施工

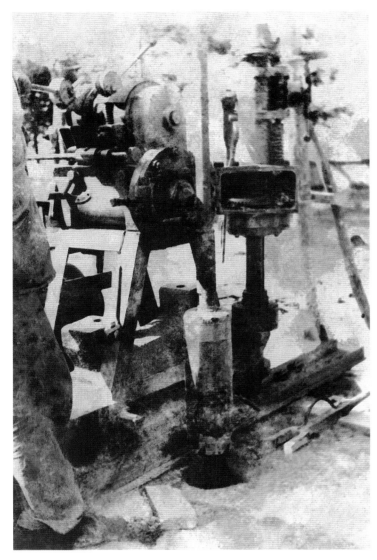

37. 钻孔灌浆施工现场

38. 钻孔注浆用气压包

39. 壳体上环、下环及吊口板钢筋联结

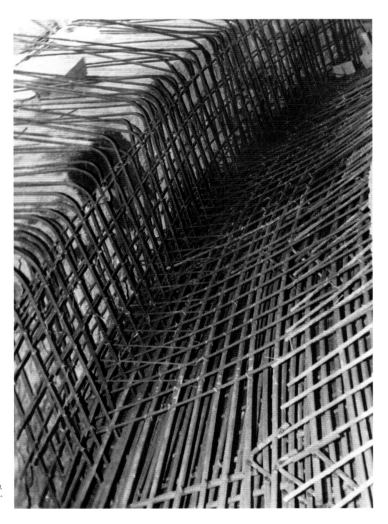

40. 壳体下环钢筋及吊口板钢筋布置

41. 壳体上环伸进塔墩四围钢筋布置

42. 塔内壳体基础板伸入内塔墩壶门两侧钢筋布置

43. 东北内墩换砖作配筋砌体的布筋接点处理及钢筋铆焊施工现场

44. 东北内墩换砖作配筋砌体铆焊及钢筋焊接施工现场

45. 东北内墩圆倚柱重新拆砌体布筋及砌体接点

46. 西北内墩西北壁拆换砌体施工现场

47. 用千分表测试东北外墩壶门内侧面裂缝

48. 用千分表测试东北壶门侧面裂缝

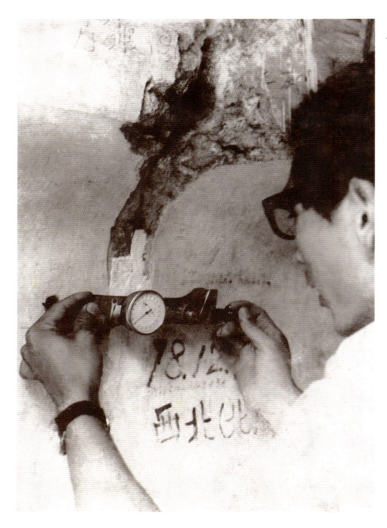

49. 用手提式应变仪测试塔身裂缝

50. 专业人员做位移观察

51. 做电应变片测试用仪器

52. 观测仪器

53. 会议

54. 罗哲文先生代表国家文物局签字验收

55. 合影

56. 云岩寺塔现状

57. 回廊

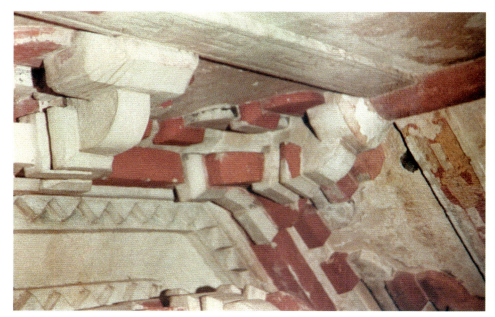

58. 回廊

59. 回廊

60. 底层回廊顶部之斗拱及彩绘

61. 底层内倚柱及其上部彩绘

62. 底层回廊顶部斗拱及彩绘

63. 藻井

64. 藻井

65. 藻井

66. 底层叠柱折枝牡丹彩绘

67. 底层内壶门上方金钱花彩绘

68. 三层回廊北内壶门上方折枝牡丹彩绘

69. 斗拱

70. 斗拱

71. 斗拱

72. 彩绘

73. 彩绘

74. 彩绘

75. 彩绘

288

76. 彩绘

77. 彩绘

78. 仿木彩绘

79. 仿木彩绘

80. 仿木彩绘

81. 塔壁堆塑（湖石）

82. 塔壁堆塑（牡丹）

83. 塔壁堆塑（牡丹）

84. 鎏金镂花楠木经箱

85. 经箱石函

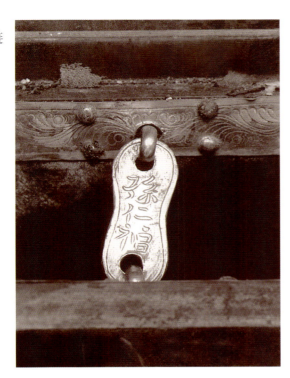

86. 箱后茧形铰链

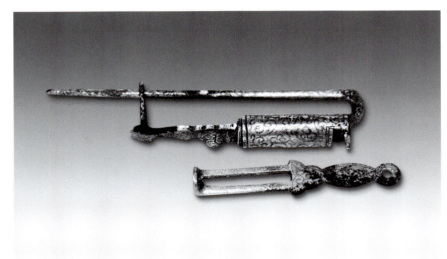

87. 锁和钥匙

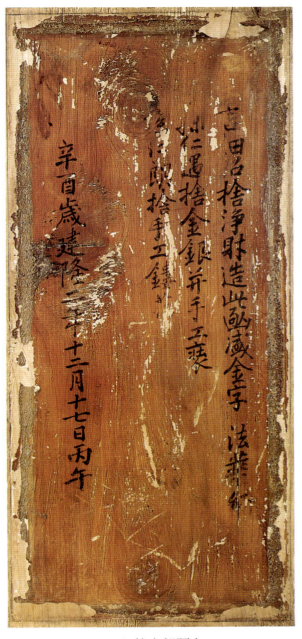

88. 经箱底部题字

89. 经卷

293

90. 纸卷现状

91. 凌色竹丝帘

92. 银丝珠串

93. 青瓷碗及油盏

94. 方形石函

95. 铁函

96. 铁函开启后情况

97. 越窑青瓷莲花碗

98. 如来两胁侍铜像

99. 鎏金如来佛铜像

100. 十一面观音铜像

101. 墨书素面铜镜

102. 四神八卦铜镜

103. 铜镜

104. 九角小铜杯

105. 檀木三连佛龛宝相

106. 李太缘像

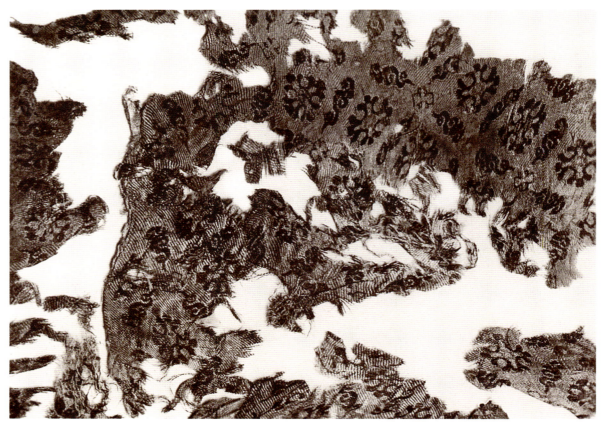

107. 残锦

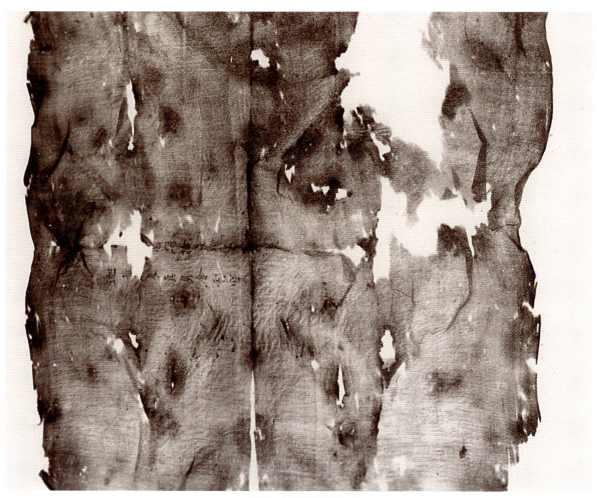

108. 覆盖金涂塔残袱之一

109. 小木塔

111. 铁铸金涂舍利塔

110. 铁制佛龛

112. 香钵及檀香

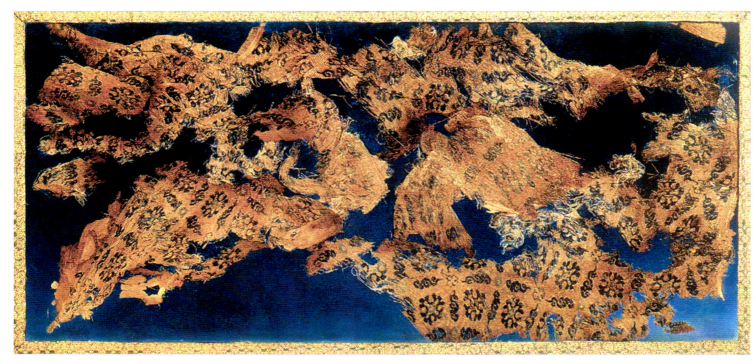

113. 刺绣经袱

114. 刺绣经袱

115. 陈从周维修建议手迹

建筑科学研究院 南京工学院 合办中国建筑研究室

116. 刘敦桢维修建议手迹

1957年 4月 9日